全国计算机等级考试专业辅导用书

全国计算机等级考试

无纸化专用教材

二级 Visual FoxPro

刘爱格　编著

清华大学出版社
北　京

内 容 简 介

本书严格依据最新颁布的《全国计算机等级考试大纲》编写，并结合了历年考题的特点、考题的分布和解题的方法。

本书分为9章，包括Visual FoxPro数据库基础、Visual FoxPro程序设计基础、Visual FoxPro数据库及其操作、关系数据库标准语言SQL、查询与视图、表单设计与应用、菜单设计及应用、报表的设计和应用、应用程序的开发和生成等内容。

本书配套光盘提供强化练习、真考模拟环境、评分与视频解析、名师讲堂等模块。

本书适合报考全国计算机等级考试"二级 Visual FoxPro"科目的考生选用，也可作为大中专院校相关专业的教学辅导用书或相关培训课程的教材

图书在版编目(CIP)数据

全国计算机等级考试无纸化专用教材. 二级 Visual FoxPro / 刘爱格编著. —北京：清华大学出版社，2015(2017.1重印)

全国计算机等级考试专业辅导用书

ISBN 978-7-302-38567-7

Ⅰ.①全… Ⅱ.①刘… Ⅲ.①电子计算机－水平考试－自学参考资料②关系数据库系统－水平考试－自学参考资料 Ⅳ.①TP3

中国版本图书馆CIP数据核字(2014)第273611号

责任编辑： 袁金敏
封面设计： 傅瑞学
责任校对： 徐俊伟
责任印制： 宋 林
出版发行： 清华大学出版社
网 址： http://www.tup.com.cn，http://www.wqbook.com
地 址： 北京清华大学学研大厦A座 **邮 编：** 100084
社 总 机： 010-62770175 **邮 购：** 010-62786544
投稿与读者服务： 010-62776969，c-service@tup.tsinghua.edu.cn
质量反馈： 010-62772015，zhiliang@tup.tsinghua.edu.cn
印 刷 者： 三河市君旺印务有限公司
装 订 者： 三河市新茂装订有限公司
经 销： 全国新华书店
开 本： 185mm×260mm (附光盘1张) **印 张：** 13.75 **字 数：** 356千字
版 次： 2015年1月第1版 **印 次：** 2017年1月第2次印刷
定 价： 35.00元

产品编号：062191-02

前　言

全国计算机等级考试(National Computer Rank Examination,NCRE)是经原国家教育委员会(现教育部)批准,由教育部考试中心主办,面向社会,用于考查应试人员计算机应用知识与技能的全国性计算机水平考试体系。计算机等级考试相应证书的取得,一方面已经逐渐成为考生计算机操作水平的衡量标准;另一方面也为考生以后的学习和工作打下良好的基础。

随着教育信息化步伐的加快,按教育部要求,从2013年上半年开始,全国计算机等级考试已完全采用无纸化考试的形式。为了使教师授课和考生备考尽快适应考试形式的变化,本书编写组组织具有多年教学和命题经验的各方专业人士,结合最新考试大纲,深入分析最新无纸化考试形式和题库,精心编写了本套无纸化专用教材。本书具有以下特点。

1. 知识点直击真考

深入分析和研究历年考试真题,结合最新考试大纲和无纸化考试的命题规律,知识点的安排完全依据真考考点,并将典型真考试题作为例题讲解,使考生在初学时就能掌握知识点的考试形式。

2. 课后题查缺补漏

为巩固考生对重要知识点的把握,本书每章均配有课后习题。习题均出自无纸化真考题库,具有典型性和很强的针对性。

3. 无纸化真考环境

本书配套软件完全模拟真实考试环境,其中包括4大功能模块:选择题、操作题日常练习系统,强化练习系统,完全仿真的模拟考试系统以及真人高清名师讲堂系统。同时软件中配有所有试题的答案,方便有需要的考生查阅或打印。

4. 自助式全程服务

虎奔培训、虎奔官网、手机软件、YY讲座、虎奔网校、免费答疑热线、专业QQ群等互动平台,随时为考生答疑解惑;考前一周冲刺专题,还可以通过虎奔软件自动获取考前预测试卷;考后第一时间点评专题,帮助考生提前预测考试成绩。

本书由刘爱格担任主编,并完成了第1、2、3、4章的主要编写工作和全书的统稿工作,李鹏、戚海英、王希更、路谨铭担任副主编,李鹏完成第5章的编写工作,戚海英完成第6章的编写工作,王希更完成第7、8章的编写工作,路谨铭完成第9章的编写工作。参加本书编著工作的还有李媛、王小平、张永刚、石永煊、刘欣苗等。

由于时间仓促,书中难免存在疏漏之处,我们真诚希望得到广大读者的批评指正。

编　者

目　录

第1章 Visual FoxPro 数据库基础

Visual FoxPro 是目前优秀的数据库管理系统软件之一，它采用了可视化的，面向对象的程序设计方法，大大简化了应用系统的开发过程，提高了系统的模块性和紧凑性可以方便地存储、使用和管理大量的数据。本章将介绍数据库的基本概念和关系数据库设计的基础，掌握这些知识是学好 Visual FoxPro 的必要前提条件。

1.1 数据库基础概述

首先来学习数据库基础知识，包括计算机数据管理技术的发展、数据库系统和数据模型。

1.1.1 计算机数据管理技术的发展

在学习计算机数据管理技术的发展之前，需先了解 3 个重要的概念：数据、数据处理和数据管理。

数据(Data)是指存储在某一种媒体上的能够识别的物理符号。数据的概念包括两个方面：其一是描述事物特性的数据内容；其二是存储在某一种媒体上的数据形式。例如，出生日期既可表示为“2011 年 5 月 22 日”，也可表示为“05/22/2011”，虽然表示形式不一样，但含义没有变。

数据的概念在数据处理领域已经大大地拓宽了。数据不仅包括数字、字母、文字和其他特殊字符组成的文本形式的数据，还包括图形、图像、动画、影像、声音等多媒体数据。但是最基本最常用的仍然是文字数据。

数据处理是指将数据转换成信息的过程。数据处理的中心问题是数据管理。

数据管理是指计算机对数据的组织、分类、编码、存储、检索和维护。数据管理经历了由低级到高级的发展过程，大致分为以下 3 个阶段。

1. 人工管理阶段

20 世纪 50 年代中期以前，计算机主要用于数值计算。硬件方面，外存储器只有卡片、纸带、磁带等，没有像磁盘这样可以随机访问、直接存取的外部存储设备。软件方面，没有专门管理数据的软件。

此阶段数据管理的特点如下：

① 数据不能共享；

② 数据与程序不具有独立性，一组数据只对应一组程序，程序运行结束后就退出计算机系统。一个程序中的数据无法被其他程序利用，因此程序与程序之间存在大量的重复数据，称为数据冗余；

③ 数据不能长期保存。

2. 文件系统阶段

20 世纪 50 年代后期至 60 年代中后期，计算机开始大量地用于管理中的数据处理工作。在硬件方面，出现了磁盘等直接存取数据的存储设备。在软件方面，此阶段出现了高级语言和操作系统。操作系统中的文件系统是专门管理外存储器中的数据的管理软件。

此阶段数据管理的特点如下：

① 数据不能共享；

② 程序与数据有了一定的独立性，程序和数据分开存储，有了程序文件和数据文件的区别。但存在数据冗余度大、数据不能统一修改、容易造成数据的不一致等缺点；

③ 数据文件可以长期保存在外存储器上被多次存取。

3. 数据库系统阶段

20 世纪 60 年代后期开始，计算机的性能得到提高，为了实现计算机对数据的统一管理，达到数据共享的目的，发展了数据库技术，并为数据库的使用和维护配置了软件，称为数据库管理系统。

此阶段数据管理的特点，即数据库系统的特点如下：

① 能实现数据共享，减少数据冗余；

② 采用特定的数据模型；

③ 具有较高的数据独立性；

④ 有统一的数据控制功能。

随着网络技术的发展和程序设计技术的提高，数据库系统阶段还出现了分布式数据库系统和面向对象数据库系统。

分布式数据库系统是数据库技术与网络技术紧密结合的产物；面向对象数据库系统是数据库技术与面向对象程序设计相结合的产物。

1.1.2 数据库系统

本节介绍数据库、数据库管理系统、数据库系统、数据库应用系统、数据库管理员等几个相互关联但又有区别的基本概念以及数据库系统的组成。

1. 数据库的相关概念

(1) 数据库(Data Base，DB)。数据库是存储在计算机存储设备上的结构化的相关数据集合。它不仅包括描述事物的数据本身，还包括相关事物之间的联系。

(2) 数据库管理系统(Data Base Management System，DBMS)。为数据库的建立、使用和维护而配置的软件称为数据库管理系统，是数据库系统的核心。Visual FoxPro 就是一个可以在计算机和服务器上运行的数据库管理系统。

(3) 数据库系统(Data Base System，DBS)。数据库系统是指引用了数据库技术后的计算机系统，能实现有组织地存储和管理大量相关数据，为数据处理和资源共享提供了手段。

(4) 数据库应用系统。数据库应用系统是指利用数据库系统资源开发出来的、面向某一类实际应用的应用软件系统。如财务管理系统、图书管理系统及教学管理系统等。

(5) 数据库管理员(Data Base Administrator，DBA)。数据库管理员应该由懂得和掌握数据库全局工作、并作为设计和管理数据库的核心人员来承担。DBA 的职责主要包括以下几个方面：

① 参与数据库的规划、设计和建立；

② 负责数据库管理系统的安装和升级；

③ 规划和实施数据库备份和恢复；

④ 控制和监控用户对数据库的存取访问，规划和实施数据库的安全性和稳定性；

⑤ 监控数据库的运行，进行性能分析，实施优化；

⑥ 支持开发和应用数据库的技术。

2. 数据库系统的组成

数据库系统由以下 5 部分组成：

① 硬件系统；

② 数据库(DB)；

③ 数据库管理系统(DBMS)及相关软件；

④ 数据库管理员(DBA)；

⑤ 用户。

数据库系统(DBS)、数据库(DB)、数据库管理系统(DBMS)三者的关系为：数据库(DB)和数据库管理系统(DBMS)是数据库系统(DBS)的组成部分，数据库又是数据库管理系统的管理对象。数据库管理系统是数据库系统的核心。

1.1.3 数据模型

数据库需要根据应用系统中数据的性质及内在联系，按要求来设计和组织。人们把客观存在的事物以数据的形式存储到计算机中，经历了对现实生活中事物特性的认识、概念化到计算机数据库里的具体表示的逐级抽象过程。

1. 实体的描述

① 实体。客观存在并且相互区别的事物称为实体。实体可以是实际的事物，也可以是抽象的事件。例如，学生、图书属于实际的事物；比赛、借书、旅游等活动则是比较抽象的事件。

② 实体的属性。描述实体的特性称为属性。例如，学生实体用姓名、学号、性别和入校日期等若干属性来描述。

③ 实体集和实体型。属性值的集合表示一个具体的实体。例如，可以通过刘倩、05、女等属性值来表示一个实体，说明这个实体的姓名是刘倩，学号是 05，性别为女。

而属性的集合表示一种实体的类型，称为实体型。例如，一个二维表中有图书编号、图书名称、作者、价格等属性，通过这些属性可以知道这个二维表中的内容是表示图书这种实体型。

同类型的实体的集合称为实体集。

在 Visual FoxPro 中，用“表”存放同一类实体，即实体集。表中包含的“字段”就是实体的属性，表中的每一条记录表示一个实体。

2. 实体间的联系及联系的种类

实体间的对应关系称为联系，它反映现实世界事物之间的相互关联。

实体间的联系有以下三种类型：

① 一对一联系。Visual FoxPro 中，一对一的联系表现为主表中的每一条记录只与相关表中的一条记录相关联。

如一个班级只有一名班长，一名班长只能管理一个班级，班级和班长之间是一对一的联系。

② 一对多联系。Visual FoxPro 中，一对多的联系表现为主表中的每一条记录与相关表中的多条记录相关联。

例如，一名辅导员管理多个班级，辅导员和班级之间是一对多的联系。

③ 多对多联系。Visual FoxPro 中，多对多的联系表现为一个表中的多条记录在相关表中同样有多条记录与其匹配。

例如，一名学生可以选修多门课程，一门课程可以被多名学生选修，学生和课程之间是多对多的联系。

3. 数据模型简介

为了反映事物本身及事物之间的各种联系，数据库的数据必须有一定的结构，这种结构用数据模型来表示。数据库管理系统不仅管理数据本身，还要用数据模型表示出数据之间的联系。一个具体的数据模型应当能正确地反映出数据之间存在的整体逻辑关系。

数据库管理系统所支持的数据模型分为三种：层次模型、网状模型及关系模型。

① 层次模型。用树型结构表示实体及其之间联系的模型称为层次模型，如图 1-1 所示。层次模型由根结点、子结点、叶子结点组成，每一个结点代表一个实体类型。上级结点与下级结点之间为一对多的联系。层次模型不能直接表示出多对多的联系。

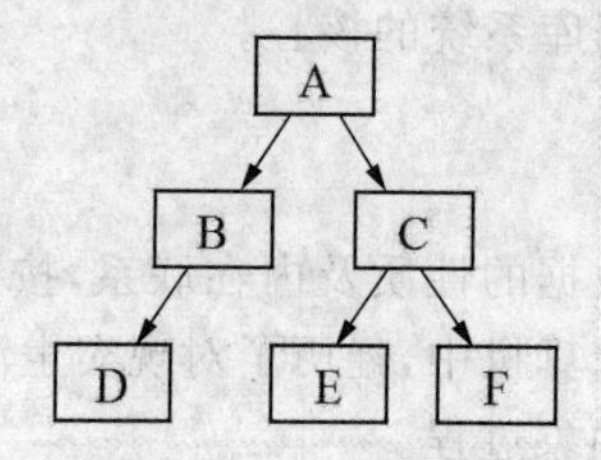

图 1-1　层次模型

② 网状模型。用网状结构表示实体及其之间联系的模型称为网状模型。网中的每一个结点代表一个实体类型。网状模型允许结点有多于一个的父结点；可以有一个以上的结点没有父结点。因此，网状模型能方便地表示各种类型的联系，能灵活地表示多对多的联系。

如图 1-2 所示就是一个网状模型，结点 E 有 B、C 和 D 三个父结点，结点 A 和 F 没有父结点。

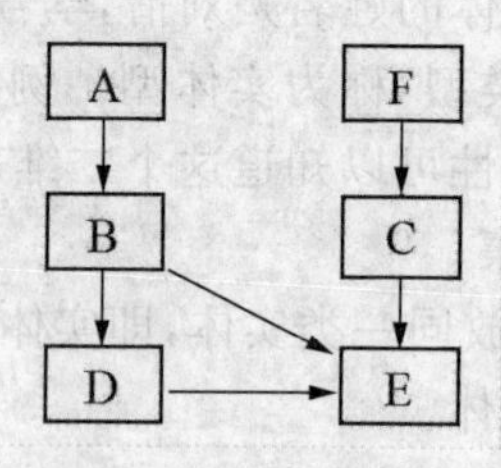

图 1-2　网状模型

层次模型和网状模型都是用结点表示实体，每一个结点都是一个存储记录，用链接指针来实现记录之间的联系。这种用指针将所有数据记录都“捆绑”在一起的方法使得层次模型和网状模型存在难以实现系统的修改与扩充等缺陷。

③ 关系模型。用二维表结构来表示实体以及实体之间联系的模型称为关系模型，如表 1-1所示。在关系型数据库中，一张二维表就是一个关系，每一个关系都是一张二维表。

表 1-1　关系模型

职工号	基本工资	奖金	实发工资
01	1400	600	2000
02	1200	400	1600
03	1300	500	1800

关系模型与层次模型、网状模型的区别在于关系模型中不需要使用链接指针来体现实体间的联系。通过描述实体的数据本身就能够自然地反映它们之间的联系。

1.2　关系数据库

关系数据库采用关系模型作为数据的组织方式，这就涉及关系模型中的一些概念。另外，对关系数据库进行查询时，若要找到用户关心的数据，就需要对关系进行一定的关系运算。

1.2.1　关系模型

关系模型的用户界面非常简单，一个关系的逻辑结构就是一张二维表。这种用二维表的形式来表示实体和实体之间联系的数据模型称为关系模型。

1. 关系的相关术语

① 关系。一个关系就是一张二维表，每个关系有一个关系名，在 Visual FoxPro 中，一个关系就是一个以 .dbf 为扩展名的“表”，以文件的形式存储。

对关系的描述称为关系模式，一个关系模式对应一个关系结构，格式为：

```
关系名(属性名 1,属性名 2,…,属性名 n)
```

而在 Visual FoxPro 中，一个关系表示为一个表结构，格式为：

```
表名(字段名 1,字段名 2,…,字段名 n)
```

② 元组。在一个二维表中，水平方向的行称为元组，也称为记录。

③ 属性。二维表中垂直方向的列称为属性。属性由属性名和属性值组成，在 Visual FoxPro 中属性被称作字段，字段由字段名和字段值组成。字段名及其相应的数据类型、宽度等组成了表的结构。

④ 域。属性的取值范围称为域，也叫值域。如性别字段的字段值只能从“男”和“女”两个值中取一个。

⑤ 关键字。关键字是属性或属性的组合。关键字的值必须能唯一地标识一个元组，即关键字字段中不能有重复的值或空值。如成绩表中的学号字段可以作为标识一条记录的关键字，而成绩表中的姓名字段就不能作为关键字，因为可能会出现重名。在 Visual FoxPro 中，主关键字和候选关键字起到唯一标识一个元组的作用。

在 Visual FoxPro 中，主关键字和候选关键字都能起到唯一标识一个元组的作用。

⑥ 外部关键字。如果表中的一个字段不是本表的主关键字或候选关键字，而是另一个表的主关键字或候选关键字，这个字段就称为外部关键字。

例如，有一个学生－成绩－课程关系模型，该关系模型有三个关系：学生(学号，姓名，性别)、成绩(学号,课程号,成绩)、课程(课程号,课程名,学分),此关系模型中的主关键字和外部关键字如图 1-3 所示。通过主关键字和外部关键字可以建立两表间的联系。

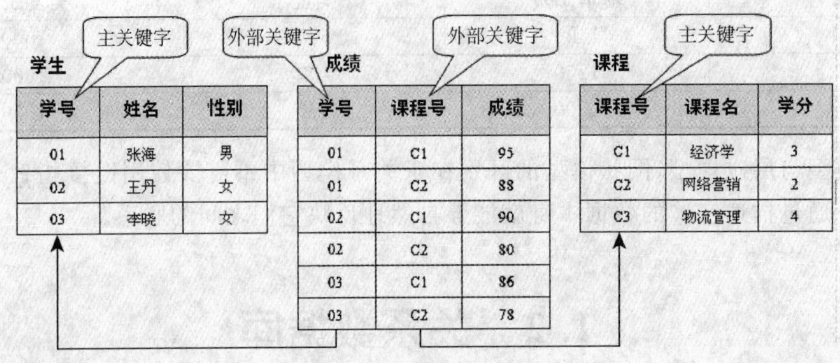

学号	姓名	性别
01	张海	男
02	王丹	女
03	李晓	女

学号	课程号	成绩
01	C1	95
01	C2	88
02	C1	90
02	C2	80
03	C1	86
03	C2	78

课程号	课程名	学分
C1	经济学	3
C2	网络营销	2
C3	物流管理	4

图 1-3 关系模型实例

2. 关系的特点

关系模式虽然简单,但对关系也有一定的要求,关系必须具有以下特点:

① 关系必须规范化,表中不能再包含表;

② 在同一个关系中不能出现相同的属性名,即一个表中不允许有相同的字段名;

③ 关系中不允许有完全相同的元组,即不允许有冗余;

④ 在一个关系中,元组的次序无关紧要,可任意交换两行的位置;

⑤ 在一个关系中,列的次序无关紧要,可任意交换两列的位置。

一个具体的关系模型由若干个关系模式组成。在 Visual FoxPro 中,一个数据库中包含相互之间存在联系的多个表,因此,一个数据库(.dbc)文件就是一个实际的关系模型,它是一个或多个表(.dbf)文件或视图信息的容器。

1.2.2 关系运算

对关系数据库进行查询以及其他操作时,要找到用户所需的数据,就需要对关系进行一定的关系运算。关系运算分为传统的集合运算(并、差、交)和专门的关系运算(选择、投影、连接)两种。

关系运算的操作对象是关系,关系运算的结果仍然是关系。

1. 传统的集合运算

进行并、差、交集合运算时要求两个关系必须有相同的关系模式,即相同的结构。

① 并运算。并运算是由属于两个关系的所有元组纵向组成的集合。如图 1-4 所示,关系 R 和关系 S 进行并运算的结果是关系 T,表示为 T=R∪S。

R

A	B	C
1	1	2
2	2	3

S

A	B	C
3	1	3

T

A	B	C
1	1	2
2	2	3
3	1	3

图 1-4 并运算

② 差运算。差运算是从一个关系中去掉另一个关系中重复的元组。如图 1-5 所示，关系 R 和关系 S 进行差运算的结果是关系 T，表示为 T＝R－S。

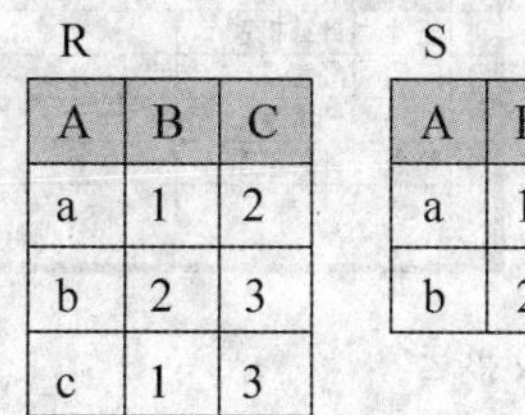

R

A	B	C
a	1	2
b	2	3
c	1	3

S

A	B	C
a	1	2
b	2	3

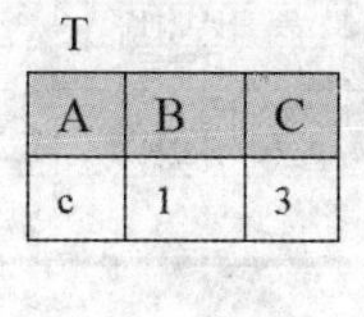

T

A	B	C
c	1	3

图 1-5　差运算

③ 交运算。交运算是由两个关系的共同元组组成的集合。如图 1-6 所示，关系 R 和关系 S 进行交运算的结果是关系 T，表示为 T＝R∩S。

R

A	B	C	D
1	2	3	4
2	2	5	7
9	0	3	8

S

A	B	C	D
2	2	3	8
1	2	3	4
9	1	2	3

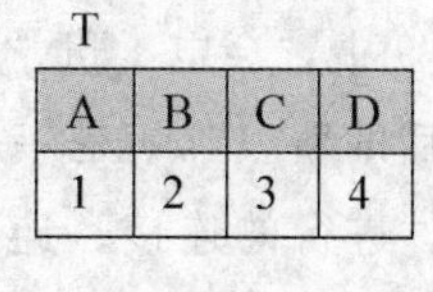

T

A	B	C	D
1	2	3	4

图 1-6　交运算

2. 专门的关系运算

① 选择。选择是从关系中找出满足给定条件的元组的操作，是从行的角度进行的运算，也就是从水平方向抽取记录，形成新的关系，其关系模式不变，但其中的元组是原关系的一个子集。

例如，若要从参赛表中找出所有计算机系的学生信息，就可以用“选择”运算来实现，如图 1-7 所示。

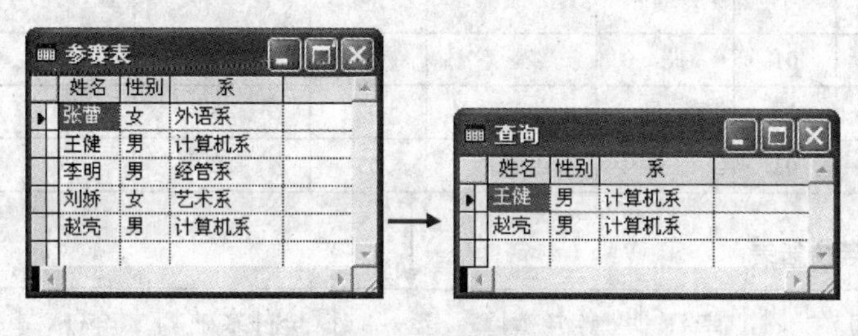

图 1-7　选择运算

② 投影。从关系模式中指定若干个属性组成新的关系称为投影。投影是从列的角度进行的运算，相当于对关系进行垂直分解，得到一个新的关系。

例如，若要显示参赛表中学生的姓名和所属的系，就可以用投影运算来实现，如图 1-8 所示。

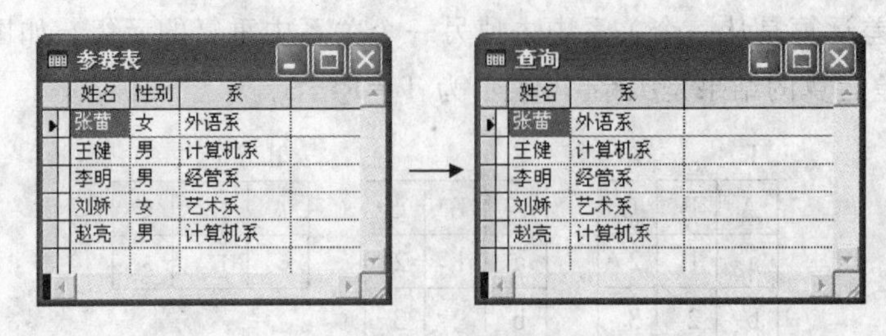

参赛表

姓名	性别	系
张蕾	女	外语系
王健	男	计算机系
李明	男	经管系
刘娇	女	艺术系
赵亮	男	计算机系

查询

姓名	系
张蕾	外语系
王健	计算机系
李明	经管系
刘娇	艺术系
赵亮	计算机系

图 1-8　投影运算

③ 连接。连接是将两个关系模式横向拼接形成一个更宽的关系模式。形成的新关系应该是满足连接条件的元组，相当于 Visual FoxPro 中的“内部连接”(inner join)。

在连接运算中，按照属性值对应相等为条件进行的连接操作称为等值连接。去掉重复属性的等值连接称为自然连接。最常用的连接运算是自然连接。

例如，在图 1-9 中，“会电 1 班学生登记表”与“会电 1 班成绩表”进行等值连接后得到了图 1-9 中“等值连接后的新表”，就是一个典型的等值连接示例。此示例是按“学号”字段的字段值对应相等为条件进行的连接。连接后的新表中有两个“学号”字段。如果去掉一个重复的“学号”字段，就是自然连接，自然连接后的结果是图 1-9 中“自然连接后的新表”。

会电 1 班学生登记表

班级	学号	姓名	系
会电 1 班	01	张一	经管系
会电 1 班	02	赵昂	经管系
会电 1 班	03	王丽	经管系
会电 1 班	04	高帅	经管系

会电 1 班成绩表

学号	会计基础	会计	会计法
01	85	82	92
02	78	80	73
03	52	70	65

等值连接后的新表

班级	学号_a	姓名	系	学号_b	会计基础	会计	会计法
会电 1 班	01	张一	经管系	01	85	82	92
会电 1 班	02	赵昂	经管系	02	78	80	73
会电 1 班	03	王丽	经管系	03	52	70	65

自然连接后的新表

班级	学号	姓名	系	会计基础	会计	会计法
会电 1 班	01	张一	经管系	85	82	92
会电 1 班	02	赵昂	经管系	78	80	73
会电 1 班	03	王丽	经管系	52	70	65

图 1-9　等值连接与自然连接

1.3　数据库设计基础

只有采用较好的数据库设计，才能比较迅速、高效地创建一个设计完善的数据库，为访问所需信息提供方便。

1.3.1　数据库设计原则

为了合理地组织数据，数据库的设计应该遵从以下原则。

① 遵从概念单一化"一事一地"的原则。一个表描述一个实体或实体间的一种联系，避免设计大而杂的表。

例如，学生信息应保存到"学生表"中，学生的成绩信息应保存到"成绩表"中，不要把学生所有的信息都放到同一张表中。

② 避免在表之间出现重复字段。除了保证表中有反映与其他表之间存在联系的外部关键字之外，应尽量避免在表之间出现重复的字段。这样可减少数据冗余，避免在修改数据时造成不一致。

例如，在"学生表"中有学生"姓名"字段，在"成绩表"中就不应再有学生"姓名"字段。需要时可通过两个表中的"学号"字段连接找到。

③ 表中的字段必须是原始数据和基本元素。

表中不应该包含通过计算可以得到的"二次数据"或多项数据的组合，能够通过计算从其他字段值推导出来的字段也应尽量避免。

例如，学生表中可以有"出生日期"字段，而不应包括"年龄"字段。因"年龄"每年都在变化，"出生日期"才是原始数据。

④ 用外部关键字保证相关联的表之间的联系。

外部关键字不仅存储所需要的实体信息，而且能反映出实体之间客观存在的联系，是维系表之间的各种关联的关键，使得表具有合理结构。

1.3.2　数据库设计过程

本节将遵循上一节给出的设计原则，具体介绍在 Visual FoxPro 中设计数据库的过程。数据库设计过程分为以下几个阶段。

1. 需求分析

确定建立数据库的目的及具体要求有助于确定数据库要保存哪些信息。用户需求主要包括以下 3 个方面：

- 信息需求：用户要从数据库获得的信息内容；
- 处理需求：需要对数据完成什么处理功能及处理的方式；
- 安全性和完整性要求：在定义信息需要和处理需求时要相应确定安全性和完整性约束。

2. 确定需要的表

定义数据库中的表是数据库设计过程中技巧性最强的一步。大致过程包括以下 3 个方面：

- 对收集到的数据进行抽象：抽象是对实际事物或事件的人为处理，抽取共同的本质特性；
- 分析数据库的要求；
- 得到数据库所需要的表。

3. 确定所需字段

确定每个表中需要保存的字段。通过对这些字段的处理，计算机可以得到所需要的信息。该过程中需要注意以下问题：

- 每个字段直接和表的实体相关；
- 以最小的逻辑单位存储信息，表中的数据必须是基本数据元素；
- 表中的字段必须是原始数据；
- 确定主关键字字段。

4. 确定联系

分析每一个表，确定它与其他表中的数据有何联系。这样一来，表的结构更加合理，不仅存储了所需要的实体信息，而且反映出实体之间客观存在的关联。常见的表之间的联系有以下 3 种：

- 一对多联系；
- 多对多联系；
- 一对一联系。

其中一对多联系是关系型数据库中最普遍的联系。要建立这样的联系，就要把“一方”的主关键字字段添加到“多方”的表中。在联系中，“一方”用主关键字或候选关键字，而“多方”使用普通索引关键字。

5. 设计求精

对设计进行进一步地分析，查找其中的错误，必要时应调整设计。检查内容包括：

- 是否遗忘了字段；
- 是否有包含同样字段的表；
- 是否存在字段很多而记录很少的表；
- 是否为每个表选择了合适的主关键字。

1.4 Visual FoxPro 系统概述

Visual FoxPro 6.0（中文版）是微软公司 1998 年发布的可视化编程语言集成包 Visual Studio 6.0 中的一员，是一种用于数据结构设计和应用程序开发的功能强大的面向对象的计算机数据库软件。

1.4.1 Visual FoxPro 6.0 主界面

Visual FoxPro 6.0 启动后，操作界面如图 1-10 所示。如果出现欢迎屏，当选中左下角的“以后不再显示此屏”复选框之后，再单击“关闭此屏”按钮，以后再启动时便会直接进入主界面。

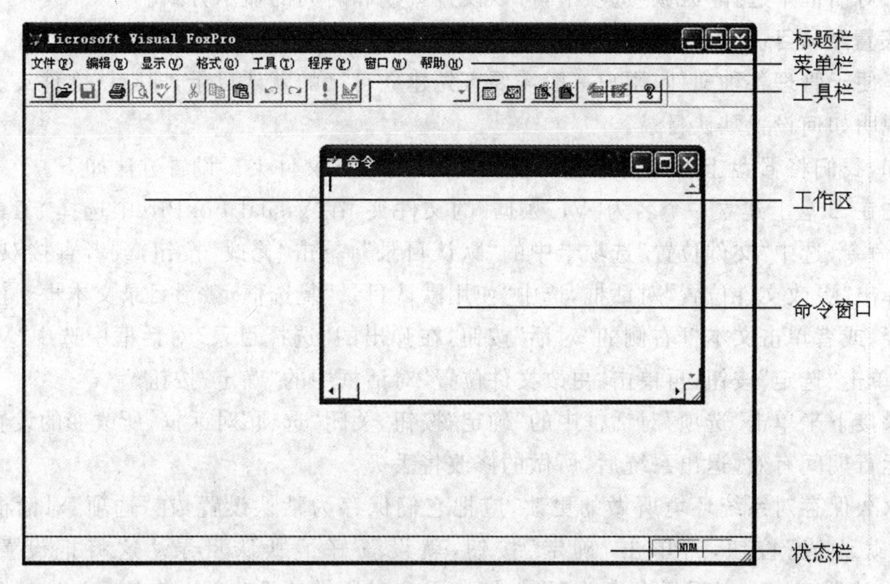

图 1-10 Visual FoxPro 6.0 主界面

主界面中包括标题栏、菜单栏、常用工具栏、工作区(也称为主窗口或主屏幕)、最下面的是状态栏和命令窗口。下面重点讲解一下命令窗口。

在命令窗口中可直接键入命令,然后按回车键执行。

1. 命令窗口的关闭和打开

关闭命令窗口可单击命令窗口标题栏右边的关闭按钮,或者单击常用工具栏上的"命令窗口"按钮。

一般情况下,命令窗口会随着 Visual FoxPro 的打开而打开,还可以通过"窗口"下拉菜单中的"命令窗口"命令打开,也可以通过常用工具栏上的"命令窗口"按钮打开。

2. 命令窗口中内容的清除

可在命令窗口中右击,在弹出的快捷菜单中单击"清除"命令。

1.4.2 相关命令

1. CLEAR 命令

在命令窗口中键入 CLEAR 命令后,按回车键则清除主屏幕。

2. QUIT 命令

在命令窗口中键入 QUIT 命令后,按回车键可以直接退出 Visual FoxPro 系统。

1.4.3 常用的系统环境设置

Visual FoxPro 中可以对系统环境进行多方面的设置,这里仅对最常用的两种设置进行介绍。

1. 设置日期和时间的显示格式

Visual FoxPro 中的日期和时间有多种显示方式。选择"工具"→"选项"菜单命令,在弹出的“选项”对话框中选择“区域”选项卡，可以设置日期和时间的显示方式。

2. 设置默认目录

为了便于管理各种文件，用户一般需要事先建立自己的默认目录，即默认文件夹。下面通过实例说明如何设置默认目录。

例如，我们将E盘上的“VF数据”文件夹设置为默认文件夹。设置方法如下。

首先在E盘上建立一个名为“VF数据”的文件夹，在Visual FoxPro中选择“工具”→“选项”菜单命令，选中“文件位置”选项卡中的“默认目录”，单击“修改”按钮，或者直接双击“默认目录”，弹出“更改文件位置”对话框，选中“使用默认目录”复选框，激活目录文本框。然后直接输入路径，或者单击文本框右侧的“对话”按钮，在弹出的“选择目录”对话框中选中“VF数据”文件夹，单击“选定”按钮，再单击“更改文件位置”对话框中的“确定”按钮。

如果接下来单击“选项”对话框中的“确定”按钮，关闭“选项”对话框，所改变的设置仅在本次系统运行期间有效，退出系统后，所做的修改将丢失。

要永久保存对系统环境所做的更改，应把它们保存为默认设置，在“选项”对话框中单击“设置为默认值”按钮，再单击“确定”按钮，就设置好了默认目录。这将把设置存储在Windows注册表中。以后每次启动Visual FoxPro时所做的更改都会有效。设置好默认目录之后，在Visual FoxPro中新建的文件将自动保存到该文件夹中。在下面的学习中会一直使用该文件夹。

1.4.4 项目管理器

所谓项目是指文件、数据、文档和对象的集合。项目管理器将一个应用程序的所有文件集合成一个有机的整体，形成一个扩展名为.pjx的项目文件。用户可以根据需要创建项目。

1. 创建项目

我们通过实例说明如何创建项目。

【例1.1】我们创建一个名为“供应”的项目文件，操作过程如下：

选择“文件”→“新建”菜单命令或单击“常用工具栏”上的“新建”按钮，打开“新建”对话框，在“文件类型”区域选择“项目”，然后单击“新建文件”按钮，如图1-11所示，系统打开“创建”对话框，在“项目文件”文本框中输入项目名称“供应”，单击“保存”按钮。

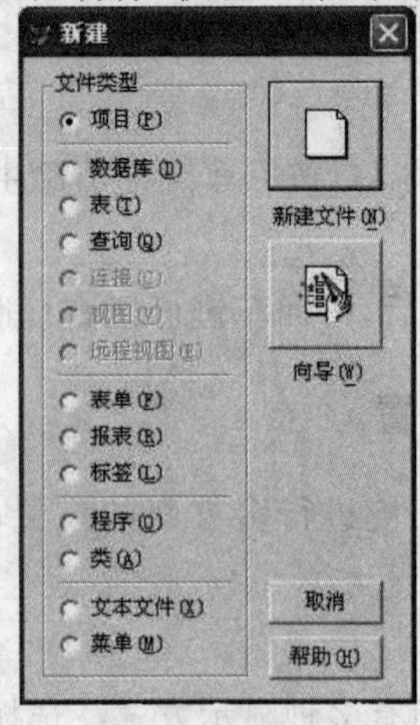

图1-11 新建项目

2. 打开和关闭项目

选择"文件"→"打开"菜单命令或单击常用工具栏上的"打开"按钮，在"打开"对话框的"文件类型"下拉框中选择"项目"，选中要打开的项目文件，如图 1-12 所示，然后单击"确定"按钮，或双击该项目文件，即可打开项目。单击"项目管理器"右上角的关闭按钮即可。

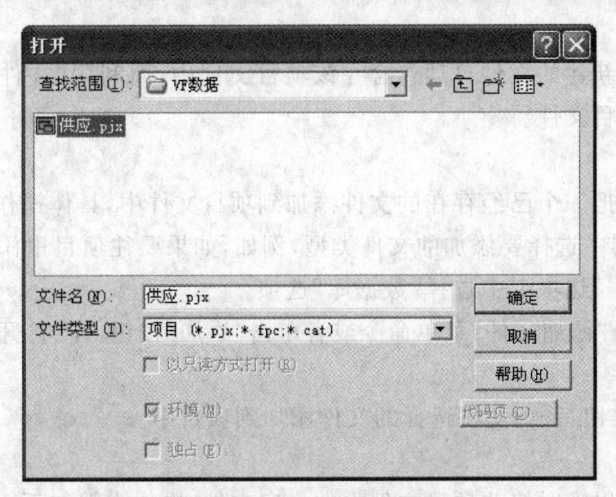

图 1-12　"打开"对话框

未包含任何文件的项目称为空项目。当关闭一个空项目文件时，Visual FoxPro 显示一个提示对话框。若单击提示框中的"删除"按钮，该空项目文件将从磁盘上删除；单击"保持"按钮，该空项目文件将不会被删除。

3. 各类文件选项卡

"项目管理器"窗口包括 6 个选项卡，如图 1-13 所示。其中"数据"、"文档"、"类"、"代码"、"其他"5 个选项卡用于分类显示各种文件，"全部"选项卡用于集中管理该项目中的所有文件。

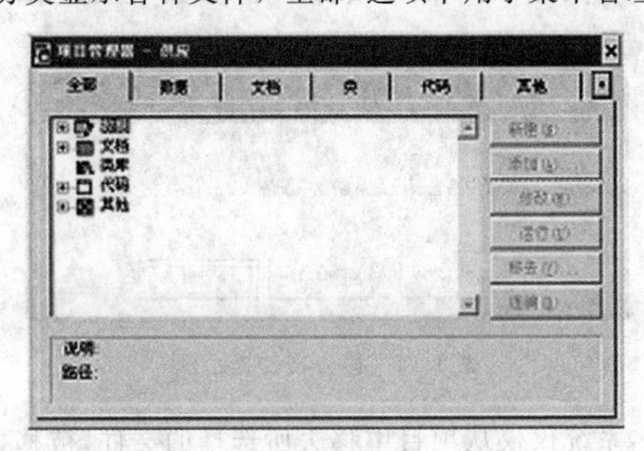

图 1-13　"项目管理器"对话框

- "数据"选项卡：包含了一个项目中的所有数据：数据库、自由表和查询；
- "文档"选项卡：包含了处理数据时所用的三类文件：表单、报表及标签；
- "类"选项卡：包含类文件；
- "代码"选项卡：包括 3 大类程序，扩展名为 .prg 的程序文件、函数库 API Libraries 和扩展名为 .app 的应用程序文件；

- “其他”选项卡：包括文本文件、菜单文件和其他文件；
- “全部”选项卡：以上各类文件的集中显示窗口。

4. 创建文件

在项目管理器中选择新文件的类型后，再单击“新建”按钮，打开相应的设计器就可以创建一个新文件。

在项目管理器中新建的文件自动包含在该项目文件中，而利用“文件”→“新建”命令建立的文件不属于任何项目文件。

5. 添加文件

项目管理器可以把一个已经存在的文件添加到项目文件中，具体操作步骤如下：

① 在项目管理器中选择要添加的文件类型，例如，如果要往项目里添加一个数据库，则应在项目管理器的“数据”选项卡中选择“数据库”选项。

② 选择“项目”→“添加文件”菜单命令或者单击“添加”按钮，在“打开”对话框中选择要添加的文件。

③ 单击“确定”按钮，系统便将选择的文件添加到项目中。

6. 修改文件

项目管理器中可以随时修改项目文件中的指定文件，操作步骤如下：

① 首先选择要修改的文件。

② 选择“项目”→“修改文件”菜单命令或者单击“修改”按钮。

③ 在设计器中修改选择的文件。

7. 移去文件

如果项目管理器中的某个文件不需要了，可以从项目中移去。操作步骤如下：

① 首先选择要移去的文件。

② 选择“项目”→“移去文件”菜单命令或者单击“移去”按钮，系统将显示如图 1-14 所示的提示对话框。

图 1-14　移去文件提示框

③ 单击“移去”按钮，系统仅仅从项目中移去所选择的文件，被移去的文件仍存在于原目录中；单击“删除”按钮，系统不仅从项目中移去文件，还将从磁盘中彻底删除文件，文件将不复存在。

1.4.5　向导、设计器、生成器简介

1. 向导

向导是一种交互式程序，用户在一系列向导屏幕上回答问题或者选择选项，向导会根据回

答生成文件或者运行任务，帮助用户快速完成一般性的任务，例如创建表单、编排报表的格式、建立查询等。

启动向导有 4 种途径。

① 在项目管理器中选定要创建文件的类型，然后单击“新建”按钮，在弹出的对话框中单击“向导”按钮。

② 选择“文件”→“新建”菜单命令，或者单击工具栏中的“新建”按钮，弹出“新建”对话框，选定文件类型，然后单击对应的向导按钮。

③ 选择“工具”→“向导”菜单命令，如图 1-15 所示，在“向导”菜单中选择相应的子菜单命令，打开向导创建所需的文件。

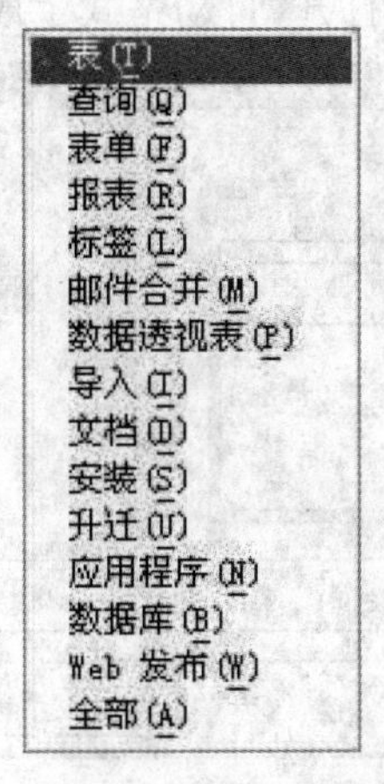

图 1-15　“向导”菜单

④ 单击工具栏中的“向导”按钮直接启动相应的向导。

2. 设计器

Visual FoxPro 的设计器是创建和修改应用系统各种组件的可视化工具。利用各种设计器可以使创建表、表单、数据库、查询和报表等操作变得简单。

除了使用命令方式外，还可以通过以下 3 种方法调用设计器。

① 在项目管理器环境下调用。在项目管理器相应的选项卡中选中要创建的文件类型，单击“新建”按钮，在弹出的对话框中单击“新建××”按钮，即可打开相应的设计器。

② 菜单方式调用。选择“文件”→“新建”菜单命令或者单击工具栏上的“新建”按钮，在弹出的“新建”对话框中选中要创建的文件类型，单击“新建文件”按钮，系统将会打开相应的设计器。

③ 从“显示”菜单中打开。当打开某种类型的文件时，在“显示”菜单中会出现该文件设计器选项。例如，当浏览表时，在“显示”菜单中会出现表设计器选项；当打开或创建表单、报表或标签时，从“显示”菜单中选择“数据环境”会打开“数据环境设计器”窗口。

3. 生成器

生成器是带有选项卡的对话框，用于简化对表单、复杂控件和参照完整性代码的创建与修改过程。每个生成器显示若干选项卡，用于设置选定对象的属性。可使用生成器在数据库表之间生成控件、表单、设置控件格式和创建参照完整性。

通常在以下 5 种情况下启动生成器。

① 使用表单生成器来创建或修改表单。在相应的表单上右击，在弹出的快捷菜单中选择“生成器”命令。

② 对表单中的控件使用相应的生成器。在表单的相应控件上右击，在快捷菜单中选择“生成器”命令。

③ 使用自动格式生成器来设置控件格式，比如，表单中已经有多个同类控件，为了对其格式化，可以在表单设计器中按住 Shift 键的同时选择多个相同类型的控件，在选中的控件上右击，在快捷菜单中选择“生成器”命令，打开“自动格式生成器”，如图 1-16 所示。

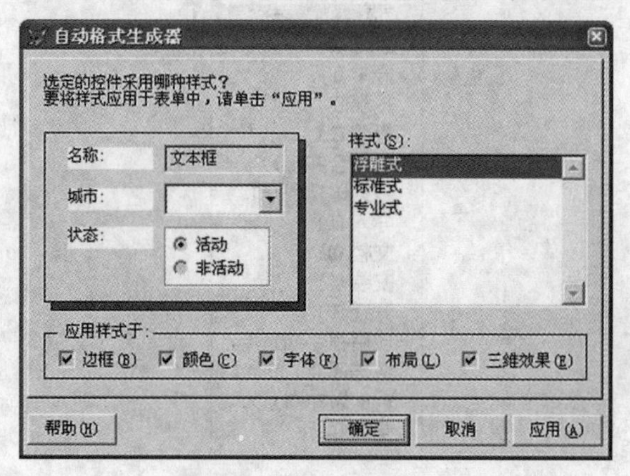

图 1-16　自动格式生成器

④ 使用参照完整性生成器来设置触发器。显示参照完整性生成器的方法有：在数据库设计器中双击两个表之间的关系线，然后在“编辑关系”对话框中选择“参照完整性”按钮；从数据库设计器快捷菜单中选择“参照完整性”选项；选择数据库菜单中的“编辑参照完整性”选项。“参照完整性生成器”如图 1-17 所示。

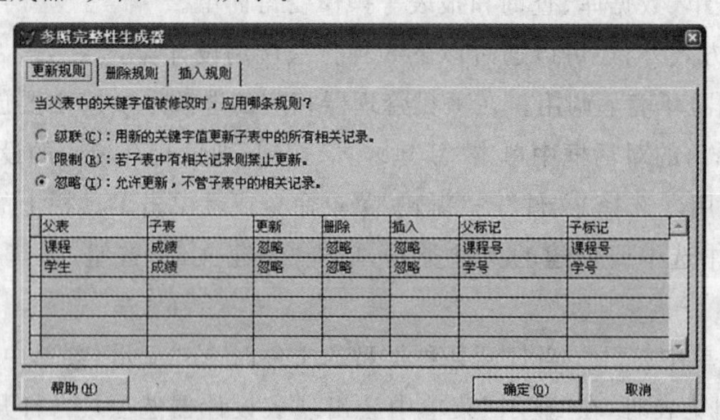

图 1-17　参照完整性生成器

⑤ 使用应用程序生成器为开发的项目生成应用程序。

本章小结

本章的知识点主要集中在计算机数据管理各发展阶段的特点、数据库系统的相关概念、数据模型、实体间联系、传统的集合运算和专门的关系运算。这些知识是经常考到的内容，大家要重点记忆。

真题演练

一、选择题

(1) 在 Visual FoxPro 中，“表”通常是指(　　)。(2011 年 3 月)

A. 表单

B. 报表

C. 关系

D. 以上都不对

【答案】C

【解析】一个关系就是一个表，也就是扩展名为 .dbf 的文件，故本题答案为 C。

(2) 从表中选择字段形成新关系的操作是(　　)。(2008 年 9 月)

A. 选择

B. 连接

C. 投影

D. 并

【答案】C

【解析】从关系模式中指定若干个属性组成新的关系称为投影。

二、填空题

(1) 设有学生和班级两个实体，每个学生只能属于一个班级，一个班级可以有多名学生，则班级和学生实体之间的联系类型是________。(2010 年 3 月)

【答案】 一对多

【解析】 两个实体间的联系主要包括 3 种类型：一对一、一对多和多对多。在 Visual FoxPro 中从未涉及多对一的关系，但此外每个学生只能属于一个班级，而一个班级可以有多名学生，这种学生和班级实体的关系确实属于多对一关系，而班级和学生实体之间的关系属于一对多关系。

(2) 在关系操作中，从表中取出满足条件的元组的操作称作________。(2009 年 9 月)

【答案】 选择

【解析】 选择操作可以从表中取出满足条件的元组。

巩固练习

(1) 如下描述中正确的是(　　)。

A. 数据库中仅存储数据

B. 数据库管理系统是数据库集合的组成部分

C. 数据库中的数据具有很高的冗余并缺乏数据独立性

D. 数据库管理系统是为数据库的建立、使用和维护而配置的软件

(2) 传统的集合运算包括(　　)。

A. 并、选择和投影　　B. 并、差和交

C. 并、交和选择　　D. 交、差和投影

(3) 下面的描述中正确的是(　　)。

A. 数据库系统的核心是表

B. 数据库系统的核心是数据库管理系统

C. 数据库系统的核心是文件

D. 数据库系统的核心是数据库管理员

(4) 在 Visual FoxPro 中修改数据库、表单和报表等组件的可视化工具是(　　)。

A. 向导　　B. 生成器　　C. 设计器　　D. 项目管理器

(5) 查询学生关系中所有年龄为 18 岁学生的操作属于关系运算中的(　　)。

A. 选择　　B. 投影　　C. 连接　　D. 查找

(6) 若一个班主任管理多个学生,每个学生对应一个班主任,则班主任和学生之间存在的联系类型为(　　)。

A. 一对多　　B. 一对一　　C. 多对多　　D. 多对一

(7) 在 Visual FoxPro 的项目管理器中不包括的选项卡是(　　)。

A. 表单　　B. 文档　　C. 类　　D. 数据

第2章 Visual FoxPro 程序设计基础

在 Visual FoxPro 中，除了能够对数据表中的数据进行处理，也可以对诸如常量、内存变量等数据表之外的数据进行单独处理。简单的数据处理可以通过函数、表达式和单条命令完成，复杂的数据处理则可能需要编写程序来完成。本章就来学习有关命令和程序的基础知识，主要介绍 Visual FoxPro 程序设计基础，内容包括常量、变量、表达式、常用函数、程序的基本结构以及多模块程序设计。

2.1 常量与变量

常量通常是指以文字串形式出现在代码中的数据，代表一个具体的、不变的值。变量用于存储数据，一个变量在不同的时刻可以存放不同的数据。

2.1.1 常量

常量的类型主要有数值型、货币型、字符型、日期型、日期时间型和逻辑型六种。不同类型的常量有不同的书写格式。

1. 数值型常量

数值型常量就是常数，用来表示一个数的大小，由数字 0～9、小数点和正负号构成，在内存中占 8 个字节，例如 12、3.45、－6.78。为了表示很大或很小的数值型常量，也可以使用科学记数法形式书写，如 3.456E17 表示 3.456×10^{17}，6.78E－17 表示 6.78×10^{-17}。

2. 货币型常量

货币型常量用来表示货币值，在内存中占 8 个字节，在书写时要加上一个前置的美元符号（$）。货币数据在存储和计算时，采用 4 位小数时，如果多于 4 位小数，系统会自动将多余的小数位四舍五入。

3. 字符型常量

字符型常量也称字符串，其表示方法是用定界符（半角单引号、双引号或方括号）把字符串括起来。如："计算机"，'567'，［姓名］。

许多常量都有定界符，它虽然不作为常量本身的内容，但却规定了常量的类型及其起始和终止界限。字符型常量的定界符必须成对匹配，不能一边用单引号而另一边用双引号。若某定界符本身也是字符串的内容，则需用另一种定界符为该字符串定界，但最外层的定界符不能同字符串本身的定界符相同如['ABC"abc']。

注意： 不包含任何字符的字符串("")叫空串。空串和包含空格的字符串(" ")不同。

4. 日期型常量

日期型常量在内存中占 8 个字节，定界符是一对花括号（“{ }”）。日期型常量中默认的分隔符是斜杠(/)，另外还包括“-”、“.”和空格等。

日期型常量的格式有两种：

(1) 传统的日期格式。月、日各为 2 位数字，而年份可以是 2 位数字，也可以是 4 位数字。系统默认的日期型数据为美国日期格式“mm/dd/yy”(月/日/年)。

(2) 严格的日期格式。日期表示为{^yyyy-mm-dd}，用这种格式书写的日期常量能表达一个确切的日期。书写时要注意：花括号内第一个字符必须是脱字符(^)；年份必须是 4 位(如 2013、2014 等)；年月日的次序不能颠倒、不能缺省。

(3) 影响日期格式的设置命令。

本书在介绍命令语句时，采用如下约定：方括号“[]”中的内容表示可选，竖线“|”分隔的内容表示任选其一，尖括号“＜＞”中的内容由用户提供。

① SET MARK TO [＜日期分隔符＞]

命令功能：用于设置显示日期时所用的分隔符。

如 SET MARK TO "；"，是设置日期分隔符为分号。

如果 SET MARK TO 后面没有指定分隔符，表示恢复系统默认的斜杠分隔符。

② SET DATE [TO] AMERICAN | ANSI | BRITISH | FRENCH | GERMAN | ITALIAN | JAPAN | USA | MDY | DMY | YMD

命令功能：用于设置日期显示的格式。

命令中各个短语所定义的日期格式如表 2-1 所示。

表 2-1 常用日期格式

短语	格式	短语	格式
AMERICAN	mm/dd/yy	ANSI	yy. mm. dd
BRITISH/FRENCH	dd/mm/yy	GERMAN	dd. mm. yy
ITALIAN	dd-mm-yy	JAPAN	yy/mm/dd
USA	mm-dd-yy	MDY	mm/dd/yy
DMY	dd/mm/yy	YMD	yy/mm/dd

如 SET DATE [TO] YMD 表示日期显示格式为 yy/mm/dd(年/月/日)。

如果 SET DATE [TO]后面没有指定日期显示的格式，表示恢复系统默认的 mm/dd/yy (月/日/年)格式。

③ SET CENTURY ON | OFF | TO[＜世纪值＞[ROLLOVER＜年份参照值＞]]

命令功能：用于决定如何显示或解释一个日期数据的年份。

ON 表示显示世纪，即用 4 位数字表示年份。

OFF 表示不显示世纪，即用 2 位数字表示年份。它是系统默认的设置。

TO 表示决定如何解释一个用 2 位数字年份表示的日期所在的世纪。如果该日期的 2 位数字年份大于等于＜年份参照值＞，则它所处的世纪即为＜世纪值＞，否则为＜世纪值+1＞。

④ SET STRICTDATE TO [0 | 1 | 2]

命令功能：用于设置是否对日期格式进行检查。

0 表示不进行严格的日期格式检查。

1 表示进行严格的日期格式检查，它是系统默认的设置。

2 表示进行严格的日期格式检查，并且对 CTOD()和 CTOT()函数的格式也有效。

严格的日期格式可以在任何情况下使用，传统的日期格式只能在 SET STRICTDATE TO 0 状态下使用。

【例 2.1】设置不同的日期格式。

在命令窗口键入如下命令，并分别按回车键运行：

```
set century on                    && 设置 4 位数字年份
set mark to                       && 恢复系统默认的斜杠日期分隔符
set date to ymd                   && 设置格式为年月日格式
? {^2014-08-26}
```

显示结果：2014/08/26

再键入如下命令，并分别按回车键运行：

```
set century off && 设置 2 位数字年份
set mark to "." && 设置日期分隔符为西文句号
set date to mdy && 设置日期格式为月日年
? {^2014-08-26}
```

显示结果：08.26.14

再键入如下命令，并分别按回车键运行：

```
set strictdate to 0 && 不进行严格的日期格式检查
? {^2014-08-26},{09.22.01}
```

显示结果：08.26.14　09.22.14

再键入如下命令，并分别按回车键运行：

```
set strictdate to 1 && 进行严格的日期格式检查
? {09.22.14}
```

显示结果：会弹出如图 2-1 所示对话框。因为{09.22.14}不是严格的日期格式。

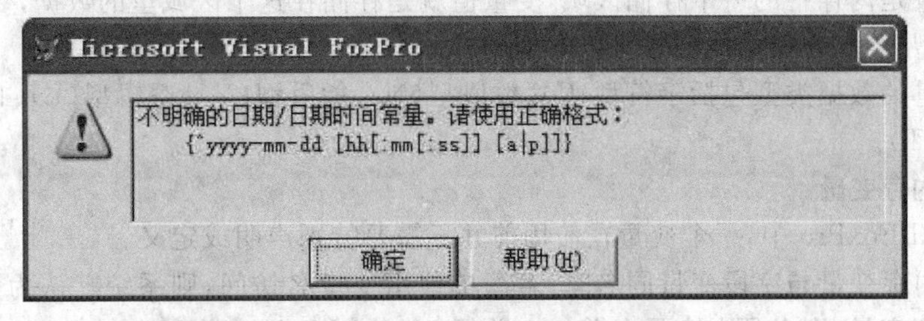

图 2-1　日期时间格式错误提示框

再键入如下命令，并分别按回车键运行：

```
set date to ymd
set century on
set century to 19 rollover 20 && 设置<世纪值>为 19,<年份参照值>为 20。
? ctod('08/12/26'),ctod('88/12/26')
```

显示结果：2008/12/26　　1988/12/26　　&& 如果该日期的 2 位数字年份大于等于<年份参照值>，则它所处的世纪即为<世纪值>，否则为<世纪值+1>。此例中 08 小于年份参照值 20，结果应为世纪值 19+1，所以最后的结果为 2008/12/26；88 大于年份参照值 20，结果为它所处的世纪值 19，所以最后结果为 1988/12/26。

5. 日期时间型常量

日期时间型常量包括日期和时间两部分内容。<日期>部分与日期型常量相似，也有传统的和严格的两种格式。

<时间>部分的格式为：[hh[:mm[:ss]][AM|PM]]。其中 hh、mm 和 ss 分别代表时、分和秒，默认值分别为 12、0 和 0。AM(或 A)和 PM(或 P)分别代表上午和下午，默认值为 AM。如果指定的时间大于等于 12，则系统自然为下午的时间。

时间的表示存在着许多等价的方法，如 00:00:00 AM 等价于 12:00:00 AM(午夜)，00:00:00 PM 等价于 12:00:00 PM(中午)，00:00:00～11:59:59 等价于 12:00:00 AM～11:59:59 AM，12:00:00～23:59:59 等价于 12:00:00 PM～11:59:59 PM。

日期时间型数据用 8 个字节存储。日期部分的取值范围与日期型数据相同，时间部分的取值范围是：00:00:00 AM～11:59:59 PM。

6. 逻辑型常量

逻辑型数据只有逻辑真和逻辑假两个值。逻辑型数据只占用一个字节。

逻辑真的常量表示形式有：.T.、.t.、.Y. 和 .y.。

逻辑假的常量表示形式有：.F.、.f.、.N. 和 .n.。

2.1.2 变量

变量的值是可以随时更改的，每个变量对应一个变量名，代码通过变量名来访问变量的取值。变量的命名以字母、汉字和下划线开头，后接字母、数字、汉字和下划线，变量的命名不能用数字开头。

Visual FoxPro 的变量分为字段变量和内存变量两大类。

字段变量是打开表之后表中的字段名。

内存变量是内存中的一个存储区域，变量值就是存储在这个区域里的数据，变量类型即为变量值的类型，因此变量的类型是可以改变的。

内存变量的数据类型包括字符型(C)、数值型(N)、货币型(Y)、逻辑型(L)、日期型(D)和日期时间型(T)。

1. 简单内存变量

在 Visual FoxPro 中，一个变量在使用前并不需要特别声明或定义。

当出现内存变量与字段变量同名时，若简单地用变量名访问，则系统默认为是字段变量。若要访问内存变量，则必须在变量名前加上前缀 M.(或 M->)，例如 M. 姓名。

2. 数组

数组是内存中连续的一片存储区域，它由若干元素组成，每个数组元素可通过数组名及相应的下标来访问。每个数组元素相当于一个简单变量，可以给各元素分别赋值，并且各元素的数据类型可以不同。数组大小由下标的上、下限决定，下限为 1。

① 创建数组。与简单内存变量不同，数组在使用之前要用命令显式创建。数组可以通过以下两种格式进行创建：

```
格式 1：DIMENSION <数组名> (<下标上限 1>[ ,<下标上限 2>])[,…]
格式 2：DECLARE <数组名> (<下标上限 1> [,<下标上限 2>])[,…]
```

数组大小由下标值的上、下限决定，下限规定为 1，如数组 x(3)的下标上限为 3。

注意：因数组的下限为“1”，所以下标只能从“1”开始，像数组 y(0) y(0,1) y(2,0)都是错误的。

二维数组元素个数为行下标上限值和列下标上限值的乘积，如数组 y(2,2)共有 2×2＝4 个数组元素。

数组创建后，系统自动给每个数组元素赋予逻辑假 .F. 。

例如，DIMENSION x(4)，y (2,2)定义了两个数组。

一维数组 x 含有 4 个数组元素：x(1)，x(2)，x (3)，x (4)。

二维数组 y 含有 4 个元素：y(1,1)，y (1,2)，y (2,1)，y (2,2)。

整个数组的数据类型为 A(Array)，而各个数组元素可以分别存放不同类型的数据。

在使用数组和数组元素时，应注意以下问题：

① 在任何可能使用简单内存变量的地方，均可以使用数组元素。

② 在赋值和输入语句中使用数组名时，表示同一个值同时赋给该数组的全部数组元素。

③ 在同一个运行环境下，数组不能和简单变量重名。

④ 在赋值语句的表达式位置不能出现数组名。

⑤ 可以用一维数组的形式访问二维数组，二维数组到一维数组的转化如图 2-2 所示。

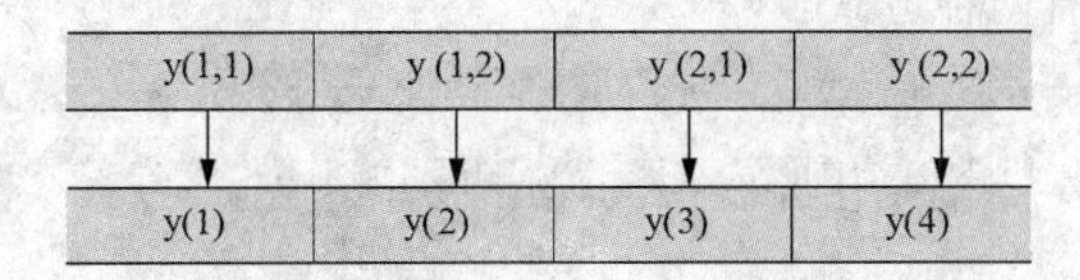

图 2-2　二维数组到一维数组的转化

(2) 二维数组与二维表存在对应关系。如数组 y(1,1)与二维表中的第 1 行第 1 列对应，y(2,2)与二维表中的第 2 行第 2 列对应。

2.1.3　内存变量常用命令

1. 内存变量的赋值

内存变量的赋值有两种方式：

```
格式 1：<内存变量名> =<表达式>
格式 2：STORE <表达式> TO <内存变量名表>
```

功能：

格式 1 计算等号右边表达式的值，并把计算结果赋给等号左边的一个内存变量。

格式 2 用 STORE 命令可以同时给多个变量赋相同的值，各变量名之间用逗号隔开。

【例 2.2】内存变量的赋值。

在命令窗口中键入以下内容，并分别按回车键运行：

```
a = 5 + 5
? a
```

显示结果：10

再键入如下命令，并分别按回车键运行：

```
store 10 to a,b,c
? a,b,c
```

显示结果：10 10 10

2. 表达式值的显示

显示表达式的值有两种方式：

```
格式 1：? [<表达式表>]
格式 2：?? [<表达式表>]
```

功能：不管有没有指定表达式，格式 1 都会输出一个回车换行符。如果指定了表达式，各表达式值将在下一行的起始处输出；格式 2 不会输出一个回车换行符，各表达式值在当前行的光标所在处直接输出。

【例 2.3】表达式值的显示。

在命令窗口键入以下命令：

```
?"计算机", '567', [姓名] ,['ABC' "abc"]
??"学习方法",'很重要'
```

主窗口中显示：计算机 567 姓名'ABC' "abc"学习方法　很重要

3. 内存变量的显示

显示内存变量的值有两种方式：

```
格式 1：LIST MEMORY [LIKE <通配符>][TO PRINTER | TO FILE <文件名>]
格式 2：DISPLAY MEMORY [LIKE <通配符>][TO PRINTER | TO FILE <文件名>]
```

功能：

① 显示内存变量的当前信息，包括变量名、作用域、类型和取值。

② 格式 1 表示一次性显示与通配符相匹配的内存变量。如果一屏显示不下，则自动向上滚动；格式 2 表示分屏显示与通配符相匹配的内存变量。如果内存变量超过一屏，则显示一屏后暂停，按任意键之后继续显示下一屏。

③ 选用 LIKE 短语只显示与通配符相匹配的内存变量，通配符包括“*”和“?”。“*”表示任意多个字符，“?”表示任意一个字符。

④ TO PRINTER 子句用于在显示的同时送往打印机；TO FILE <文件名>用于存入指定文件名的文本文件中。

4. 内存变量的清除

清除内存变量可以采用以下几种格式：

```
格式 1：CLEAR MEMORY
格式 2：RELEASE <内存变量名表>
格式 3：RELEASE ALL [EXTENDED]
格式 4：RELEASE ALL [LIKE <通配符> | EXCEPT <通配符>]
```

功能：

格式 1 用于清除所有内存变量。

格式 2 用于清除指定的内存变量。

格式 3 用于清除所有的内存变量。在人机会话状态，其作用与格式 1 相同。如果出现在程序中，则应该加上短语 EXTENDED，否则不能删除公共内存变量。

格式 4 选用 LIKE 短语清除与通配符相匹配的内存变量，选用 EXCEPT 短语清除与通配符不相匹配的内存变量。

【例 2.4】内存变量的显示与清除。

```
clear memory                        && 清除所有内存变量
dimension x(2,2)                    && 建立二维数组 x
store "one" to x(1,1),y             && 将"one"赋值给 x(1,1)和 y
x(1,2) = 30                         && 将 30 赋值给 x(1,2)
x(3) = {^2010 - 4 - 16}             && 将{^2010 - 4 - 16}赋值给 x(3),
                                       也就是赋值给x(2,1)
list memory like x *                && 显示以 x 开头的内存变量
```

运行结果为：在主窗口中只显示以 x 开头的所有内存变量，如图 2-3(a)所示。

其中数组元素 x(2,2)没有赋值，系统自动赋予逻辑假 .F. 。

继续键入以下命令：

```
Release all like x *                && 清除所有以 x 开头的内存变量
List memo like  *                   && 一次性显示所有的内存变量
```

运行结果：在主窗口中只显示以 y 开头的变量，以 x 开头的变量已经被清除，不会再显示。结果如图 2-3(b)所示。

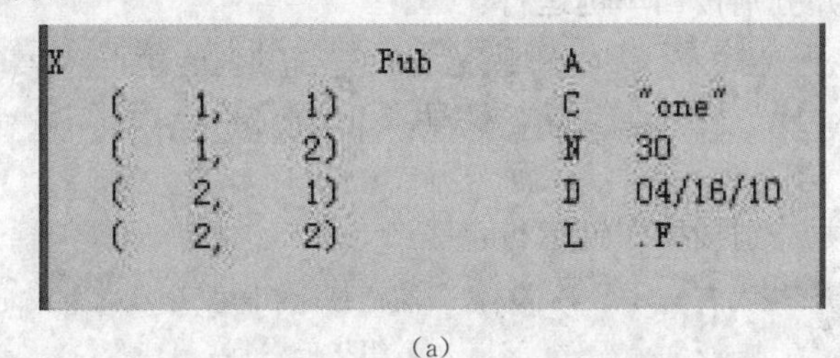

(a)

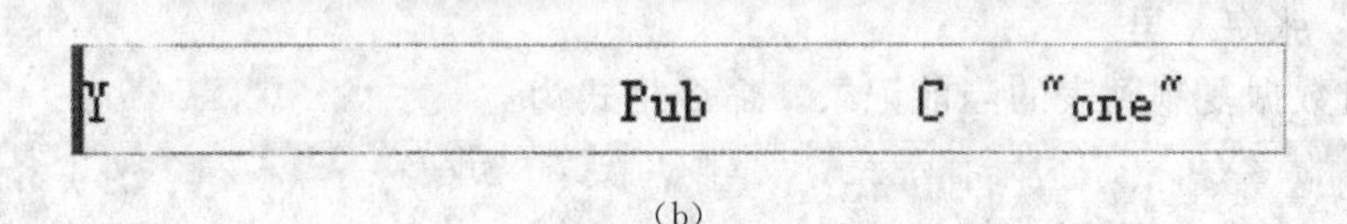

(b)

图 2-3　内存变量的显示与清除

5. 表中数据与数组数据之间的传递

在实际应用中，经常需要在表中数据与数组数据之间进行数据的相互传递。

① 将表的当前记录复制到数组。命令格式为：

```
格式 1：SCATTER [FIELDS <字段名表>][MEMO]TO <数组名> [BLANK]
格式 2：SCATTER [FIELDS LIKE <通配符> | FIELDS EXCEPT <通配符>][MEMO]TO <数组名>
        [BLANK]
```

功能：

格式 1 的功能是将表当前记录的指定各字段内容依次复制到数组中从第一个数组元素开始的内存变量中。如果不使用 FIELDS 短语指定字段，则复制除备注型(M)和通用型(G)之外的全部字段。若选用 MEMO 短语，则同时复制备注型字段，若选用 BLANK 短语，则产生一个空数组。

格式 2 的功能是用通配符指定包括或排除的字段。FIELDS LIKE <通配符>和 FIELDS EXCEPT <通配符>可以同时使用。

【例 2.5】将"student"表的当前记录复制到数组,"student"表如图 2-4 所示。

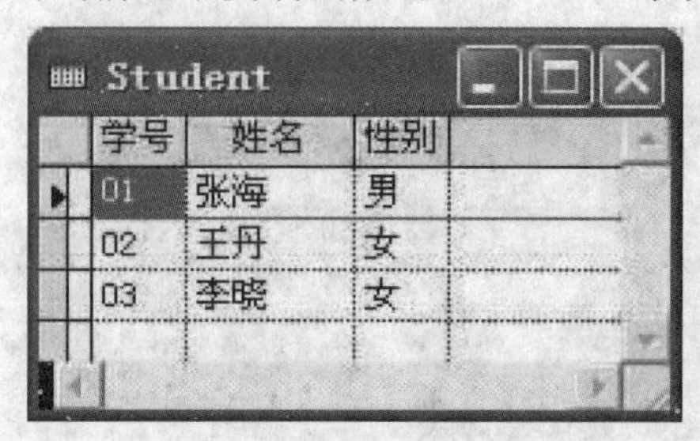

图 2-4　student 表

键入以下命令,并分别按回车键运行:

```
use student                            && 打开 student 表(默认当前记录是第一条记录)
scatter to a                           && 把表中的当前记录复制到数组 a 中
? a(1),a(2),a(3)                       && 显示数组中的数据
```

显示结果:01　张海　男

再键入以下命令,并分别按回车键运行:

```
scatter fields 姓名,性别 to a           && 把表中当前记录的姓名和性别字段的值复制到数组
? a(1),a(2)                            && 显示数组中的数据
```

显示结果:张海　男

再键入以下命令,并分别按回车键运行:

```
scatter fields except "学号" to a       && 把当前记录除"学号"字段之外的记录复制到数组
? a(1),a(2)                            && 显示数组中的数据
```

显示结果:张海　男

② 将数组数据复制到表的当前记录。命令格式为:

```
格式 1:GATHER FROM <数组名> [FIELDS <字段名表>][MEMO]
格式 2:GATHER FROM <数组名> [FIELDS LIKE <通配符> | FIELDS EXCEPT <通配符>][MEMO]
```

功能:

格式 1 的功能是将数组中的数据作为一条记录复制到表的当前记录中,从第一个数组元素开始依次向表中指定字段填写数据。若选用 MEMO 短语,则在复制时也包含备注型字段,否则备注型字段不予考虑。

格式 2 的功能是用通配符指定包括或排除的字段。FIELDS LIKE <通配符>和 FIELDS EXCEPT <通配符>可以同时使用。

【例 2.6】将数组数据复制到表的当前记录(student 表如图 2-4 所示)。

键入以下命令,并分别按回车键运行:

```
dimension x(3)                 && 建立含有 3 个元素的数组
use student                    && 打开 student 表
x(1) = "04"                    && 将"04"赋值给数组元素 x(1)
x(2) = "高美"                  && 将"高美"赋值给数组元素 x(2)
x(3) = "女"                    && 将"女"赋值给数组元素 x(3)
```

```
append blank              && 在表的最后增加一条空白记录
gather from x             && 把数组元素复制到表中的当前空白记录中
? 学号,姓名,性别          && 显示表中的字段值
```

结果如图 2-5 所示,表中显示复制到当前记录的字段值：04　高美　女。

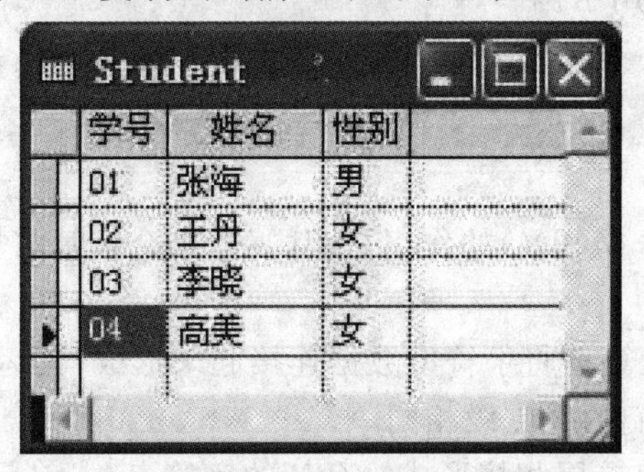

图 2-5　将数组复制到表的当前记录

2.2 表　达　式

表达式通常是由常量、变量和函数通过特定的运算符连接起来的式子。表达式的形式包括：

① 单一的运算对象,包括常量、变量或函数等；

② 由运算符将运算对象连接起来形成的式子。

表达式无论是简单还是复杂,都会有一个运算结果,即表达式的值。根据运算结果的不同,表达式可以分为数值表达式、字符表达式、日期时间表达式和逻辑表达式,各类表达式都有自己特定的运算符,且存在一定的运算顺序。

2.2.1　数值、字符与日期时间表达式

1. 数值表达式

数值表达式又称为算术表达式,由算术运算符和数值型常量、变量和数值型函数等组成。数值运算是分先后次序的,其运算结果仍然是数值型数据。数值运算符及其优先级见表 2-2。

表 2-2　运算符及优先级

优先级	运算符	说明
1	()	形成表达式内的子表达式
2	* * 或^	乘方运算
3	*、/、%	乘、除、求余运算
4	+、-	加、减运算

当表达式中出现乘(*)、除(/)和求余(%)运算时,它们具有相同的优先级。

【例 2.7】计算数学算式 $5+(\frac{2}{7}+\frac{5}{7})\times 2^{3+5}$ 的值。

在命令窗口中应键入以下命令，并按回车键运行：

```
? 5 + (2/7 + 5/7) * 2^(3 + 5)
```

主窗口显示：261.00

【例 2.8】求余运算符应用示例。

在命令窗口中应键入以下命令，并按回车键运行：

```
? 19 % 4
```

主窗口显示：3

求余运算符和取余函数 MOD()的作用是相同的，求余运算将在后面详细讲解。

2. 字符表达式

字符表达式由字符串运算符将字符型数据连接起来形成，其运算结果仍是字符型数据。字符运算符有两个，它们的优先级相同。

① ＋：前后两个字符串首尾相接形成一个新的字符串。

② －：连接前后两个字符串，并将前字符串尾部的空格移到合并后的字符串尾部。

【例 2.9】字符串运算示例。

```
A = "good "                              && 注意"good"后有一个空格
B = " morning!"                          && 注意"morning"前有一个空格
? a + b, len(a + b), a - b, len(a - b)   && len()函数用于计算字符串的长度
```

主窗口显示：good morning! 14 good morning! 14

注意：用"－"连接前后两个字符串时，会将前字符串尾部的空格移到合并后的字符串尾部，而后字符串中的空格是不能移动到合并后的字符串尾部的。

3. 日期时间表达式

日期时间表达式中使用的运算符也是加(＋)和减(－)两个。书写时格式有一定限制，不能任意组合。例如，不能用运算符"＋"将两个＜日期＞连接起来。

合法的日期时间表达式格式如表 2-3 所示，其中的＜天数＞和＜秒数＞都是数值表达式。

表 2-3 日期时间表达式的格式

格式	类型	结果
＜日期＞＋＜天数＞	日期型	指定若干天后的日期
＜天数＞＋＜日期＞	日期型	指定若干天后的日期
＜日期＞－＜天数＞	日期型	指定若干天前的日期
＜日期＞－＜日期＞	数值型	两个指定日期相差的天数
＜日期时间＞＋＜秒数＞	日期时间型	指定若干秒后的日期时间
＜秒数＞＋＜日期时间＞	日期时间型	指定若干秒后的日期时间
＜日期时间＞－＜秒数＞	日期时间型	指定若干秒前的日期时间
＜日期时间＞－＜日期时间＞	数值型	两个指定日期时间相差的秒数

【例 2.10】日期时间运算示例。

在命令窗口键入以下命令并分别按回车键运行：

```
① ? {^2014.02.01} + 5                    && 指定 5 天后的日期
```

主窗口显示：02/06/14

```
② ? {^2014.02.06} - 5                         && 指定 5 天前的日期
```

主窗口显示：02/01/14

```
③ ? {^2014.02.01} - {^2013.02.01}             && 两个日期型数据相减得到两个日期相差的天数
```

主窗口显示：365

```
④ ? {^2014.02.01} + {^2013.02.01}             && 日期型与日期型相加是不合法的表达式，会弹出
                                                 如图 2-6 所示对话框
```

图 2-6　日期型表达式错误提示框

```
⑤ ? {^2014.09.01 11：10：10AM} + 10             && 指定 10 秒后的日期时间
```

主窗口显示：09/01/14 11：10：20 AM

```
⑥ ? {^2014.09.01 11：10：10AM} - {^2013.09.01 11：10：10AM}   && 两个日期时间型数据相减
                                                             得到两个指定日期时间相差
                                                             的秒数
```

主窗口显示：31536000

2.2.2 关系表达式

1. 关系表达式

关系表达式通常也称为简单逻辑表达式，由关系运算符将两个运算对象连接起来形成。即＜表达式 1＞ ＜关系运算符＞ ＜表达式 2＞。

关系运算符的作用是比较两个表达式的大小或前后，其运算结果是逻辑型数据。关系运算符及其含义如表 2-4 所示。

表 2-4　关系运算符及其含义

运算符	说明	运算符	说明
＜	小于	＜＝	小于等于
＞	大于	＞＝	大于等于
＝	等于	＝＝	字符串精确比较
＜＞、#或!＝	不等于	$	子串包含测试

运算符＝＝和 $ 仅适用于字符型数据。其他运算符适用于任何数据类型；除了日期型和日期时间型数据、数值型和货币型数据可以比较外，其他情况下前后两个运算对象的数据类型要一致。

数值型、货币型、逻辑型、日期型、日期时间型数据比较及子串包含测试如表 2-5 所示。

表 2-5　数值型、货币型、逻辑型、日期型、日期时间型数据比较及子串包含测试

比较的类型	规则	举例
数值型和货币型数据	按数值大小比较	? 3＞2 运行结果为 .T. ? ＄300＜＄200 运行结果为 .F. ? ＄300＞200 运行结果为 .T.
日期型和日期时间型数据	越早的日期或时间越小	? {^2014－01－01}＞{^2013－01－01} 运行结果为 .T.
逻辑型数据	逻辑真大于逻辑假	? .T.＞.F. 运行结果为 .T.
子串包含测试： ＜字符串表达式 1＞＄＜字符串表达式 2＞	如果前者是后者的一个子串，结果为真，否则为假	?"计算机"＄"微型计算机" 运行结果为 .T.

2. 设置字符的排序次序

当比较两个字符串时，自左向右逐个比较，一旦发现两个字符不同，就根据这两个字符的大小决定字符串的大小。

字符的大小取决于字符集中字符的排序次序，排在前面的字符小，排在后面的字符大。

在中文 Visual FoxPro 中，默认的字符排序次序名为 PinYin，但可以重新设置。排序次序名必须放在引号中。

设置字符排序次序的命令是：

```
SET COLLATE TO "＜排序次序名＞"
```

排序次序名可以是“Machine(机器)”、“PinYin(拼音)”或“Stroke(笔画)”。三种排序次序的比较如表 2-6 所示。

表 2-6　字符的排序次序

排序次序名	排序	举例
Machine(机器)次序	西文字符排序：按 ASCII 码值排序从小到大为空格、大写字母、小写字母； 常用一级汉字：从小到大按拼音顺序决定大小	Set collate to "machine" ?"a"＞"B","b"＞"　B","大"＞"学" 运行结果：.T. .T. .F.
PinYin(拼音)次序	西文字符排序：从小到大为空格、小写字母、大写字母；汉字：按照拼音次序排序	Set collate to "pinyin" ?"a"＞"B","b"＞"　B","大"＞"学" 运行结果：.F. .T. .F.
Stroke(笔画)次序	无论中文、西文都按笔画多少排序	Set collate to "stroke" ?"C"＞"H","C"＞"　H","大"＞"学" 运行结果：.F. .T. .F.

3. 字符串精确比较与 EXACT 设置

① 用双等号运算符(＝＝)精确比较：只有当两个字符串完全相同(包括空格及各字符的位置)，才会为逻辑真 .T.，否则为逻辑假(.F.)。

② 用单等号运算符(＝)比较，运算结果与 SET EXACT ON | OFF 的设置有关。

ON 先在较短的字符串尾部加若干空格，使两个字符串的长度相等，再进行精确比较。

如“计算机世界”＝“计算机”，在 ON 状态下结果为假 .F. 。

OFF 只要右边字符串与左边字符串的前面部分内容相匹配，即为逻辑真 .T. 。

如“计算机世界”=“计算机”，在 OFF 状态下结果为 .T.。

【例 2.11】字符串比较与 EXACT 设置示例。

```
set exact off                          && 只要右边字符串与左边字符串前面部分内容相匹配、
                                          即为逻辑真 .T.
store "会计" to s1
store "会计 " to s2                    && 注意“会计”后有一空格
store "会计电算化" to s3
? s1 = s3, s3 = s1, s1 = s2, s2 = s1, s2 = = s1
```

运行结果：.F. .T. .F. .T. .F.

```
set exact on                           && 将较短的字符串填充空格，然后进行等长精确比较
? s1 = s3, s3 = s1, s1 = s2, s2 = s1, s2 = = s1
```

运行结果：.F. .F. .T. .T. .F.

4. 赋值与相等比较的区别

内存变量的赋值命令与相等比较运算都使用等号，必须注意两者之间的区别。

```
赋值命令格式：<内存变量> = <表达式>
相等比较运算格式：<表达式 1> = <表达式 2>
```

2.2.3　逻辑表达式

逻辑表达式由逻辑运算符将逻辑型数据连接起来而形成，其运算结果仍然是逻辑型数据。逻辑运算符有 3 个：.NOT.（逻辑非）、.AND.（逻辑与）及 .OR.（逻辑或），也可以省略两端的点，写成 NOT、AND、OR，其优先级顺序依次为 NOT、AND、OR。

① 逻辑非是单目运算符（运算对象只有一个），其运算结果与操作数的值正好相反。

② 逻辑与具有“并且”的含义，只有当两个操作数均为真时，运算结果才为真，否则为假。

③ 逻辑或具有“或者”的含义，两个操作数中只要有一个为真，运算结果就为真，否则为假。

逻辑运算符的上述运算规则如表 2-7 所示。

表 2-7　逻辑运算规则

R	S	.NOT. R	R. AND. S	R. OR. S
.T.	.T.	.F.	.T.	.T.
.T.	.F.	.F.	.F.	.T.
.F.	.T.	.T.	.F.	.T.
.F.	.F.	.T.	.F.	.F.

例如，要查询计算机系和经管系工资低于 2000 元的教师信息，在条件语句中可以描述为：

```
系别 = "计算机系" or 系别 = "经管系" and 工资<2000
```

2.2.4　运算符的优先级

在每一类运算符中，各个运算符都有自己的优先次序。同样在各类运算符之间也存在运算优先次序，具体次序如下：

① 首先执行算术运算符、字符串运算符和日期时间运算符；

② 其次执行关系运算符；

③ 最后执行逻辑运算符。

另外还包括以下规则：

④ 圆括号的优先级最高；

⑤ 相同优先级的运算符按从左到右的顺序进行运算；

⑥ 字符串连接运算符和加、减运算符优先级一样。

需注意圆括号的作用：有时候，在表达式的适当地方插入圆括号不是为了改变其他运算符的运算次序，而是为了提高代码的可读性。

【例 2.12】不同运算符组成的表达式示例。

在命令窗口中键入以下表达式，并分别按回车键运行。

```
?"中">"中国" and 5>6 or .T.<.F.
```

主窗口中显示：.F.

```
?"会计"! ="会计电算化" and ((17%5=2) or (5>6))
```

主窗口中显示：.T.

2.3 常用函数

函数是用程序来实现的一种数据运算或转换，每一个函数都有特定的数据运算功能和转换功能。函数可以用函数名加一对圆括号加以调用，自变量放在圆括号里，如 MOD(x)。

在 Visual FoxPro 中，将函数分为数值函数、字符函数、日期和时间函数、数据类型转换函数和测试函数 5 类。

2.3.1 数值函数

数值函数的自变量和返回值往往都是数值型。常用的数值函数如下。

1. 绝对值函数和符号函数

```
格式：ABS(<数值表达式>)
      SIGN(<数值表达式>)
```

功能：ABS()返回指定数值表达式的绝对值。

SIGN()返回指定数值表达式的符号，当表达式的运算结果为正、负或零时，函数的返回值分别为 1、-1 或 0。

【例 2.13】

```
X=10
? ABS(5-X),ABS(X-5),SIGN(5-X),SIGN(X-10)
      5          5          -1          0
```

2. 求平方根函数

```
格式：SQRT(<数值表达式>)
```

功能：返回指定表达式的平方根。自变量表达式的值不能为负。

【例 2.14】

```
x=-100
? SIGN(x)*SQRT(ABS(x)),sqrt(x)
              -10          提示：参数不能为负数
```

3. 圆周率函数

格式：PI()

功能：返回圆周率 π 的值(数值型)，该函数没有自变量。

【例 2.15】

```
? PI()
     3.14
```

4. 求整数函数

格式：INT(<数值表达式>)
　　　CEILING(<数值表达式>)
　　　FLOOR(<数值表达式>)

功能：INT()返回指定数值表达式的整数部分。

CEILING()返回大于或等于指定数值表达式的最小整数。

FLOOR()返回大于或等于指定表达式的最大整数。

【例 2.16】

```
x = 6.6
? INT(x),INT( - x),CEILING(x),CEILING( - x),FLOOR(x),FLOOR( - x)
   6      - 6     7          - 6           6        - 7
```

5. 四舍五入函数

格式：ROUND(<数值表达式 1>,<数值表达式 2>)

功能：返回指定表达式在指定位置四舍五入后的结果，如果“数值表达式 2”>0，表示要保留的小数位数；如果“数值表达式 2”<0，表示整数部分的舍入位数；如果“数值表达式 2”＝0 表示保留整数，没有小数部分。

【例 2.17】

```
x = 456.456
? ROUND(x,2),ROUND(x,1),ROUND(x,0),ROUND(x, - 1)
   456.46      456.5      456        460
```

6. 求余数函数

格式：MOD(<数值表达式 1>,<数值表达式 2>)

功能：返回两个数值相除后的余数。<数值表达式 1>是被除数，<数值表达式 2>是除数。

余数的正负号与除数相同，如果被除数与除数同号，那么函数值即为两数相除的余数；如果被除数与除数异号，则函数值为两数相除的余数再加上除数的值。

【例 2.18】

```
? MOD(10,3),MOD(10, - 3),MOD( - 10,3),MOD( - 10, - 3)
     1          - 2          2            - 1
```

7. 求最大值和最小值函数

格式：MAX(<数值表达式 1>,<数值表达式 2>[,<数值表达式 3>…])
　　　MIN(<数值表达式 1>,<数值表达式 2>[,<数值表达式 3>…])

功能：MAX()计算各自变量表达式的值，并返回其中的最大值。

MIN()计算各自变量表达式的值,并返回其中的最小值。

【例 2.19】

```
? MAX(5,9,2),MAX('3','23','13'),MIN('自行车','汽车','火车')
     9              3                          火车
```

2.3.2 字符函数

字符函数是指自变量一般是字符型数据的函数。

1. 求字符串长度函数

```
格式：LEN(＜字符表达式＞)
```

功能：返回指定字符表达式的长度,即所包含的字符个数。函数值为数值型。

【例 2.20】

```
x = "学习 Visual FoxPro 6.0"
? len(x)
  22
```

2. 大小写转换函数

```
格式：LOWER(＜字符表达式＞)
      UPPER(＜字符表达式＞)
```

功能：LOWER()将指定表达式值中的大写字母转换成小写字母,其他字符不变。

UPPER()将指定表达式值中的小写字母转换成大写字母,其他字符不变。

【例 2.21】

```
? lower('ABC'),upper('n = 1')
      abc          N = 1
```

3. 空格字符串生成函数

```
格式：SPACE(＜数值表达式＞)
```

功能：返回由指定数目的空格组成的字符串。

【例 2.22】

```
? len(space(3) + space(5))
  8
```

4. 删除前后空格函数

```
格式：TRIM(＜字符表达式＞)
      LTRIM(＜字符表达式＞)
      ALLTRIM(＜字符表达式＞)
```

功能：TRIM()返回指定字符表达式值去掉尾部空格后形成的字符串。

LTRIM()返回指定字符表达式值去掉前导空格后形成的字符串。

ALLTRIM()返回指定字符表达式值去掉前导和尾部空格后形成的字符串。

【例 2.23】

```
store space(1) + "good" + space(3) to s
? trim(s) + ltrim(s) + alltrim(s)
  goodgood   good
```

5. 取子串函数

格式：LEFT(<字符表达式>,<长度>)
RIGHT(<字符表达式>,<长度>)
SUBSTR(<字符表达式>,<起始位置>[,<长度>])

功能：LEFT()从指定表达式值的左端取一个指定长度的子串作为函数值；

RIGHT()从指定表达式值的右端取一个指定长度的子串作为函数值；

SUBSTR()从指定表达式值的指定起始位置取指定长度的子串作为函数值，SUBSTR()函数中，若缺省<长度>参数，则函数从指定位置一直取到最后一个字符。

【例 2.24】

```
store"good bye!" to x
? left(x,2),substr(x,6,2) + substr(x,6),right(x,3)
    go          bybye!              ye!
```

6. 计算子串出现次数函数

格式：OCCURS(<字符表达式 1>,<字符表达式 2>)

功能：返回第一个字符串在第二个字符串中出现的次数，函数值为数值型。若第一个字符串不是第二个字符串的子串，函数值返回 0。

【例 2.25】

```
store 'abcracadabra' to s
? occurs('a',s),occurs('b',s),occurs('c',s),occurs('r',s)
    5         2         2         0
```

7. 求子串位置函数

格式：AT(<字符表达式 1>,<字符表达式 2>[,<数值表达式>])
ATC(<字符表达式 1>,<字符表达式 2>[,<数值表达式>])

功能：AT()的函数值为数值型。如果<字符表达式 1>是<字符表达式 2>的子串，则返回<字符表达式 1>的首字符在<字符表达式 2>中的位置；若不是子串，则返回 0。

<数值表达式>用于表明要在<字符表达式 2>中搜索<字符表达式 1>是第几次出现，其默认值是 1。

ATC()与 AT()功能相似，但比较时不区分字母的大小写。

【例 2.26】

```
store "This is Visual FoxPro 6.0" to x
? at("fox",x),atc("fox",x),at("is",x,3),at("xo",x)
    0         16        10        0
```

8. 子串替换函数

格式：STUFF(<字符表达式 1>,<起始位置>,<长度>,<字符表达式 2>)

功能：用<字符表达式 2>的值替换<字符表达式 1>中由<起始位置>和<长度>指定的一个子串。替换和被替换的字符个数不一定相等。如果<长度>值是 0，<字符表达式 2>则插在由<起始位置>指定的字符前面。如果<字符表达式 2>值是空串，那么<字符表达式 1>中由<起始位置>和<长度>指定的子串被删去。

【例 2.27】

```
s1 = "good bye!"
s2 = "morning"
? stuff(s1,6,3,s2),stuff(s1,1,4,s2)
good morning! morning bye!
```

9. 字符替换函数

```
格式：CHRTRAN(<字符表达式 1>,<字符表达式 2>,<字符表达式 3>)
```

功能：该函数的自变量是 3 个字符表达式。当<字符表达式 1>中的一个或多个相同字符与<字符表达式 2>中的某个字符相匹配时，就用<字符表达式 3>中的对应字符（与<字符表达式 2>中的那个字符具有相同的位置）替换这些字符。如果<字符表达式 3>中包含的字符个数少于<字符表达式 2>中包含的字符个数，导致没有对应的字符，那么<字符表达式 1>中相匹配的各字符将被删除。如果<字符表达式 3>中包含的字符个数多于<字符表达式 2>中包含的字符个数，多余字符将被忽略。

【例 2.28】

```
a = chrtran("AFACAD","ACD","X56")
b = chrtran("老师好!","老师","您")
? a,b
XFX5X6 您好!
```

10. 字符串匹配函数

```
格式：LIKE(<字符表达式 1>,<字符表达式 2>)
```

功能：比较两个字符串对应位置上的字符，若所有对应字符都匹配，函数返回逻辑真(.T.)，否则返回逻辑假(.F.)。

<字符表达式 1>中可以包含通配符"*"和"?"。"*"可以与任意数目的字符相匹配，"?"可以与任意单个字符相匹配。

【例 2.29】

```
x = "abc"
y = "abcd"
? like("ab*",x),like(x,"ab*"),like(x,y),like("?b?",x),like ("Abc",x)
   .T.          .F.          .F.        .T.          .F.
```

2.3.3 日期和时间函数

日期和时间函数的自变量一般是日期型数据或日期时间型数据。

1. 系统日期和时间函数

```
格式：DATE()
      TIME()
      DATETIME()
```

功能：DATE()返回当前系统日期，函数值为日期型。

TIME()以 24 小时制的 hh：mm：ss 格式返回当前系统时间，函数值为字符型。

DATETIME()返回当前系统日期时间，函数值为日期时间型。

【例 2.30】假设当前的系统日期时间为{^2011－03－26 11：55：00}

```
? date(),time(),datetime()
03/26/11  11:55:00  03/26/11 11:55:00 AM
```

2. 年份、月份和天数函数

```
格式：YEAR(<日期表达式>|<日期时间表达式>)
      MONTH(<日期表达式>|<日期时间表达式>)
      DAY(<日期表达式>|<日期时间表达式>)
```

功能：YEAR()从指定的日期表达式或日期时间表达式中返回年份(如 2001)。

MONTH()从指定的日期表达式或日期时间表达式中返回月份。

DAY()从指定的日期表达式或日期时间表达式中返回天数。

这 3 个函数的返回值都为数值型。

【例 2.31】

```
store{^2011-03-26} to d
? year(d),month(d),day(d)
  2011       3     26
```

3. 时、分和秒函数

```
格式：HOUR(<数值表达式>)
      MINUTE(<数值表达式>)
      SEC(<数值表达式>)
```

功能：HOUR()从指定的日期时间表达式中返回小时部分。

MINUTE()从指定的日期时间表达式中返回分钟部分。

SEC()从指定的日期时间表达式中返回秒数部分。

这 3 个函数的返回值都为数值型。

【例 2.32】

```
store {^2011-03-26 02:30:50 P} TO t
? hour(t),minute(t),sec(t)
   14        30        50
```

2.3.4　数据类型转换函数

数据类型转换函数的功能是将某一种类型的数据转换成另一种类型的数据。

1. 数值转换成字符串

```
格式：STR(<数值表达式>[,<长度>[,<小数位数>]])
```

功能：将<数值表达式>的值转换成字符串，转换时根据需要自动四舍五入。

① 如果<长度>值大于<数值表达式>的长度，则加前导空格以满足规定的<长度>要求。

② 如果要求的<长度>值与要求的小数位数不能同时满足时，则优先满足整数部分而自动调整小数位数。

③ 如果<长度>值大于<数值表达式>的整数部分位数，而没有<小数位数>，则加前导空格，只能取整。

④ 如果<长度>值小于<数值表达式>的整数部分位数，则返回"＊＊＊"号。

⑤ 如果没有指明<长度>及<小数位数>只能取整。

<小数位数>的默认值为 0，<长度>的默认值为 10。

【例 2.33】

```
store -345.456 TO n
? str(n,9,2), str(n,6,2), str(n,3), str(n,6), str(n)
    -345.46     -345.5   ***      -345     -345
```

2. 字符串转换成数值

```
格式：VAL(<字符表达式>)
```

功能：将由数字符号(包括正负号、小数点)组成的字符型数据转换成相应的数值型数据。若字符串内出现非数字字符，那么只转换非数字字符之前的部分；若字符串的首字符不是数字符号，则返回数值零，并且忽略前导空格。

【例 2.34】

```
store '-456' To x
store '.78' to y          && 注意 78 前有个"."
store 'A78' to z
? val(x+y), val(x+z), val(z+y)
-456.78     -456.00     0.00
```

3. 字符串转换成日期或日期时间

```
格式：CTOD(<字符表达式>)
      CTOT(<字符表达式>)
```

功能：CTOD()将<字符表达式>的值转换成日期型数据。

CTOT()将<字符表达式>的值转换成日期时间型数据。

【例 2.35】

```
set date to ymd
set century on
set century to 19 rollover 30
? ctod('14/11/28'),ctot('14/11/28 11:00:00')
2014/11/28          2014/11/28 11:00:00 AM
? ctod('14/28/11 11:00:00')
```

不能显示结果，原因是"14/28/11 11:00:00"中含有"11:00:00"，此情况下不能转换。

4. 日期或日期时间转换成字符串

```
格式：DTOC(<日期表达式>|<日期时间表达式>[,1])
      TTOC(<日期时间表达式>[,1])
```

功能：DTOC()将日期型数据或日期时间型数据的日期部分转换成字符串。

TTOC()将日期时间型数据转换成字符串。

对 DTOC 来说，如果使用选项 1，则表示日期总是采用 YYYYMMDD 的格式，共 8 个字符。对 TTOC 来说，如果使用选项 1，则字符串的格式总是 YYYYMMDDHHMMSS，采用 24 小时制，共 14 个字符。

【例 2.36】假设当前的系统日期时间为{^2011－03－26 11：55：00}。

```
set date to mdy
set century off
store datetime() to t
? t
03/26/11 11：55：00 AM
? dtoc(t), dtoc(t,1),ttoc(t),ttoc(t,1)
03/26/11 20110326 03/26/11 11：55：00 AM 20110326115500
```

5. 宏替换函数

```
格式：&<字符型变量>[.]
```

功能：替换出字符型变量的内容，即函数值是变量中的字符串，如果该函数与其后的函数无明显分界，则要用“. ”作为函数结束标识，宏替换可以嵌套使用。

【例 2.37】

```
use student      && “student”表见图 2-4
xm = "姓名"
x = "5 + 6"
? xm,&xm,x,&x
```

姓名　张海　5+6　11

2.3.5　测试函数

在数据处理过程中，有时用户需要了解操作对象的状态，例如，要使用的文件是否存在、数据库的当前记录号是否到达了文件尾、检索是否成功、当前记录是否有删除标记等。这就要用到测试函数。

1. 值域测试函数

```
格式：BETWEEN (<表达式 1>，<表达式 2>，<表达式 3> )
```

功能：判断一个表达式的值是否介于另外两个表达式的值之间。

<表达式 1>在<表达式 2>和<表达式 3>之间时，函数值为真(. T.)，否则为假(. F.)；如果<表达式 2>和<表达式 3>其中一个是 NULL 值，那么函数值也是 NULL 值。

3 个变量可以是数值型、字符型、日期型、货币型等，但 3 个自变量的类型要保持一致。

【例 2.38】

```
store .NULL. to x
store 100 to y
? between(150,y,y + 100),between(90,x,y),between(50,100,电脑)
        .T.                  .NULL.   3 个自变量类型不一致，提示找不到变量
```

2. 空值（NULL 值）测试函数

```
格式：ISNULL(<表达式>)
```

功能：判断一个表达式的运算结果是否为 NULL 值，若是 NULL 值则返回逻辑真(. T.)，否则返回逻辑假(. F.)。

【例 2.39】

```
store .NULL. TO x
? x,isnull(x)
.NULL.  .T.
```

3. "空"值测试函数

格式：EMPTY(<表达式>)

功能：根据指定表达式的运算结果是否为"空"值，返回逻辑真(.T.)或逻辑假(.F.)。

注意：这里所指的"空"值与 NULL 是两个不同的概念。函数 EMPTY(.NULL.)的返回值是逻辑假。

不同类型数据的"空"值有不同的规定，如表 2-8 所示。

表 2-8　不同类型数据的"空"值规定

数据类型	"空"值	数据类型	"空"值
数值型	0	双精度型	0
字符型	空串、空格、制表符、回车、换行	日期型	空(如 CTOD(""))
货币型	0	日期时间型	空(如 CTOT(""))
浮点型	0	逻辑型	.F.
整型	0	备注字段	空(无内容)

【例 2.40】

```
? empty(123),empty(0),empty(ctod("")),empty($0), empty(space(5))
      .F.      .T.        .T.             .T.          .T.
```

4. 数据类型测试函数

格式：VARTYPE(<表达式>[,<逻辑表达式>])

功能：测试<表达式>的类型，返回一个大写字母，函数值为字符型。字母的含义如表 2-9所示。

表 2-9　用 VARTYPE()测得的数据类型

返回的字母	数据类型	返回的字母	数据类型
C	字符型或备注型	G	通用型
N	数值型、整型、浮点型或双精度型	D	日期型
Y	货币型	T	日期时间型
L	逻辑型	X	NULL 值
O	对象型	U	未定义

【例 2.41】

```
store "大学" to M
store null to N
store $200 to Y
? vartype(M), vartype(N), vartype(Y),vartype(66),vartype(大学)
     C          X          Y          N          U
```

5. 条件测试函数

格式：IIF(＜逻辑表达式＞,＜表达式 1＞,＜表达式 2＞)

功能：测试＜逻辑表达式＞的值。若为逻辑真 .T.，函数返回＜表达式 1＞的值；若为逻辑假 .F.，函数返回＜表达式 2＞的值。＜表达式 1＞和＜表达式 2＞的类型不要求相同。

【例 2.42】

```
? IIF(100＞100,50,150),IIF(300＞100,250,350)
        150          250
? IIF(len(space(5))＜＞5,1,-1)
    -1
```

6. 表文件尾测试函数

系统对表中的记录是逐条进行处理的。对于一个打开的表文件来说，在某一时刻只能处理一条记录。Visual FoxPro 为每一个打开的表设置了一个内部使用的记录指针，指向正在被操作的记录，该记录称为当前记录。记录指针的作用就是标识表的当前记录。

表文件中，最上面的记录为首记录，即第一条记录，记为 TOP；最下面的记录是尾记录，即最后一条记录，记为 BOTTOM。在第一条记录之前有一个文件起始标识(文件首位置)，称为 Beging of file(BOF)；在最后一条记录的后面有一个文件结束标识(文件尾位置)，称为 End of File(EOF)。

刚打开的表，记录指针总是指向首记录。

格式：EOF([＜工作区号＞|＜表的别名＞])

功能：测试指定表文件中的记录指针是否指向文件尾，若是则返回逻辑真(.T.)，否则返回逻辑假(.F.)，表文件尾是指最后一条记录后面的位置。若缺省自变量，则测试当前表文件，若在指定工作区上没有打开表文件，函数返回逻辑假(.F.)，若表文件中不包含任何记录，函数返回逻辑真(.T.)。

【例 2.43】

```
USE student   && "student"表见图 2-5。例 2.44、例 2.45、例 2.46 都用此表为例
GO bottom     && 使指针指向最后一条记录
? eof()
.F.
Skip          && 指针下移一个位置，此时指针位于文件尾
? eof()
.T.
```

7. 表文件首测试函数

格式：BOF([＜工作区号＞|＜表的别名＞])

功能：测试当前表文件或指定文件中的记录指针是否指向了文件首，若是则返回逻辑真(.T.)，否则返回逻辑假(.F.)，表文件首是指第一条记录前面的位置。若指定工作区上没有打开表文件，函数返回逻辑假(.F.)。若表文件不包含任何记录，函数返回逻辑真(.T.)。

【例 2.44】

```
GO TOP              && 使指针指向第一条记录
? bof()
.F.
```

```
SKIP -1                       && 指向向前移动了一个位置,此时指针位于文件首。
? bof()
.T.
```

8. 记录号测试函数

格式:RECNO([<工作区号> | <表的别名>])

功能:返回当前表文件或指定表文件中当前记录的记录号。如果指定的工作区上没有打开表文件,函数值为0,如果记录指针指向文件尾,函数值为表文件中的记录数加1。如果记录指针指向文件首,函数值为表文件中第一条记录的记录号。

【例 2.45】

```
use student                   && 刚打开的表,记录指针总是指向第一条记录
go 2                          && 指针指向第 2 条记录
? recno()
2
go top
skip -1
? bof(),recno()
.T. 1
go bottom
? eof(),recno()
.F. 4
skip 1
? eof(),recno()
.T. 5
```

9. 记录个数测试函数

格式:RECCOUNT([<工作区号> | <表的别名>])

功能:返回当前表文件或指定表文件中物理上存在的记录个数,如果指定工作区上没有打开表文件,函数值为0。

该函数返回的是表文件中物理上存在的记录个数,不管记录是否被逻辑删除以及 SET DELETED 的状态如何,也不管记录是否被过滤(SET FILTER),该函数都会把它们考虑在内。如果指定工作区上没有打开的表,函数返回值是0。

【例 2.46】

```
? reccount()
4
```

10. 记录删除测试函数

格式:DELETED([<表的别名> | <工作区号>])

功能:测试当前表文件或指定表文件中的当前记录是否有删除标记"*"。若有,则返回逻辑真;否则返回逻辑假。

2.4　程序与程序文件

本节首先介绍程序及程序文件的概念，然后介绍程序文件的建立、执行以及主要用于程序中的若干命令，包括简单的输入/输出命令。

2.4.1　程序的概念

1. 基本概念

程序是能够完成一定任务的命令的有序集合。这组命令被存放在称为程序文件或命令文件的文本文件中，当运行程序时，系统会按照一定的次序自动执行包含在程序文件中的命令。程序文件的系统默认扩展名是.prg。

2. 书写要求

程序中的每条命令都以回车结尾，一行只能写一条命令；若要分行书写，应在一行程序的结尾处输入续行符(;)。

为了提高程序的可读性，在程序中经常插入注释。注释为非运行代码，不会影响程序的功能。以NOTE或*开头的代码行为注释行；命令行后也可添加注释，这种注释以&&开头。

3. 程序特点

与交互式方式相比，程序方式有以下特点：

① 可以利用编辑器方便地输入、修改和保存程序。

② 程序文件一旦建立，就可以多次执行，而且一个程序在执行过程中还可以调用另一个程序。

③ 在程序中可以出现在命令窗口中无法使用的命令和语句。

2.4.2　程序文件的建立与运行

1. 程序文件的建立与修改

程序文件的建立与修改一般是通过调用系统内置的文件编辑器来进行的。

(1)要建立程序文件，可以按以下步骤操作：

① 打开文本编辑窗口。从“文件”菜单中选择“新建”命令，然后在“新建”对话框中选择“程序”单选按钮，并单击“新建文件”命令按钮。

② 在文本编辑窗口中输入程序内容。

③ 保存程序文件。从“文件”菜单中选择“保存”命令或按Ctrl+W组合键。

(2)要打开、修改程序文件，可按下列方法操作：

① 从“文件”菜单中选择“打开”命令，弹出“打开”对话框。

② 在“文件类型”下拉列表框中选择“程序”。

③ 在文件列表框中选定要修改的文件，并单击“确定”按钮。

④ 编辑修改后，从“文件”菜单中选择“保存”命令或按Ctrl+W组合键保存文件。

(3)用命令方式建立和修改程序文件。命令格式为：

```
MODIFY COMMAND <文件名>
```

如果没有指定扩展名，系统将自动加上默认扩展名.prg。

2. 执行程序文件

执行程序文件有两种常用的方式。

(1)菜单方式。

① 从“程序”菜单中选择“运行”命令,打开“运行”对话框。

② 从文件列表框中选择要运行的程序文件,并单击“运行”按钮。

(2)命令方式。

命令格式为:

```
DO <文件名>
```

文件名中无须加扩展名。

注意: 如果用 DO 命令运行查询文件、菜单文件,<文件名>中必须要包括扩展名。

程序文件被执行时,文件中包含的命令将被依次执行,直到所有的命令被执行,或者执行到以下命令:

① CANCAL:终止程序执行,清除所有的私有变量,返回命令窗口。

② DO:转去执行另一个程序。

③ RETURN:结束当前程序的执行,返回到调用它的上级程序,若无上级程序,则返回到命令窗口。

④ QUIT:退出 Visual FoxPro 系统,返回到操作系统。

2.4.3 简单的输入/输出命令

1. INPUT 命令

命令格式:

```
INPUT [<字符表达式>] TO <内存变量>
```

功能:当程序执行到该命令时,暂停往下执行,等待用户输入数据;用户可以输入任意合法的表达式,但不能不输入任何内容直接按回车键;当用户以回车键结束输入时,系统计算表达式的值,并将计算结果存入指定的内存变量中,然后继续往下执行程序;如果选用字符表达式,那么系统会首先在屏幕上显示表达式的值,作为输入的提示信息。

2. ACCEPT 命令

命令格式:

```
ACCEPT [<字符表达式>] TO <内存变量>
```

功能:当程序运行到该命令时,暂停程序的执行,等待用户从键盘输入字符串;当用户以回车键结束输入时,系统将该字符串存入指定的内存变量,然后继续往下执行程序;如果选用字符表达式,那么系统会首先在屏幕上显示表达式的值,作为输入的提示信息。

3. WAIT 命令

命令格式:

```
WAIT [<字符表达式>][TO <内存变量>][WINDOW [AT <行>,<列>]][NOWAIT] [CLEAR |
NOCLEAR][TIMEOUT <数值表达式>]
```

功能:显示字符表达式的值作为提示信息,暂停程序的执行,直到用户按任意键或单击鼠标。

例如:

```
WAIT "输入无效,请重新输入…" WINDOW TIMEOUT 3
```

命令执行时,在主窗口右上角出现一个提示窗口,显示提示信息"输入无效,请重新输入…",之后,程序暂停执行。当用户按任意键或超过 3 秒时,提示窗口关闭,程序继续执行。

2.5　程序的基本结构

程序结构是指程序中命令或语句执行的流程结构主要有 3 种:顺序结构、选择结构和循环结构。

2.5.1　顺序结构

顺序结构是最简单的程序结构,它按命令在程序中出现的先后次序依次执行。

【例 2.47】

```
CLEAR                        && 清除主窗口中显示的全部信息
r = 3                        && 设置圆的半径
* 依次计算周长和面积
p = 2 * pi() * r             && 函数 pi()返回圆周率
s = pi() * r^2
* 输出计算结果
?"周长 = ",p
??"面积 = ",s
```

主窗口中显示:周长=18.85　面积=28.2743

由于顺序结构本身的局限性,绝大多数问题仅用顺序结构是无法解决的,还要用到选择结构或循环结构。

2.5.2　选择结构

支持选择结构的语句包括条件语句(IF-ENDIF)和分支语句(DO CASE-ENDCASE)。

1. 简单的条件语句

语句格式:

```
IF <条件>
  <语句序列>
ENDIF
```

语句执行时,首先计算＜条件＞表达式的值,如果为真(.T.)时,则执行＜语句序列＞,然后执行 ENDIF 后的语句;否则跳过 IF 和 ENDIF 间的＜语句序列＞,直接运行 ENDIF 后的语句。

【例 2.48】

```
CLEAR
INPUT "x = " to x
INPUT "y = " to y
IF x/5 = INT(x/5)
```

```
  y=y+x
ENDIF
  ?"y=",y
RETURN
```

2. 一般形式的条件语句

语句格式：

```
IF <条件>
   <语句序列 1>
ELSE
  <语句序列 2>
ENDIF
```

语句执行时，首先计算<条件>表达式的值，如果<条件>成立，执行<语句序列 1>，然后运行 ENDIF 后的语句；否则执行<语句序列 2>，然后执行 ENDIF 后的语句。

IF 和 ENDIF 必须成对出现，分别是本结构的入口和出口。条件语句可以嵌套，但不能交叉。书写时最好按缩进格式。

【例 2.49】

```
CLEAR
INPUT "请输入考试成绩：" TO chj
IF chj<60
  dj="不合格"
ELSE
  IF chj<80
    dj="通过"
  ELSE
    dj="优秀"
  ENDIF
ENDIF
?"成绩等级："+dj
```

3. 多分支语句

语句格式：

```
DO CASE
CASE <条件 1>
      <语句序列 1>
CASE <条件 2>
      <语句序列 2>
   …
CASE <条件 n>
      <语句序列 n>
[OTHERWISE
      <语句序列>]
ENDCASE
```

程序执行时,依次判断 CASE 后的条件是否成立。当发现某个 CASE 后的条件成立时,就执行该 CASE 和下一个 CASE 之间的语句序列,然后执行 ENDCASE 后面的语句。如果所有的条件都不成立,则运行 OTHERWISE 与 ENDCASE 之间的语句序列,然后转向 ENDCASE 后面的语句。

不管有几个 CASE 条件成立,只有最先成立的那个 CASE 条件的对应命令序列被执行;如都不成立且没有 OTHERWISE 子句,则直接跳出本结构;DO CASE 与 ENDCASE 必须成对出现。

【例 2.50】

```
CLEAR
INPUT "请输入 x:" TO x
DO CASE
CASE x<0
    VALUE = 1
CASE x<100
    VALUE = 2
CASE x<200
    VALUE = 3
OTHERWISE
    VALUE = 4
ENDCASE
? VALUE
RETURN
```

2.5.3 循环结构

循环结构也称为重复结构,是指程序在执行过程中,其中的某段代码被重复执行若干次。被重复执行的代码段通常称为循环体。Visual FoxPro 支持的循环结构语句包括:DO WHILE-ENDDO、FOR-ENDFOR 和 SCAN-ENDSCAN 语句。

1. DO WHILE-ENDDO 语句

语句格式:

```
DO WHILE <条件>
    <语句序列>
    [LOOP|EXIT]
ENDDO
```

执行该语句时,先判断<条件>是否为真,如果为真,则执行 DO WHILE 与 ENDDO 之间的循环体,当执行到 ENDDO 时,再返回 DO WHILE 处重新判断循环条件是否为真,确定是否再次执行循环体。若条件为假,则结束循环语句,执行 ENDDO 后的语句。

如果循环体中有 LOOP 命令,当遇到 LOOP 时就结束本次循环,不再执行它下面到 ENDDO 之间的语句,提前返回 DO WHILE 处执行下一次的循环判断。如果循环体中有 EXIT 命令,当遇到它时就结束循环,执行 ENDDO 后的语句。

【例 2.51】

```
CLEAR
X = 12345          && 给变量 X 赋初值 12345
Y = 0              && 给变量 Y 赋初值 0
DO WHILE X>0       && 循环的条件是 X>0,否则结束循环
   Y = Y + X % 10  && 将 X 和 Y 的初值代入循环体中,结果 Y = 5
   X = INT(X/10)   && 将 X 的初值代入循环体中,结果 X = 1234
* * * 继续将第一次循环得到的结果 X = 1234 和 Y = 5 代入循环体中,又得到 Y 和 X 的值。如此反复循环,直至不能满足循环条件 X>0 时结束循环。
ENDDO              && 结束循环
? Y
```

主窗口中显示：15

2. FOR-ENDFOR 语句

该语句通常用于已知循环次数情况下的循环操作。

语句格式：

```
FOR <循环变量> = <初值> TO <终值> [STEP <步长>]
    <循环体>
  [LOOP|EXIT]
ENDFOR|NEXT
```

执行该语句时,先将初值赋给循环变量,然后判断循环条件是否成立,若成立,则执行循环体,然后循环变量增加一个步长值,并再次判断循环条件确定下一次的循环操作。如果条件不成立,则结束循环,执行 ENDFOR 后的语句。

功能注释：

① <步长>默认值是 1;

② <初值>、<终值>、<步长>都可以是数值表达式,但只在循环开始被计算一次;

③ 可在循环体内改变循环变量的值,但这样会影响循环体的执行次数;

④ LOOP 与 EXIT 功能与 DO WHILE 循环一样。

【例 2.52】

```
计算 1 + 2 + 3 + … + 10 的值。
CLEAR
s = 0
FOR i = 1 TO 10
   s = s + i
ENDFOR
?"s = ",s
RETURN
```

主窗口中显示：55

3. SCAN-ENDSCAN 语句

该循环语句也称为扫描循环语句,功能相当于 LOCATE、CONTINUE 和 DO WHILE-

ENDDO 语句功能的合并。一般用于处理表中记录,语句可指明需处理记录的范围及应满足的条件。

语句格式:

```
SCAN [<范围>] [FOR <条件 1>] [WHILE <条件 2>]
    <循环体>
    [LOOP|EXIT]
ENDSCAN
```

执行该语句时,记录指针自动、依次地在当前表的指定范围内满足条件的记录上移动,对每一条记录执行循环体内的命令。

功能注释:

① <范围>的默认值是 ALL;

② LOOP 与 EXIT 功能与 DO WHILE 循环一样。

2.6 多模块程序设计

模块是一个相对独立的程序段,它可以被其他模块调用,也可以去调用其他模块。通常把被其他模块调用的模块称为子程序,把调用其他模块而没有被其他模块调用的模块称为主程序。将一个应用程序划分成一个个功能相对单一的模块程序,不仅便于程序的开发,也利于程序的阅读和维护。

2.6.1 模块的定义和调用

1. 模块及其定义

在 Visual FoxPro 中,模块可以是命令文件,也可以是过程。

过程定义的语法格式如下:

```
PROCEDURE | FUNCTION <过程名>
    <语句序列>
    [RETURN[<表达式>]]
[ENDPROC | ENDFUNC]
```

过程定义说明如下:

① 过程的头。PROCEDURE|FUNCTION <过程名> 表示一个过程的开始。

② 过程的尾。ENDPROC|ENDFUNC 表示一个过程的结束。

③ 过程返回。执行到 RETURN 时将转回到调用程序,并返回表达式值。如缺省 RETURN 命令,则在过程结束处自动执行一条隐含的 RETURN 命令,若 RETURN 不带表达式,则返回逻辑真(.T.)。

一般情况下,过程保存在称为过程文件的单独文件里。一个过程文件包含的过程数量不限。过程文件的建立与程序文件一样也可以用 MODIFY COMMAND 建立,文件扩展名也是 .prg。

2. 模块的调用

模块的调用格式有两种方式：

```
格式 1：使用 DO 命令
        DO <文件名>|<过程名>
格式 2：在名字后加一对小括号
        <文件名>|<过程名>()
```

其中的文件名不需要加扩展名。

① 要调用过程文件中的过程，首先要打开过程文件，打开过程文件的命令是：

```
SET PROCEDURE TO [<过程文件 1>[,<过程文件 2>,…]][ADDITIVE]
```

可以打开一个或多个过程文件。过程文件被打开后，所有过程都可以被调用。如用 ADDITIVE，则在打开过程文件时并不关闭以前打开的过程文件。

命令文件中的过程主要被本命令文件所调用，但也可以在打开时被其他程序调用，如果命令文件不处于打开状态，那么要执行 SET PROCEDURE 命令打开命令文件后才能被其他程序调用。过程文件中的过程不再调用时要及时关闭以释放所占内存。

② 当一个过程文件中的过程不再需要被调用时应及时关闭，关闭过程文件的命令如下：

```
格式 1：SET PROCEDURE TO
```

功能：关闭所有打开的过程文件。

```
格式 2：RELEASE PROCEDURE <过程文件 1>[,<过程文件 2>,…]
```

功能：关闭指定的过程文件。

2.6.2　参数传递

模块程序可以接收调用程序传递过来的参数，并能根据接收到的参数控制程序流程或对接收到的参数进行处理，从而提高程序设计的灵活性。

接收参数的命令有 PARAMETERS 和 LPARAMETERS，它们的格式如下：

```
PARAMETERS <形参变量 1>[ ,<形参变量 2>, …]
```

功能：声明的形参变量被看做是模块程序中建立的私有变量。

```
LPARAMETERS <形参变量 1>[ ,<形参变量 2>, …]
```

功能：声明的形参变量被看做是模块，程序中建立的局部变量。

不管是 PARAMETERS 命令还是 LPARAMETERS 命令，都必须是模块中的第一条可执行命令。

调用含参数的模块程序的格式为：

```
格式 1：DO <文件名>|<过程名> WITH <实参 1>[,<实参 2>,…]
格式 2：<文件名>|<过程名> (<实参 1>[,<实参 2>,…])
```

实参可以是常量、变量或一般形式的表达式。调用模块时，系统会自动把实参传递给对应的形参。形参数目不能少于实参数目，否则，此时系统会产生运行时错误。如有多余形参，取初始值逻辑假(.F.)。

① 用格式 1 时，如实参是常量或一般表达式，会把实参值(结果)赋值给形参，称为按值传递。如实参是变量，则传递的不是变量的值，而是变量的地址，这时形参和实参实际上是同一个变量(尽管名字可以不同)，在模块程序中对形参变量值的改变，同样是对实参变量值的改

变，这种情况称为按引用传递。

② 用格式 2 时，默认都是按值传递。如果实参是变量，则可以通过 SET UDFPARMS TO 命令重新设置参数传递的方式。

该命令的格式如下：

```
SET UDFPARMS TO VALUE | REFERENCE
```

③ TO VALUE：按值传递。形参变量值的改变不会影响实参变量的取值。

④ TO REFERENCE：按引用传递。形参变量值改变时，实参变量值也随之改变。

注意：如果一个变量用一对括号括起来，会使其变为一般形式的表达式，所以不管什么情况，总是按值传递。

【例 2.53】按值传递和按引用传递示例。

```
*主程序：在主程序中调用过程 P4
CLEAR
STORE 100 TO x1, x2
SET UDFPARMS TO VALUE              && 设置按值传递
DO P4 WITH x1,(x2)                 && x1 按引用传递，(x2)按值传递
?"第一次：",x1,x2
*主程序结束
STORE 100 TO x1, x2
P4(x1,(x2))                        && x1,(x2)都按值传递
?"第二次：",x1,x2
STORE 100 TO x1, x2
SET UDFPARMS TO REFERENCE          && 设置传递方式为按引用传递
DO P4 WITH x1,(x2)                 && x1 按引用传递，(x2)按值传递
?"第三次：",x1,x2
STORE 100 TO x1, x2
P4(x1,(x2))                        && x1 按引用传递，(x2)按值传递
?"第四次：",x1,x2
*过程 P4
PROCEDURE P4                       && 建立过程 P4
PARAMETERS x1,x2                   && 接收参数 x1、x2，声明形参变量还是 x1、x2
STORE x1 + 1 TO x1                 && 重新为 x1 赋值
STORE x2 + 1 TO x2                 && 重新为 x2 赋值
ENDPROC
```

运行结果：

第一次：101　100

第二次：100　100

第三次：101　100

第四次：101　100

2.6.3 变量的作用域

1. 内存变量的作用域

变量除了类型和取值外，还有一个重要的属性，即作用域，指明其在什么范围内有效或能够被访问。Visual FoxPro 中，若以变量的作用域来分，内存变量可分为全局变量、私有变量和局部变量 3 类，如表 2-10 所示。

表 2-10 内存变量的分类

变量类型	定义格式	作用范围	举例
全局变量	PUBLIC <内存变量表>	在任何模块中都可以使用，也称为公共变量。一旦建立就一直有效。赋初值逻辑假(.F.)	PUBLIC X,Y,Z(10) 建立三个全局变量(Z 是数组)，同时系统自动赋值逻辑假(.F.)
私有变量	直接使用	只能在建立它的模块及其下属的各层模块中使用	x=6
局部变量	LOCAL<内存变量表>	只能在建立它的模块中使用，赋初值逻辑假(.F.)	LOCAL x,y x=10 建立两个局部变量，给 x 赋值 10，y 没有赋值，系统默认赋初值逻辑假(.F.)

2. PRIVATE 和 LOCAL 命令

① PRIVATE 命令的功能。该命令不建立内存变量，使用 PRIVATE 命令可以隐藏上层模块中可能存在的变量，使得这些变量在子程序中暂时无效，当返回上层模块时原变量自动恢复有效，并取原值。

命令格式如下：

```
PRIVATE <内存变量表>
PRIVATE ALL [LIKE <通配符>|EXCEPT <通配符>]
```

② LOCAL 命令的功能。LOCAL 命令在建立局部变量时，可以同时隐藏在上层模块中建立的同名变量。与 PRIVATE 命令不同，LOCAL 命令只在它所在的模块内隐藏同名变量，一旦进入下层模块，同名变量就会重新出现。

【例 2.54】PRIVATE 和 LOCAL 命令的比较示例。

```
PUBLIC x,y
x=10
y=15
do p8
? x,y                          && 显示 10 bbb

PROCEDURE p8
PRIVATE x                      && 隐藏上层模块中的变量 x
x=50                           && 建立私有变量 x,并赋值 50
LOCAL y                        && 隐藏同名变量,建立局部变量 y
DO p9
? x,y                          && 显示 aaa .F.
```

```
PROCEDURE p9
x = "aaa"                    && x 是在 p8 中建立的私有变量
y = "bbb"                    && y 是在主程序中的全局变量
RETURN
```

本章小结

本章的知识点很多，重要的知识点是表达式和函数，这是常考的内容，在考试中所占分值较高，大家在理解的基础上还要多做练习题才能更好地掌握。对于程序这部分也是每次都要考的内容，但题型不是很难，这部分内容做到能理解简单即可，并通过一些练习题加以巩固。

真题演练

一、选择题

(1) 要想将日期型或日期时间型数据中的年份用 4 位数字显示，应当使用设置命令(　　)。(2007 年 9 月)

A. SET CENTURY ON　　B. SET CENTURY OFF

C. SET CENTURY TO 4　　D. SET CENTURY OF 4

【答案】 A

【解析】 在 Visual FoxPro 中，用环境设置命令 SET CENTURY ON|OFF 来确定是否显示日期表达式当前世纪部分，当设为 ON 时，以 4 位数字显示年份，当设为 OFF 时，以 2 位数字显示年份。

(2) 说明数组后，数组元素的初值是(　　)。(2008 年 9 月)

A. 整数 0　　B. 不定值　　C. 逻辑真　　D. 逻辑假

【答案】 D

【解析】 当使用数组定义语句定义一个数组后，该数组中各元素的初始值为 .F.（逻辑假）。

(3) 设 x＝"123"，y＝123，k＝"y"，表达式 x＋&k 的值是(　　)。(2010 年 9 月)

A. 123123　　B. 246

C. 123y　　D. 数据类型不匹配

【答案】 D

【解析】 宏替换函数的功能是替换出字符型变量的内容，即函数值是变量中的字符串。这里 y＝123，k＝'y'，&K 取出的是数值型 123，所以相加的结果是数据类型不匹配。

(4) 计算结果不是字符串“Teacher”的语句是(　　)。(2009 年 9 月)

A. at("MyTeacher",3,7)　　B. substr("MyTeacher",3,7)

C. right("MyTeacher",7)　　D. left("Teacher",7)

【答案】 A

【解析】 at()函数的功能是返回一个字符表达式或备注字段在另一个字符表达式或备注字段中首次出现的位置，其结果是数值型。

(5) 欲执行程序 temp. prg,应该执行的命令是(　　)。(2008 年 9 月)

A. DO PRG temp. prg　　B. DO temp. prg

C. DO CMD temp. prg　　D. DO FORM temp. prg

【答案】B

【解析】选项 A 和 C 的命令都是错误的,选项 D 中 DO FORM 是执行表单文件 . scx,而不是程序文件,执行程序文件只需要 DO。

(6) 下面程序的运行结果是(　　)。(2008 年 4 月)

```
SET EXACT ON
    s = "ni" + SPACE(2)
    IF s = = "ni"
        IF s = "ni"
            ?"one"
        ELSE
            ?"two"
        ENDIF
    ELSE
        IF s = "ni"
            ?"three"
        ELSE
            ?"four"
        ENDIF
    ENDIF
    RETURN
```

A. one　　B. two　　C. three　　D. four

【答案】C

【解析】内存变量的赋值应使用"=",判断两个值是否相同应使用"= ="。本题中 s 不等于"ni",但是,对 s 进行赋值的操作总是成功的,因此结果为"three"。

(7) 在 Visual FoxPro 中,过程的返回语句是(　　)。(2007 年 9 月)

A. GO BACK　　B. COME BACK

C. RETURN　　D. BACK

【答案】C

【解析】Visual FoxPro 中过程的返回语句为 RETURN,当执行到 RETURN 语句时,控制将转回到调用程序,并返回表达式的值,如果 RETURN 不带表达式,则返回逻辑真 . T. 。

二、填空题

(1) 在 Visual FoxPro 中,表示时间"2009 年 3 月 3 日"的常量应写为________。(2009 年 9 月)

【答案】{^2009-03-03}

【解析】在 Visual FoxPro 中,时间的格式为{^年-月-日}。

(2) 表达式 score<=100 AND score>=0 的数据类型是________。(2010 年 9 月)

【答案】逻辑型

【解析】关系表达式通常也称为逻辑表达式,它由关系运算符将两个逻辑型数据连接起来形成。关系运算符的作用是比较两个表达式的大小或前后,其运算结果是逻辑型数据。

(3) LEFT("12345.6789",LEN("子串"))的计算结果是________。(2008 年 9 月)

【答案】1234

【解析】本题考查了字符处理函数的运用。LEFT("12345.6789",LEN("子串"))表示从字符串"12345.6789"中取左边的 LEN("子串")个字符,因为 LEN("子串")等于 4,所以 LEFT("12345.6789",LEN("子串"))就等价于 LEFT("12345.6789",4),那么 LEFT("12345.6789",LEN("子串"))的计算结果就是 1234。

(4) 在 Visual FoxPro 中,如果要在子程序中创建一个只在本程序中使用的变量 x1(不影响上级或下级的程序),应该使用____说明变量。(2008 年 4 月)

【答案】LOCAL

【解析】局部变量只能在建立它的模块中使用,不能在上层或下层模块中使用。当建立它的模块程序运行结束时,局部变量自动释放。局部变量用 LOCAL 命令建立：LOCAL<内存变量表>。该命令建立指定的局部内存变量,并为它们赋初值逻辑假。由于 LOCAL 与 LOCATE 前 4 个字母相同,所以这条命令的命令动词不能缩写。局部变量要先建立后使用。

巩固练习

(1)设 x 的值为 345.345,如下函数返回值为 345 的是(　　)。

A. ROUND(x,2)　　B. ROUND(x,1)

C. ROUND(x,0)　　D. ROUND(x,-1)

(2)在 Visual FoxPro 中,下列程序段执行后,内存变量 s1 的值是(　　)。

```
s1 = "奥运开幕日期"
s1 =  substr(s1,5,4) + left(s1,4) + right(s1,4)
s1
```

A. 开幕日期奥运　　B. 奥运日期

C. 开幕日期　　D. 开幕奥运日期

(3)在 Visual FoxPro 中,表示 2012 年 9 月 10 日 10 点整的日期时间常量是(　　)。

A. {/ 2012-09-10 10:00:00}　　B. {-2012-09-10 -10:00:00}

C. {^2012-09-10 10:00:00}　　D. {^2012-09-10-10:00:00}

(4)假设变量 s2 的值为"Visual FoxPro 数据库",表达式的值为"数据库"的是(　　)。

A. SUBSTR(s2,3,6)　　B. RIGHT(s2,6)

C. LEFT(s2,6)　　D. AT(s2,6)

(5)为了在"年月日"日期格式中显示 4 位年份,设置的命令是(　　)。

A. SET YEAR ON　　B. SET CENTURY ON

C. SET CENTURY TO 4　　D. SET YEAR TO 4

(6)连续执行以下命令后,最后一条命令的输出结果是(　　)。

```
x = 10
x = x = 20
? x
```

A. 10　　B. 20　　C. .T.　　D. .F.

(7)连续执行以下命令后,最后一条命令的输出结果是(　　)。

```
x = 25.4
? INT(x + 0.5),CEIL(x),ROUND(x,0)
```

A. 25,25,25　　B. 25,26,25

C. 26,26,25　　D. 26,26,26

(8)逻辑运算符的优先顺序是(　　)。

A. NOT AND OR　　B. NOT OR AND

C. AND OR NOT　　D. OR NOT AND

(9) LEFT("13579",LEN("公司"))的计算结果是(　　)。

A. 1357　　B. 3579　　C. 13　　D. 79

(10)执行下列命令后,输出的结果是(　　)。

```
A = " + "
?"5& A. 7 = " + STR(5& A. 7,2)
```

A. 5+7=12　　B. 5+.7=5.7

C. 5& A. 7=12　　D. 5& A. 7=5.7

(11)用于声明某变量为全局变量的命令是(　　)。

A. GLOBAL　　B. PUBLIC　　C. PRIVATE　　D. LOCAL

(12)表达式 VAL("2AB") * LEN("中国")的值是(　　)。

A. 0　　B. 4　　C. 8　　D. 12

(13)执行下列程序后,屏幕显示的结果是(　　)。

```
CLEAR
STORE 10 TO x,y
DO p1
? x,y
* * 过程 p1
PROCEDURE p1
    PRIVATE x
    x = 20
    y = x + y
ENDPROC
```

A. 10　30　　B. 20　30　　C. 10　10　　D. 20　10

第3章 Visual FoxPro 数据库及其操作

Visual FoxPro 是一种数据库管理软件，本章介绍 Visual FoxPro 的核心内容——数据库及数据库表的操作，包括建立和管理数据库、建立和使用表，以及索引和数据完整性等方面的内容。

3.1 Visual FoxPro 数据库的建立及使用

3.1.1 基本概念

在 Visual FoxPro 中，数据库是一个逻辑上的概念和手段，通过一组系统文件将数据库表及其相关的数据库对象统一组织和管理。它不仅可以管理数据，而且可以管理数据之间的联系。

数据库在磁盘上以文件形式存储，扩展名为 .dbc，在生成数据库文件的同时，系统会自动产生一个数据库备注文件（扩展名为 .dct）和一个数据库索引文件（扩展名为 .dcx），用户一般不能直接使用这些文件。

3.1.2 建立数据库

建立数据库的常用方法有以下 3 种。

1. 在项目管理器中建立数据库

下面通过实例说明如何在项目管理器中建立数据库。例如，我们在第 1 章建立的项目文件“供应”中，建立数据库“供应零件”。具体操作过程如下：

首先打开项目文件“供应”，选中“数据”选项卡中的“数据库”，然后单击“新建”按钮，在弹出的“新建数据库”对话框中单击“新建数据库”按钮，如图 3-1 所示，然后在弹出的对话框中输入要创建的数据库名称“供应零件”（扩展名为 .dbc），单击“保存”按钮则完成数据库的建立。

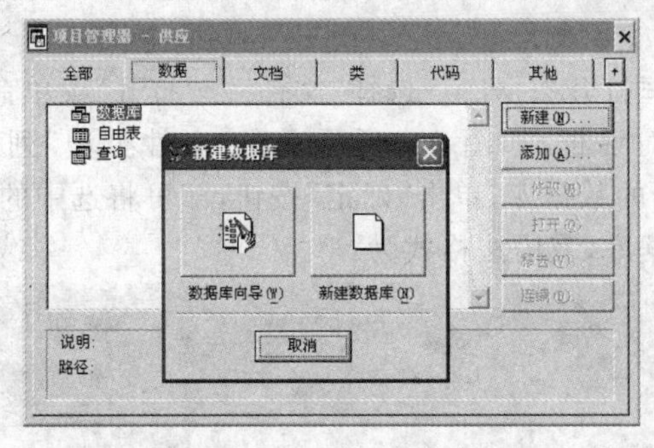

图 3-1 在项目管理器中建立数据库

2. 用“新建”对话框建立数据库

选择“文件”→“新建”菜单命令或者单击工具栏上的“新建”按钮，打开“新建”对话框，如图 3-2 所示，在“文件类型”组框中选择“数据库”，然后单击“新建文件”按钮建立数据库，在弹出的对话框中输入数据库名称，完成数据库的创建。

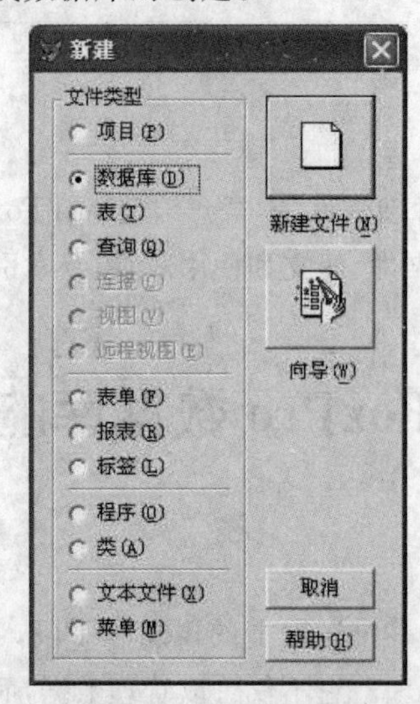

图 3-2 “新建”对话框

3. 用命令方式建立数据库

建立数据库的命令为：

```
CREATE DATABASE [数据库名 | ?]
```

例如：

```
CREATE DATABASE 订单管理
```

3.1.3 数据库的基本操作

1. 打开数据库

在数据库中建立表或使用数据库中的表时，都必须先打开数据库。

打开数据库的方法有以下 3 种：

(1) 在项目管理器中打开数据库。在项目管理器中选择相应的数据库时，数据库会在后台自动打开。

(2) 通过“打开”对话框打开数据库。选择“文件”→“打开”菜单命令或者单击工具栏上的“打开”按钮，弹出“打开”对话框，如图 3-3 所示。在“文件类型”列表框中选择“数据库(*.dbc)”，单击选择所要打开的数据库，单击“确定”按钮，即可将选中的数据库打开。

(3) 使用命令打开数据库，其语法格式为：

```
OPEN DATABASE [数据库名|?]
    [EXCLUSIVE|SHARED]
    [NOUPDATE]
    [VALIDATE]
```

其中各参数的含义如下：

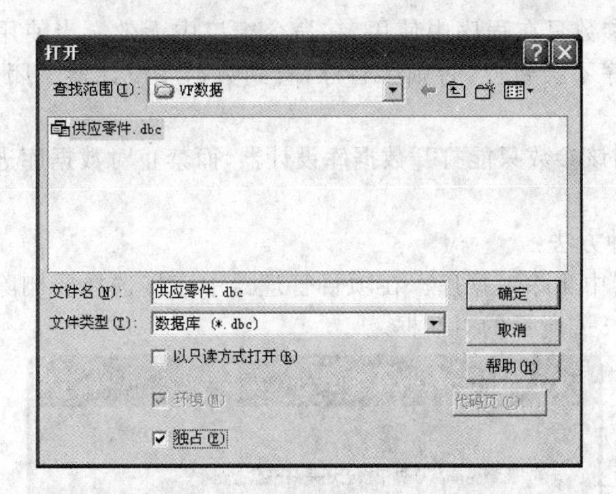

图 3-3　在项目管理器中打开数据库

①[数据库名|?]：数据库名是要打开的数据库名，如果不指定数据库名或使用"?"，则显示打开对话框。

② EXCLUSIVE：以独占方式打开数据库(相当于图 3-3 中的"独占"被选中)。

③ SHARED：以共享方式打开数据库。

④ NOUPDATE：按只读方式打开(相当于图 3-3 中的"以只读方式打开"被选中)。

⑤ VALIDATE：指定 Visual FoxPro 检查在数据库中引用的对象是否合法。

在 Visual FoxPro 中，在同一时刻可以打开多个数据库，但在同一时刻只有一个当前数据库。指定当前数据库的命令为：

```
SET DATABASE TO <数据库名>
```

如果不指定参数<数据库名>，即输入 SET DATABASE TO，此时使得所有打开的数据库都不是当前数据库(即所有的数据库都没有关闭，只是都不是当前数据库)。

2. 关闭数据库

关闭数据库常用的方法有两种：

① 利用项目管理器关闭；

② 用 CLOSE DATABASE 或 CLOSE ALL 关闭。其中，CLOSE DATABASE 只关闭当前数据库，而 CLOSE ALL 关闭所有数据库，同时也关闭了其他所有打开的文件。

3. 修改数据库

修改数据库实际是打开数据库设计器，在数据库设计器中完成对数据库的修改。

可以用以下 3 种方法打开数据库设计器：

① 从项目管理器中打开数据库设计器；

② 从"打开"对话框中打开数据库设计器；

③ 用命令打开数据库设计器。

命令格式为：

```
MODIFY DATABASE [数据库名|?] [NOWAIT] [NOEDIT]
```

其中各参数的含义如下：

① [数据库名|?]：给出要修改的数据库名，如果使用"?"或省略该参数，则会打开"打开"对话框。

② NOWAIT：该参数只在程序中使用，在命令窗口中无效。当使用该参数时，在打开数据库设计器后应用程序不会暂停，否则会暂停，直到数据库设计器关闭后应用程序才会继续执行。

③ NOEDIT：使用该参数只能打开数据库设计器，而禁止对数据库进行修改。

4. 删除数据库

删除数据库有两种方法：

(1) 在项目管理器中删除数据库。在项目管理器中直接选择要删除的数据库，然后单击“移去”按钮，弹出如图 3-4 所示的对话框。

图 3-4　删除数据库对话框

① 移去：从项目管理器中删除数据库，但并不从磁盘中删除。

② 删除：从项目管理器中删除数据库，并从磁盘中删除。

用这种方法删除数据库后，数据库中的表等对象都没有删除。

(2) 用命令删除数据库。其命令格式为：

```
DELETE DATABASE [数据库名|?]
[DELETETABLES][RECYCLE]
```

其中各参数的含义如下：

① DELETETABLES：删除数据库文件的同时从磁盘上删除该数据库所含的表等。

② RECYCLE：将删除数据库文件和表文件等放入回收站中，如果需要还可以还原。

3.2　数据库表

放在数据库中的表称为数据库表。数据库中如果不含有表是没有实际用途的，本节将学习如何建立和使用数据库表。

3.2.1　建立数据库表

建立数据库表主要有两种方法：用表设计器建立和用 CREATE 命令建立。

1. 用表设计器建立数据库表

下面通过实例说明如何用表设计器建立数据库表。例如，我们在“供应零件”数据库中利用表设计器建立“供应”表和“零件”表。“供应”表和“零件”表中各字段的类型和宽度如表 3-1 所示，“供应”表和“零件”表的具体记录如图 3-5 所示。

具体操作过程如下。

表 3-1　“供应”表和“零件”表中各字段的宽度和类型

字段名	类型	宽度
供应商号	字符型	2
零件号	字符型	2
工程号	字符型	2
数量	字符型	4
零件号	字符型	2
零件名	字符型	3
颜色	字符型	2
重量	整型	4

供应

供应商号	零件号	工程号	数量
S1	P1	J1	200
S1	P1	J5	700
S2	P3	J1	400
S2	P3	J7	800
S4	P4	J3	300
S2	P5	J2	100
S3	P5	J1	200
S5	P6	J2	200

零件

零件号	零件名	颜色	重量
P1	PN1	红	12
P2	PN2	绿	18
P3	PN3	蓝	20
P4	PN4	红	13
P5	PN5	蓝	11
P6	PN6	红	11

图 3-5　“供应”和“零件”表的记录数据

打开数据库，选择“文件”→“新建”菜单命令或单击工具栏中的“新建”按钮，在弹出的“新建”对话框中选择“表”，单击“新建文件”按钮，在弹出的对话框中输入表名“供应”，单击“保存”按钮，即可打开表设计器。也可在数据库设计器的空白处右击，在弹出的快捷菜单中选择“新建表”命令打开表设计器。在表设计器中输入“供应”表中的字段、类型及宽度，如图 3-6 所示。然后单击“确定”按钮，系统提示“现在输入数据记录吗？”，单击“是”按钮，输入“供应”表中的记录，输入结束关闭窗口即可。也可用追加记录的方法输入记录，将在后面章节中讲解。

“供应”表的建立步骤如下。

打开“供应零件”数据库，选择“文件”→“新建”菜单命令，或者单击工具栏中的“新建”按钮，在弹出的新建对话框中选择“表”，单击“新建文件”按钮，在弹出的对话框中输入表名“供应”，单击“保存”按钮，即可打开表设计器，也可以在数据库设计器中，在空白处右击，选择“新建表”菜单命令打开表设计器。建立“供应”表时的表设计器工作界面如图 3-6 所示。

“零件”表的建立步骤与“供应”表的建立步骤相同。

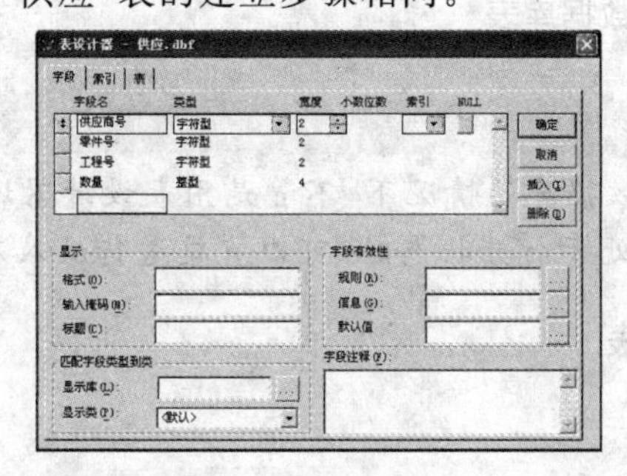

图 3-6　表设计器

在表设计器中涉及如下的一些基本内容和概念。

(1) 字段名。字段名即关系的属性名或表的列名，一个表由若干列(字段)构成，每个列都必须有一个唯一的名字，这个名字就是字段名。可以通过字段名直接引用表中的数据。

在定义表的字段名时要注意以下规则：

① 数据库表字段名最长为 128 个字符(如果是自由表，则字段名最长为 10 个字符)；

② 字段名必须以字母或汉字开头；

③ 字段名可以由字母、汉字、数字和下划线组成；

④ 字段名中不能包含空格。

(2) 字段类型和宽度。字段的数据类型决定了字段值的数据类型，同样的数据类型通过宽度限制可以决定存储数据的数量或精度。可选择的字段类型如表 3-2 所示。

表 3-2　字段类型列表

字段类型	字段宽度	说明
字符型	用户自定义	可以是字母、数字等各种字符型文本，如用户名称
货币型	8	货币单位，如货物的价格
数值型	用户自定义	整数或小数，如订货数量
浮点型	用户自定义	类似于数值型
日期型	8	由年、月、日构成的数据类型，如订货日期
日期时间型	8	由年、月、日、时、分、秒构成的数据类型，如员工上班打卡的时间
双精度型	8	双精度数值类型，一般用于精度要求很高的数据
整型	4	没有小数点的数值类型，如货物的件数
逻辑型	1	值为“真”(.T.)或“假”(.F.)，如表示订单是否已执行完
备注型	4	不定长的字母数字文本，如用于存放个人简历等
通用型	4	OLE(对象链接与嵌入)，用于存放电子表格等
字符型(二进制)	用户自定义	同“字符型”，但是当代码页更改时字符值不变
备注型(二进制)	4	同“备注型”，但是当代码页更改时备注不变

(3) 空值。字段有 NULL 选项，它表示是否允许字段为空值，空值就是缺省值或还没有确定值。

(4) 字段有效性组框。在字段有效性组框中可以定义字段的有效性规则、违反规则时的提示信息和字段的默认值。

(5) 显示组框。在显示组框下可以定义字段显示的格式、输入的掩码和字段的标题。

(6) 字段注释。可以为每个字段添加注释，便于为日后或其他人对数据库进行维护。

2. 用 CREATE 命令建立数据库表

命令格式：

```
CREATE <表名>。
```

注意：如果在没有打开数据库的情况下，不管是用表设计器还是用 CREATE 命令建立的表都是自由表。新建立的表处于打开状态时，可以直接进行录入及修改表结构等操作。

3.2.2　使用数据库表

1. 表的打开

常用的打开表的方法有 3 种。

(1)在项目管理器中打开表。

在项目管理器中选中要打开的表,如图 3-7 所示,单击“修改”按钮即可打开表。

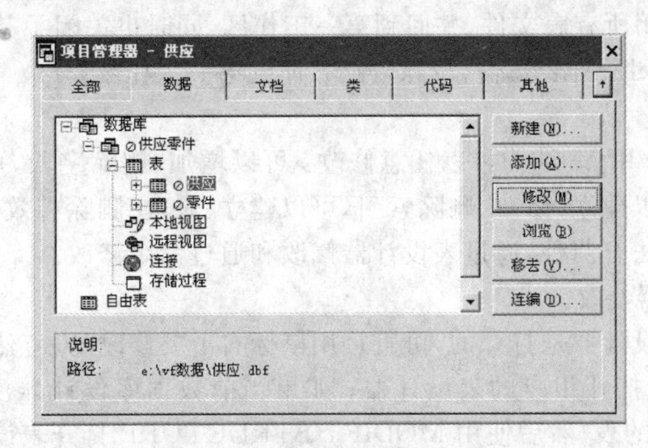

图 3-7　在项目管理器中打开表

(2)通过菜单方式打开表。

选择“文件”→“打开”菜单命令,或者单击工具栏上的“打开”按钮,弹出如图 3-8 所示的“打开”对话框,选择文件类型为“表(*. dbf)”,单击选择需要打开的表,单击“确定”按钮,即可打开该表。

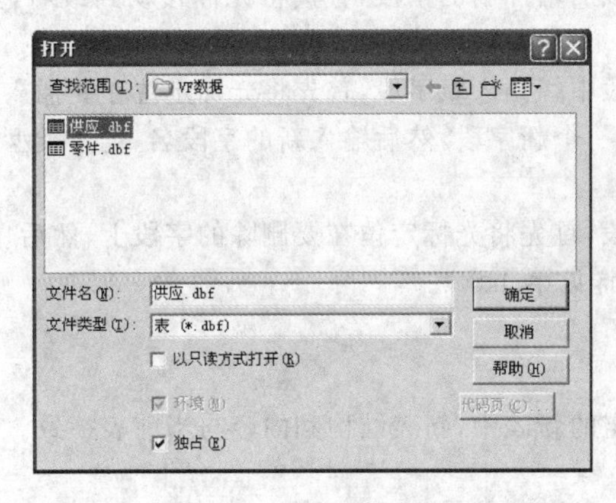

图 3-8　在“打开”对话框中打开表

(3)使用命令打开表。

命令格式为:

```
USE <表名>
```

例如:

```
USE 供应
```

注意: 如果想对表进行某些操作,必须以“独占”方式打开。

2. 表的关闭

(1)利用项目管理器关闭。

(2)用命令 USE 、CLOSE DATABASE、CLOSE ALL、CLEAR ALL 都可以关闭表文件。其中:

USE 关闭当前表；

CLOSE DATABASE 关闭表，并关闭当前数据库；

CLOSE ALL 关闭所有表文件，并回到第一工作区，同时也关闭了其他所有打开的文件；

CLEAR ALL 关闭所有表文件，清除内存并回到第一工作区。

3. 表结构的修改

在 Visual FoxPro 中，表结构可以任意修改：可以增加、删除字段，可以修改字段名、字段类型、字段的宽度，可以建立、修改、删除索引，可以建立、修改、删除有效性规则等。

修改表结构的方法有两种，通过表设计器修改和通过命令修改。

(1) 通过表设计器修改。

如果当前数据库设计器是打开的，可直接用鼠标右击要修改的表，然后从弹出的菜单中选择“修改”菜单命令，则打开相应的表设计器；如果当前数据库设计器没打开，则首先需要用 USE 命令打开要修改的表，然后使用 MODIFY STRUCTURE 打开表设计器。

注意： MODIFY STRUCTURE 命令没有参数，它要修改当前表的结构。

表结构的修改包括以下几项内容：

① 修改已有字段。

用户可以直接修改字段的名称、类型和宽度。

② 增加新字段。

如果要在原有的字段后增加新的字段，直接将光标移动到最后，然后输入新的字段名、定义类型和宽度。

如果要在原有的字段中间插入新字段，首先将光标定位在要插入新字段的位置，然后单击“插入”按钮，这时会插入一个新字段，然后输入新的字段名、定义类型和宽度。

③ 删除不用的字段。

如果要删除某个字段，首先将光标定位在要删除的字段上，然后单击“删除”按钮。

(2) 通过命令修改(详见第 4 章)。

4. 复制表及表结构

(1) 复制表。

可复制当前表到指定的新表中，新表结构和内容与当前表一致。

命令格式为：

```
COPY TO <表名>
```

【例 3.1】复制一个与表“零件”一样的新表“零件 1”。

```
USE 零件
COPY TO 零件 1
```

(2) 复制表结构。

可复制当前表的结构到指定表中，该命令只复制出表的结构，而不复制表中的内容。

命令格式为：

```
COPY STRUCTURE TO <表名>
```

【例 3.2】复制“零件”表的结构到“零件 2”。

```
USE 零件
COPY STRUCTURE TO 零件 2
```

3.3　表的基本操作

表一旦建立，就对它进行相应的操作。例如向表中添加新记录、删除无用的记录、修改有问题的记录、查看记录等。本节介绍的命令都是对当前表进行操作，即都需要首先用 USE 命令打开要操作的表。

3.3.1　使用浏览器操作表

对表进行操作最简单、方便的方法就是使用表浏览器。

1. 打开浏览器

打开浏览器的常用方法有如下几种。

(1)在项目管理器中打开表浏览器。

在项目管理器中选择要打开的表，单击“浏览”按钮，如图 3-9 所示。

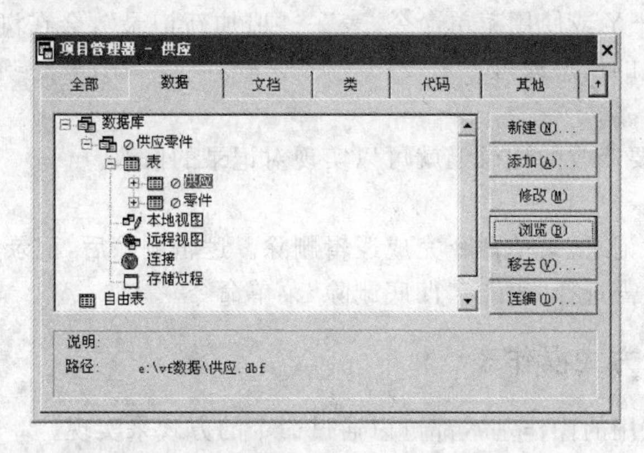

图 3-9　在项目管理器中打开表浏览器

(2)在数据库设计器中打开表浏览器。

在数据库中右击要打开的表，在弹出菜单中选择单击“浏览”命令。

(3)先打开表，然后用 BROWSE 命令打开表浏览器。

以上各种方法打开的表浏览器的界面，如图 3-10 所示。

零件

零件号	零件名	颜色	重量
P1	PN1	红	12
P2	PN2	绿	18
P3	PN3	蓝	20
P4	PN4	红	13
P5	PN5	蓝	11
P6	PN6	红	11

图 3-10　表浏览器界面

2. 使用浏览器操作表

在浏览器窗口中可以通过菜单或快捷键向表中追加记录、修改记录或删除记录(逻辑删除和物理删除操作),如图 3-11 所示。

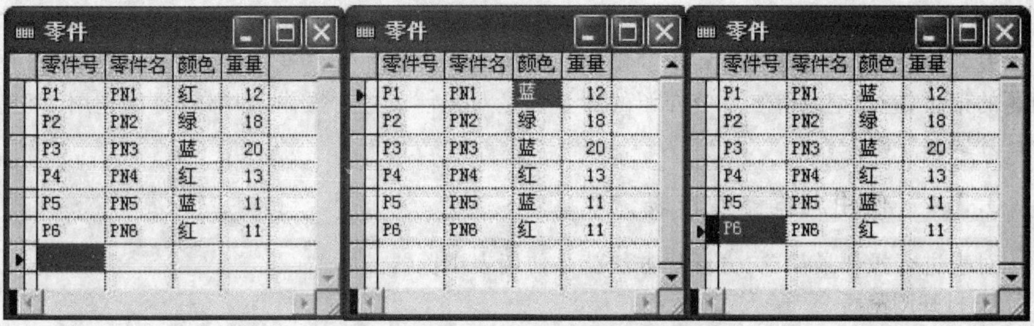

零件

零件号	零件名	颜色	重量
P1	PN1	红	12
P2	PN2	绿	18
P3	PN3	蓝	20
P4	PN4	红	13
P5	PN5	蓝	11
P6	PN6	红	11

零件

零件号	零件名	颜色	重量
P1	PN1	蓝	12
P2	PN2	绿	18
P3	PN3	蓝	20
P4	PN4	红	13
P5	PN5	蓝	11
P6	PN6	红	11

零件

零件号	零件名	颜色	重量
P1	PN1	蓝	12
P2	PN2	绿	18
P3	PN3	蓝	20
P4	PN4	红	13
P5	PN5	蓝	11
P6	PN6	红	11

图 3-11　插入、修改和删除记录

(1)追加记录。

使用快捷键 Ctrl＋Y 或使用菜单命令“表”→“追加新记录”,会在浏览器尾部增加一条空白记录,用户输入相应的信息即可。

(2)修改记录。

将光标定位在需要修改的记录上就可以实现对记录的修改。

(3)删除记录。

选择“表”→“删除记录”菜单命令完成逻辑删除。逻辑删除后,记录已经打上了删除标记。若想实现物理删除,只需选择“表”→“彻底删除”菜单命令。

3.3.2　用命令方式操作表

在数据库表中,常用的操作基本都可以通过命令的方式来实现。

1. 增加记录的命令

(1) APPEND 命令。

APPEND 命令是在表的尾部增加记录,通常有以下两种格式:

① APPEND:在表尾增加记录,并立即交互输入一条或多条记录值。

② APPEND BLANK:在表尾增加一条空白记录,可直接在表中输入记录值,也可用 EDIT、CHANGE 或 BROWSE 命令交互输入(修改)记录。

(2) INSERT:在当前记录之后插入记录,并立即交互输入一条或多条记录,通常有以下两种格式:

① INSERT BEFORE:在当前记录之前插入记录,并立即交互输入一条或多条记录。

② INSERT BLANK:在当前记录之后插入一条空白记录,可直接在表中输入记录值。

注意:如果表中建立了主索引或候选索引,则不能用 INSERT 命令插入记录,要用 SQL 中的 INSERT 命令插入。

2. 删除记录的命令

在 Visual FoxPro 中,删除记录分为逻辑删除和物理删除。

(1)置删除标记的命令。逻辑删除或置删除标记的命令是 DELETE,常用命令格式为:

```
DELETE[FOR <条件表达式>]
```

如果用 FOR 短语指定删除条件，则逻辑删除使该条件表达式为真的所有记录，否则只逻辑删除当前一条记录。

【例 3.3】删除所有红颜色的零件记录。

```
DELETE FOR 颜色 = "红"
```

(2)物理删除有删除标记的记录。命令为 PACK，执行该命令后，所有有删除标记的记录将从表中被物理删除，并且不能再恢复。

(3)物理删除表中的全部记录。使用 ZAP 命令可以物理删除表中的全部记录，不管是否有删除标记。执行该命令后，表结构依然存在。

3. 恢复记录的命令

被逻辑删除的记录可以恢复，其命令格式为：

① RECALL：恢复当前的记录。如果当前记录没有删除标记，则该命令什么都不做。

② RECALL [FOR <条件表达式>]：恢复满足条件的记录。

【例 3.4】将当前表中已经删除的红颜色的零件记录恢复。

```
RECALL FOR 颜色 = "红"
```

③ RECALL ALL：恢复所有的记录。

4. 修改记录的命令

在 Visual FoxPro 中可以交互修改记录，也可以用指定值直接修改记录。

① 交互修改的命令。EDIT 或 CHANGE 命令均用于交互式编辑或修改，默认编辑的是当前记录。

② 直接修改的命令。常用的命令是 REPLACE，其语法格式为：

```
REPLACE <字段名 1> WITH <表达式 1>[,<字段名 2> WITH <表达式 2>]...
[FOR <条件表达式>]
```

该命令可直接用<表达式 1>的值替换<字段名 1>的值，如果不使用 FOR 短语，则默认修改当前记录；如果使用了 FOR 短语，则修改<条件表达式>为真的所有记录。

【例 3.5】

① 将当前表中当前记录的重量加 10。

```
REPLACE 重量 WITH 重量 + 10
```

② 将当前表中所有的重量加 10。

```
REPLACE ALL 重量 WITH 重量 + 10
```

③ 将当前表中颜色为"红"色的零件的重量加 10。

```
REPLACE 重量 WITH 重量 + 10 FOR 颜色 = "红"
```

5. 显示记录的命令

显示记录的命令是 LIST 和 DISPLAY，它们的区别仅在于：不使用条件时，LIST 默认显示全部记录，而 DISPLAY 则默认显示当前记录。命令格式为：

```
LIST/DISPLAY [字段名表]
    [FOR 条件] [OFF] [TO PRINTER | TO FILE 文件名]
```

其中：

① 字段名表：是用逗号隔开的字段名列表，默认显示全部字段。

② TO PRINTER：将结果输出到打印机。

③ TO FILE：将结果输出到文件。

【例 3.6】显示"零件"表中颜色为"红"的零件信息。

```
LIST FOR 颜色 = "红"
```

6. 查询定位命令

在数据库中要对某条记录进行处理，首先需要定位在某条记录上，常用的查询定位命令有以下几种。

(1)GO 命令。GO 命令等价于 GOTO 直接定位命令，其命令格式为：

```
GO <记录号>|TOP|BOTTOM
```

其中：

① TOP：表示表头，当不使用索引时，表示记录号为 1 的记录，使用索引时表示索引项排在最前面的索引对应的记录。

② BOTTOM：表示表尾，当不使用索引时，表示记录号最大的记录，使用索引时表示索引项排在最后面的索引对应的记录。例如：

```
GO 2                    && 将指针定位到第 2 条记录
```

(2)SKIP 命令。用 SKIP 命令可以向前或向后移动若干条记录位置，其命令格式为：

```
SKIP n
```

其中 n 可以是正整数或负整数，默认值是 1。如果是正数，则向后移动；如果是负数，则向前移动。SKIP 是按逻辑顺序定位，即如果使用索引，是按索引项的顺序定位。例如：

```
SKIP                    && 向后移动 1 条记录位置，等同于 SKIP 1
SKIP 2                  && 向后移动 2 条记录位置
SKIP -1                 && 向前移动 1 条记录位置
```

(3)LOCATE 命令。LOCATE 命令是按条件定位记录位置的命令，其命令格式为：

```
LOCATE FOR <条件表达式>
```

该命令执行后，将记录指针定位在满足条件的第 1 条记录上。如果要使指针指向下一条满足条件的记录，需使用 CONTINUE 命令。如果没有满足条件的记录，则指向文件结束位置。

【例 3.7】将记录指针定位在颜色为"红"的记录上。

```
LOCATE FOR 颜色 = "红"
```

将记录指针移至下一条颜色为"红"的记录上。

```
CONTINUE
```

3.4 索 引

若要按特定的顺序定位、查看或操作表中记录，可以使用索引。索引与图书目录很相似，图书目录是一份页码列表，指向图书中的页码，而表中的索引是记录号的列表，它通过指针指向待处理的记录，通过索引可以快速找到指定的记录。

3.4.1 索引的基本概念

Visual FoxPro 中索引是由指针构成的文件，这些指针逻辑上按照索引关键字值进行排序。索引文件和表文件(.dbf)是分别存储的,并且不改变表中记录的物理顺序。

使用索引的目的是加快对表的查询操作。

3.4.2 索引的分类

在 Visual FoxPro 中,可以根据索引的功能对索引进行分类,也可以根据索引文件扩展名分类。

1. 按功能分类

根据索引功能的不同,可以将索引分为主索引、候选索引、唯一索引和普通索引 4 种类型,如表 3-3 所示。

表 3-3 索引的分类和特点

索引类型	功能特点	字段值是否唯一	一个表中索引的个数
主索引	在指定字段或表达式中不允许出现重复值的索引,在数据库表中才能建立主索引	是	1个
候选索引	与主索引类似,指定字段或表达式不允许出现重复值。建立候选索引的字段可以看做候选关键字。在数据库表和自由表中都可以建立候选索引	是	多个
唯一索引	唯一索引是为了保持同早期版本的兼容性。唯一索引是指索引项的唯一,而不是字段值的唯一。在使用相应的索引时,重复的索引字段值只有唯一值出现在索引项中。在数据库表和自由表中都可以建立	否	多个
普通索引	不仅允许字段中出现重复值,并且索引项中也允许出现重复值。在数据库表和自由表中都可以建立	否	多个

2. 按文件扩展名分类

按文件扩展名分类,如图 3-12 所示。

索引文件
- 单索引文件(.idx)
- 复合索引文件(.cdx)
  - 结构复合索引文件
  - 非结构复合索引文件

图 3-12 按扩展名对索引文件进行分类

其中:

单独的 .idx 索引是一种非结构索引。

采用非默认名的 .cdx 索引,也是非结构索引。

与表名同名的 .cdx 索引,是结构复合索引。

注意:与表名同名的 .cdx 索引是一种结构复合压缩索引,在表设计器中建立的索引都是这类索引。

结构复合压缩索引文件具有如下特性:

① 在打开表时自动打开。

② 在同一索引文件中能包含多个索引关键字。

③ 在添加、更改或删除记录时自动维护索引。

我们一般只使用结构复合压缩索引,而非结构索引多半是为了与以前版本的 FoxPro 兼容,建议在新的应用中不再使用。如果是临时用途,不希望以后系统自动维护索引,或者使用完后就删除索引文件,则可以使用那两种非结构索引。

3.4.3 建立索引

索引可通过表设计器或命令两种方式建立,最常用的是使用表格设计器建立索引。

1. 在表设计器中建立索引

在表设计器中建立索引有以下两种情况。

(1)建立索引名与字段名同名的索引。图 3-13 的表设计器界面中有 3 个选项卡(字段、索引、表),在"字段"选项卡中选择要建立索引的字段,然后在"字段"选项卡的"索引"下拉列表框中选择升序或降序,如果此时单击"确定"按钮,建立的是"普通索引"。如果想建立其他类型的索引,可打开"索引"选项卡选择索引类型(图 3-14),再单击"确定"按钮。

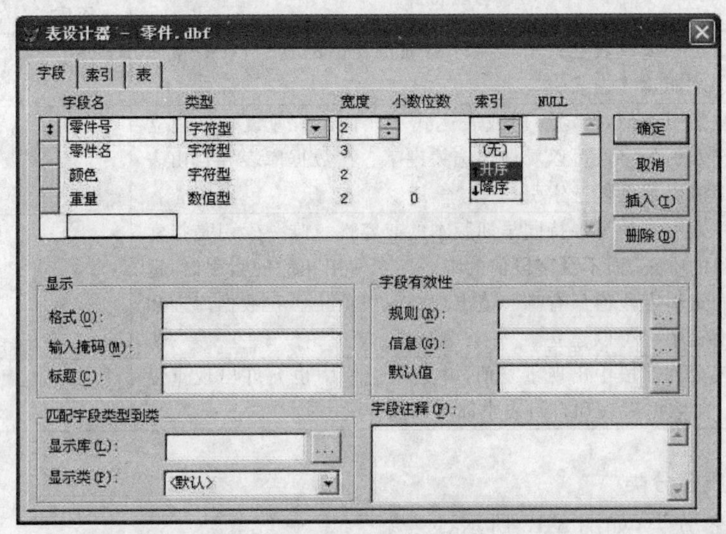

图 3-13 在表设计器中选择索引顺序

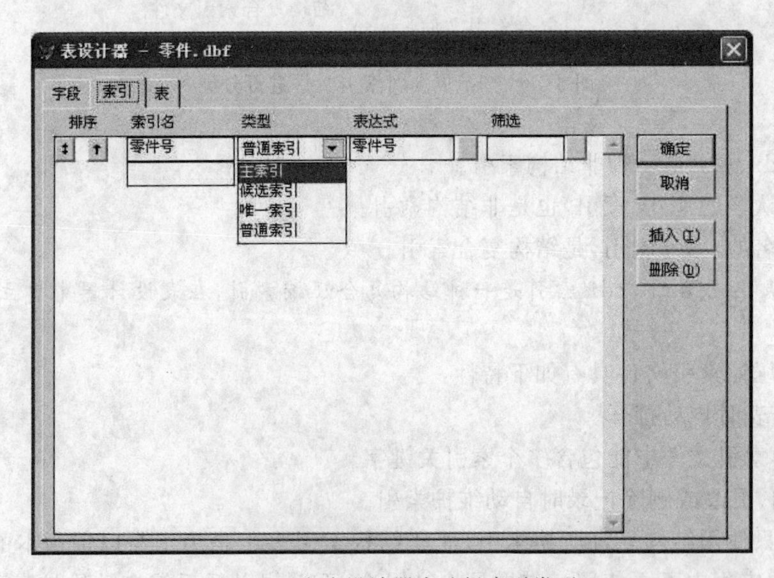

图 3-14 在表设计器中选择索引类型

(2)建立索引名与字段名不同名的索引。在如图 3-14 所示的界面中单击“插入”按钮,这时界面中会出现一个新行,在“索引名”栏中输入索引名,再从“类型”下拉列表框中选择索引类型(图 3-15),然后在“表达式”栏中输入表达式。如果想建立复合字段索引,可单击“表达式”栏右侧的按钮打开表达式生成器,在表达式生成器中输入索引表达式(图 3-16),然后单击“确定”按钮。

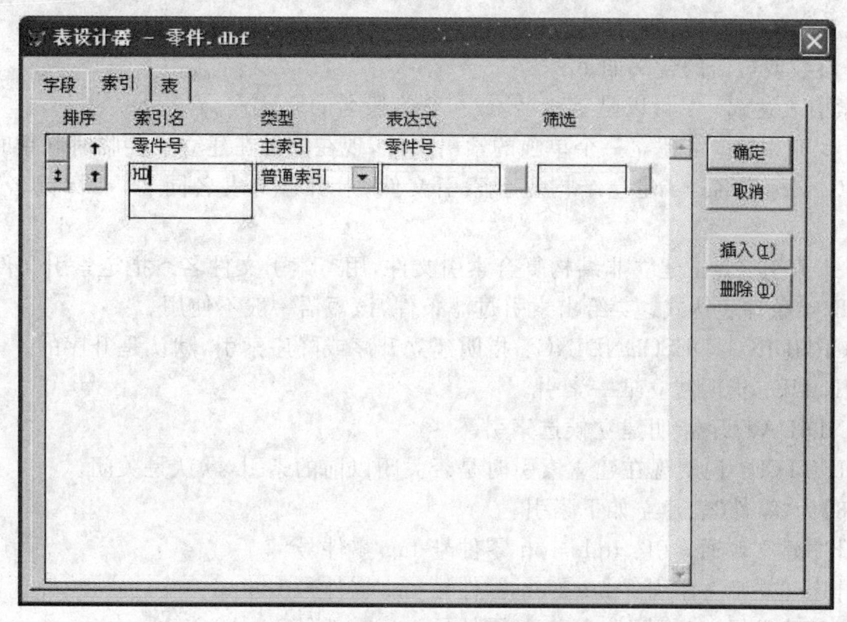

图 3-15　在表设计器中插入索引

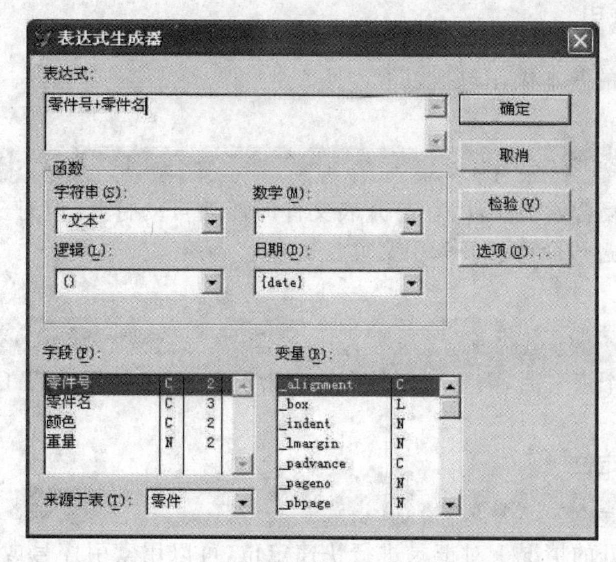

图 3-16　在表设计器中建立复合字段索引

2. 用命令建立索引

在 Visual FoxPro 中,一般情况下都可以在表设计器中交互建立索引,但有时需要在程序中建立索引。

命令格式：

```
INDEX ON <索引表达式> TO <索引名> | TAG <标记名> [OF <索引名>]
[FOR <条件表达式>]
[ASCENDING | DESCENDING]
[UNIQUE | CANDIDATE]
[ADDITIVE]
```

其中各参数或短语的含义如下：

① <索引表达式>：可以是字段名，或包含字段名的表达式。

② TO <索引名>：建立一个单独的索引文件，现在只是在建立一些临时联系时才使用。

③ TAG <标记名>：建立结构复合索引文件，索引名与表名同名，<标记名>给出索引名。

④ OF <索引名>：建立非结构复合索引文件，用<索引文件名>指定索引文件名。

⑤ FOR <条件表达式>：给出索引过滤条件，该短语一般不使用。

⑥ ASCENDING|DESCENDING：指明建立升序或降序索引，默认是升序的。

⑦ UNIQUE：指明建立唯一索引。

⑧ CANDIDATE：指明建立候选索引。

⑨ ADDITIVE：说明现在建立索引时是否关闭以前的索引，默认是关闭。

【例 3.8】为“零件”表建立如下索引。

① 按升序建立普通索引：index on 零件号 tag 零件号

② 按升序建立唯一索引：index on 零件号 tag 零件号 unique

③ 按降序建立候选索引：index on 零件号 tag 零件号 candidate desc

3.4.4 使用索引

索引文件使用时的基本操作包括以下 4 种。

1. 打开索引文件

```
命令格式：SET INDEX TO <索引名>
```

说明：对于结构复合索引文件，在打开表文件时能够自动打开，但对于非结构索引文件，则需要在使用之前通过该命令打开索引文件。

2. 设置当前索引

```
命令格式：SET ORDER TO <索引名>
```

说明：当打开多个索引后，需要使用某个特定索引时，需要使用 SET ORDER 命令指定索引。

3. 使用索引快速定位

```
命令格式：SEEK <表达式>ORDER <索引名>
```

说明：在索引打开的情况下对记录进行快速定位，可以用索引序号或索引名指定按哪个索引定位。

【例 3.9】假设“零件”表已建立了索引，索引名为“零件号”，将指针定位到零件号为“P5”的记录上(“零件”表见图 3-9)。

```
use 零件
```

```
seek "P5" order 零件号
```

4. 删除索引

命令格式为：

```
DELETE TAG <索引名>
```

说明：删除指定的索引名。如果要删除全部索引，可以使用 DELETE TAG ALL。

3.5　数据完整性

在数据库中，数据完整性是指保证数据正确的特性，数据完整性一般包括实体完整性、域完整性和参照完整性等。Visual FoxPro 提供了实现这些完整性的方法和手段。

3.5.1　实体完整性与主关键字

实体完整性是保证表中记录唯一的特性，即在一个表中不允许有重复的记录。在 Visual FoxPro 中利用主关键字或候选关键字来保证表中记录的唯一，即保证实体唯一性。

如果一个字段的值或几个字段的值能够唯一标识表中的一条记录，则称这个字段为候选关键字。在一个表上可能会有几个具有这种特性的字段或字段的组合，这时从中选择一个作为主关键字。

在 Visual FoxPro 中将主关键字称为主索引，将候选关键字称为候选索引。

3.5.2　域完整性与约束规则

域即区域范围，域完整性是指对表中字段的取值限定在一定区域范围之内(如性别的区域范围只能是“男”、“女”字符串中的一个字)。

域约束规则也称作字段有效性规则，在插入或修改字段时被激活，主要用于数据输入正确性的检验。

建立字段有效性规则比较简单直接的方法是在表设计器中建立。在表设计器的“字段”选项卡中有一组定义字段有效性规则的项目，分别是“规则”、“信息”和“默认值”3 项，如图3-17所示。

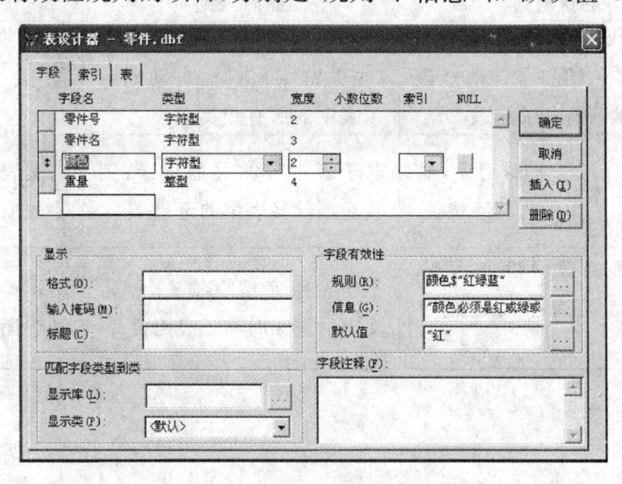

图 3-17　设置字段有效性规则

在进行字段有效性规则设置时，在各文本框中输入的数据是有以下要求：

① “规则”框中只能输入逻辑表达式，所输入内容不能加上定界符。

② “信息”框中只能输入字符串表达式，一定要加上定界符（如双引号）。

③ “默认值”框中所输内容加不加定界符要根据字段的类型而定。

3.5.3 参照完整性与表之间的关联

同一个数据库中的表通常都是有关系的，当插入、删除或修改一个表中的数据时，通过参照引用相互关联的另一个表中的数据，来检查对表的数据操作是否正确。设置参照完整性可按以下步骤进行。

1. 建立表之间的联系

在父表中建立主索引或候选索引，在子表对应字段上建立普通索引，在数据库设计器中，单击选中父表中的主索引字段，按住鼠标左键并拖动到子表相对应子段上，释放鼠标，就建立起表之间的联系。

2. 清理数据库

在建立参照完整性之前必须首先清理数据库，在数据库设计器中，单击“数据库”菜单中的“清理数据库”菜单命令，即可实现清理数据库。

3. 设置参照完整性约束

建立好表之间的联系并清理完数据库之后，右击表之间的联系，在弹出的快捷菜单中选择“编辑参照完整性”命令，即可打开“参照完整性生成器”对话框。

“参照完整性生成器”对话框包括更新规则、删除规则和插入规则。

① 更新规则：规定当更新父表中的记录时，如何处理子表中的相关记录。

② 删除规则：规定当删除父表中的记录时，如何处理子表中的相关记录。

③ 插入规则：规定当在子表中插入记录时，是否进行参照完整性检查。

各个规则选项的具体含义如表 3-4 所示。

表 3-4 参照完整性规则说明

规则选项	更新规则	删除规则	插入规则
级联	当更新父表中的连接字段（主关键字）值时，自动修改子表中的所有相关记录	当删除父表中的连接字段（主关键字）值时，自动删除子表中的所有相关记录	无
限制	若子表中有相关的记录，禁止修改父表中的连接字段值	若子表中有相关的记录，则禁止删除父表中的记录	若父表中没有相匹配的连接字段值，则禁止插入子记录
忽略	不作参照完整性检查，可以随意更新父表中的连接字段值	不作参照完整性检查，删除父表的记录时与子表无关	不作参照完整性检查，可以随意插入子记录

3.6　自　由　表

在 Visual FoxPro 中，表以两种形态出现，即数据库表和自由表。不属于任何数据库的表称为自由表。不管是数据库表还是自由表，文件扩展名均为 .dbf。

3.6.1　自由表与数据库表的关系

自由表和数据库表是可以相互转化的。数据库表从数据库中移出就成为自由表。反之，将自由表添加到数据库中，则成为数据库表。

数据库表与自由表相比主要有以下特点：

- 数据库表可以使用长表名，在表中可以使用长字段名。
- 可以为数据库表的字段设置有效性规则、信息、默认值和输入掩码。
- 数据库表支持主关键字、参照完整性和表之间的联系。
- 支持 INSERT、UPDATE 和 DELETE 事件触发。

3.6.2　建立自由表

建立自由表时必须先关闭所有的数据库，否则建立的将是数据库表。建立自由表有多种方法，在这里只介绍在项目管理器中建立自由表的方法，其他方法跟建立数据库表的步骤相同，不再详细讲解。

在项目管理器中建立自由表：在项目管理器的"数据"选项卡中选中"自由表"，单击"新建"按钮，在弹出的"新建表"对话框中单击"新建表"，如图 3-18 所示。

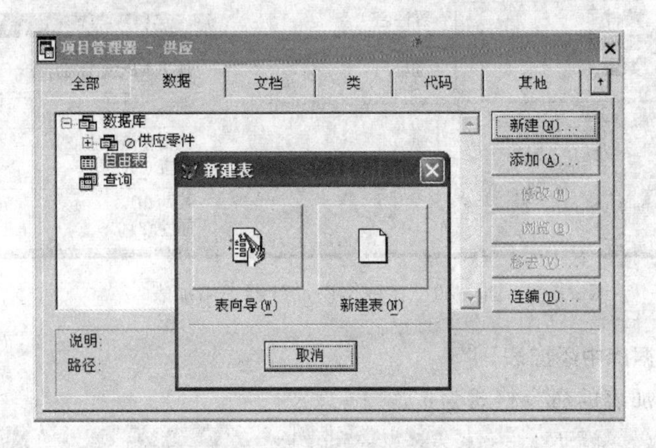

图 3-18　建立自由表

3.6.3　将自由表添加到数据库

将自由表添加到数据库中通常有 3 种方法。

1. 使用项目管理器向数据库中添加表

在项目管理器的“数据”选项卡中选中“表”，单击“添加”按钮，在“打开”对话框选择要添加的表，然后单击“确定”按钮，如图 3-19 所示。

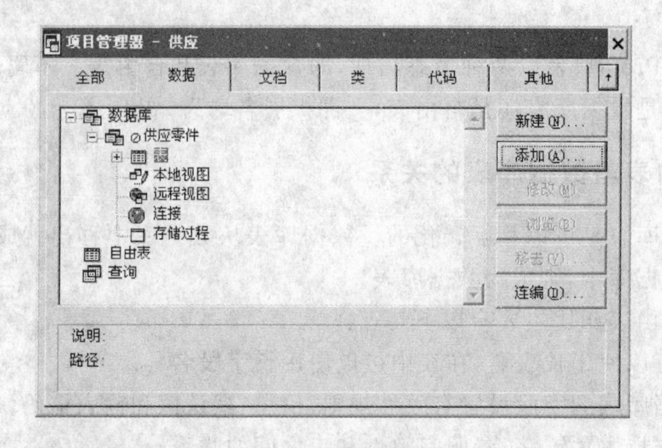

图 3-19　在项目管理器中添加表

2. 使用数据库设计器向数据库中添加表

在数据库设计器中，单击“数据库”→“添加表”菜单命令，或在数据库设计器的空白处右击，在弹出的快捷菜单中选择“添加表”命令，如图 3-20 所示。

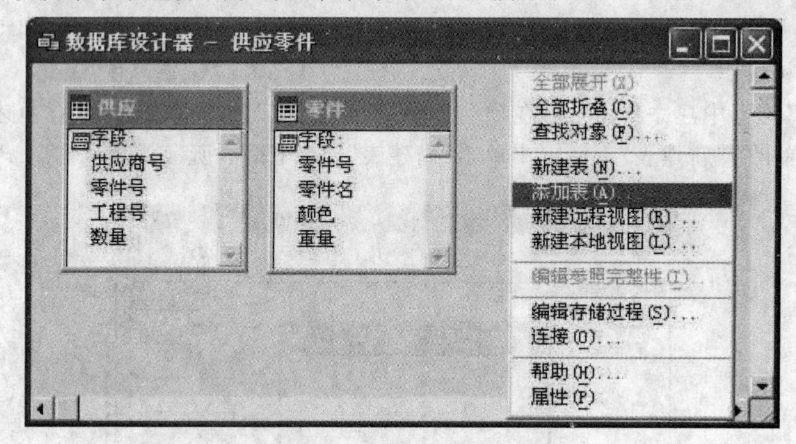

图 3-20　在数据库设计器中添加表

3. 用命令向数据库中添加表

向数据库中添加表的命令格式为：

```
ADD TABLE [<表名>|?][NAME <长表名>]
```

NAME<长表名>为表指定长名，最多可以有 128 个字符。

3.6.4　从数据库中移去表

相对应地，从数据库中移去表有 3 种方法。

1. 使用项目管理器从数据库中移去表

选择项目管理器的“数据”选项卡，选中要移去的表，单击“移去”按钮，在弹出的对话框中单击“移去”按钮，如图 3-21 所示。

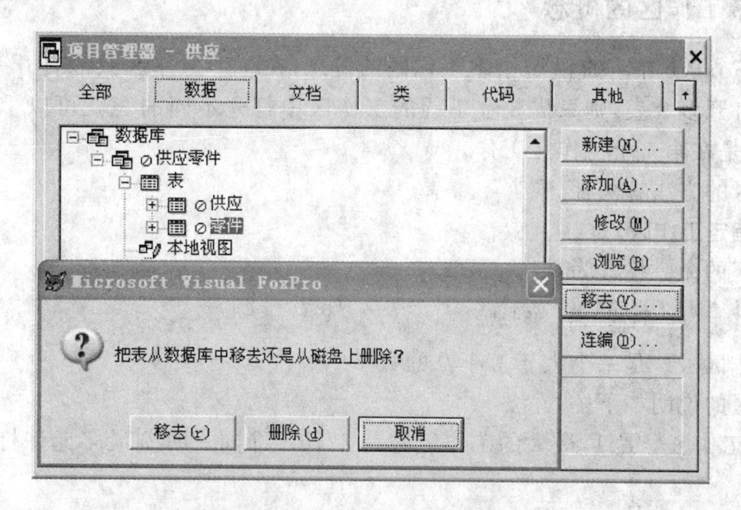

图 3-21 在项目管理器中移去表

2. 使用数据库设计器从数据库中移去表

打开数据库设计器，在要移去的表上右击，单击“删除”按钮，在弹出的对话框中单击“移去”命令，如图 3-22 所示。

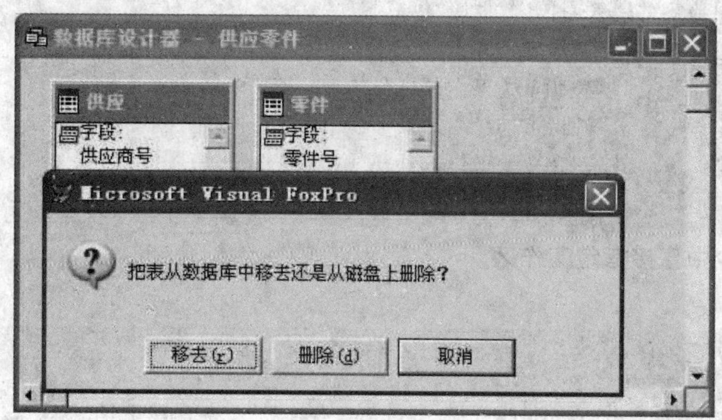

图 3-22 在数据库设计器中移去表

3. 使用命令从数据库移去表

将一个表从数据库中移出的命令格式为：

```
REMOVE TABLE [表名|?] [DELETE]
```

DELETE 表示将该表同时从数据库和磁盘中删除。

3.7 多个表的同时使用

在 Visual FoxPro 中，一次可以打开多个数据库，在每个数据库中都可以打开多个表，另外还可以打开多个自由表。

3.7.1 多工作区的概念

在 Visual FoxPro 中一直沿用了多工作区的概念，在一个工作区只能打开一个表，如果在同一时刻需要打开多个表，则只需要在不同的工作区中打开不同的表就可以了。如果没有指明工作区，默认是在第 1 个工作区工作。

指定工作区的方法有两种。

1. 用命令指定工作区

指定工作区的命令格式为：

```
SELECT <工作区号> | 表名 | 表的别名
```

其中<工作区号>是一个大于等于 0 的数字。

关于工作区的说明如下：

① 最小的工作区号是 1，最大的工作区号是 32767（即同一时刻最多允许打开 32767 个工作区）。

② 如果工作区号指定为 0，则表示选择编号最小的可用工作区（即尚未使用的工作区中编号最小的工作区）。

③ 如果在某个工作区中已经打开了表，若要回到该工作区操作该表，可以使用[表名 | 表的别名]参数，该参数是已经打开的表名或表的别名。例如：

```
OPEN DATABASE 供应零件    && 打开数据库“供应零件”
SELECT 1                  && 指定 1 号工作区
USE 零件                  && 在 1 号工作区打开“零件”表
SELECT 0                  && 指定未使用的最小的工作区（即 2 号工作区）
USE 供应                  && 在 2 号工作区打开“供应”表
SELECT 零件               && 回到 1 号工作区操作“零件”表，等同于 SELECT 1
```

2. 在 USE 命令中直接指定工作区

例如：

```
OPEN DATABASE 供应零件
USE 零件 IN 1
USE 供应 IN 2
```

每个表打开后都有两个默认的别名，一个是表名自身，另一个是工作区所对应的别名。前 10 个工作区的默认别名是 A～J，工作区 11～32767 的别名是 W11～W32767。另外，也可以在用 USE 命令中用 ALIAS 短语指定别名，例如：

```
USE 零件 ALIAS 零件详细清单    && 在当前工作区打开“零件”表并指定别名
```

3.7.2 使用不同工作区的表

除了可以用 SELECT 命令切换工作区使用不同的表外，还可以在一个工作区中使用另一个工作区中的表。语法格式如下：

```
IN 工作区号 | 表名 | 表别名
```

例如，当前使用的是 2 号工作区的“供应”表，现在要将第 1 个工作区中的“零件”表定位在零件号为“P4”的记录上，可以使用下面的命令：

```
seek "P4" order 零件号 in 零件
```

在一个工作区中可以直接利用表名或表的别名引用另一个表中的数据，具体方法是在别名后加上分隔符"."或"－＞"操作符，然后再接字段名。如上面的例子中，如果当前在第 2 区("供应"表所在的区)，想在屏幕上显示第 1 区"零件"表中的"零件号"和"零件名"字段信息，可以使用命令：

```
? 零件.零件号,零件->零件名
```

3.7.3 表之间的关联

在数据库中建立的表间联系会随着数据库的打开而打开，是基于索引建立的一种永久联系，在每次使用表时，不需要重新建立，但永久联系不能实现不同记录之间指针的联动，而临时联系却可以实现表间记录指针的联动，这种临时联系称为关联。

建立关联的命令格式为：

```
SET RELATION TO <索引关键字> INTO <工作区号>|<表的别名>
```

其中＜索引关键字＞用于指定建立临时联系的索引关键字(一般为父表的主索引、子表的普通索引)，用＜工作区号＞或＜表的别名＞说明临时联系是由当前工作区的表到哪个表。

【例 3.10】在供应零件数据库中有"零件"和"供应"两个表，其中主表为"零件"，子表为"供应"(图 3-23)，为两表建立关联。(提示：首先将两表分别建立主索引和普通索引，并使两表建立永久联系。)

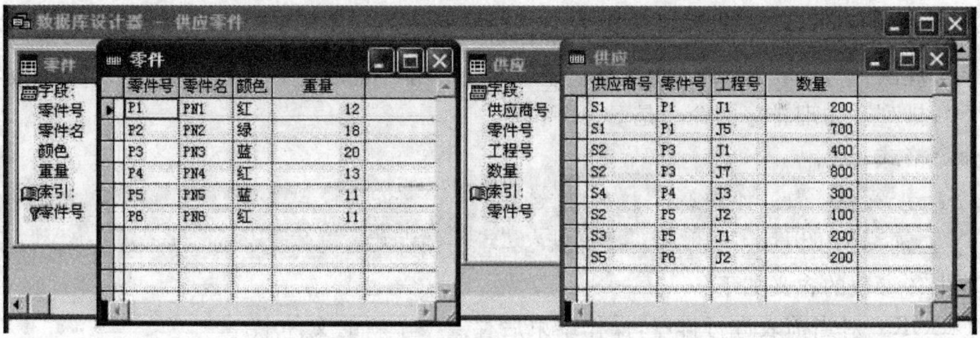
数据库设计器 - 供应零件
零件
字段:
零件号
零件名
颜色
重量
索引:
零件号
零件
零件号 零件名 颜色 重量
P1 PN1 红 12
P2 PN2 绿 18
P3 PN3 蓝 20
P4 PN4 红 13
P5 PN5 蓝 11
P6 PN6 红 11
供应
字段:
供应商号
零件号
工程号
数量
索引:
零件号
供应
供应商号 零件号 工程号 数量
S1 P1 J1 200
S1 P1 J5 700
S2 P3 J1 400
S2 P3 J7 800
S4 P4 J3 300
S2 P5 J2 100
S3 P5 J1 200
S5 P6 J2 200

图 3-23 "零件"表和"供应"表

命令如下：

```
OPEN DATABASE 供应零件
USE 零件 IN 1 ORDER 零件号
USE 供应 IN 2 ORDER 零件号
SET RELATION TO 零件号 INTO 供应
```

这样，当单击"零件"表中的记录时，"供应"表中只显示与"零件"表对应的所有记录。只显示与"零件"表中当前记录的零件号字段值对应的所有记录。如零件表中记录指针指向零件号为"P5"的记录上，那么供应表中就会显示所有零件号为"P5"的记录，如图 3-24 所示。当"零件"表中记录指针改变时，供应表中的记录指针也随之变动。

当临时联系不再需要时取消。

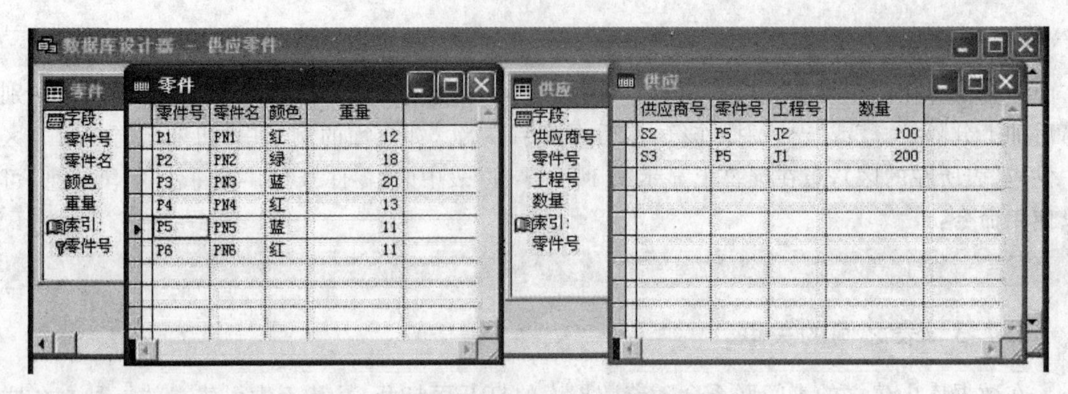

图 3-24　建立关联后的“零件”表和“供应”表

命令格式为：

```
SET RELATION TO
```

如果是取消某个具体的临时联系，应该使用命令：

```
SET RELATION OFF TNTO<工作区号>|<别名>
```

3.8　排　　序

索引可以使人们按照某种顺序浏览或查找表中的记录，这时的顺序是逻辑的，是通过索引关键字实现的。Visual FoxPro 中还提供了一种物理排序的命令，它可以将表中的记录按物理顺序重新排列。物理排序的命令是 SORT。

命令格式：

```
SORT TO<新表名>ON<字段名 1>[/A/D][/C][,<字段名 2> [/A/D][/C]...]
      [ASCENDING|DESCENDING][FOR <条件表达式> [FIELDS <字段列表>]]
```

其中各参数的含义如下：

① SORT 对当前表进行排序，操作结束后存入一个新的文件中。

② <新表名>是排序后的表名。

③ <字段名 1> <字段名 2>…是排序的字段，可以在多个字段上进行排序。

④ [/A/D][/C]，其中/A 按升序排序，默认是升序；/D 按降序排序；/C 说明排序时大小写字母不区分，默认是区分大小写的。

⑤ ASCENDING 或 DESCENDING 指出除用/A/D 指明排序方式的字段，其他字段按升序或降序排序。

⑥ FOR <条件表达式>给出排序字段要满足的条件。

⑦ FIELDS <字段列表>给出排序后的表所包含的字段列表，默认是原表的所有字段。

【例 3.11】对零件表按“零件号”降序排列，并把结果存入表“零件 1”中。

```
USE 零件
SORT TO 零件 1 ON 零件号 /D
```

本章小结

本章考核的知识点主要是数据库的建立、表的建立、用命令方式操作表、索引的建立、参照完整性、域完整性和约束规则，以及工作区和记录排序等。大家在这些知识点上要多下工夫，多做些相关的练习，以巩固所学知识。

真题演练

一、选择题

(1) 在 Visual FoxPro 中，以下叙述正确的是（　）。(2007 年 4 月)

A. 表也被称作表单

B. 数据库文件不存储用户数据

C. 数据库文件的扩展名是 .DBF

D. 一个数据库中的所有表文件存储在一个物理文件中

【答案】 B

【解析】 数据库文件的作用是把相互关联的属于同一数据库的数据库表组织在一起，并不存储用户数据，数据库中的每个表文件都分别存储在不同的物理文件中。

(2) 在 Visual FoxPro 中，使用 LOCATE FOR<expl>命令按条件查找记录，当查找到满足条件的第一条记录后，如果还需要查找下一条满足条件的记录，应该（　）。(2011 年 3 月)

A. 再次使用 LOCATE 命令重新查询

B. 使用 SKIP 命令

C. 使用 CONTINUE 命令

D. 使用 GO 命令

【答案】 C

【解析】 LOCATE 命令执行后将记录指针定位在满足条件的第一条记录上，如果没有满足条件的记录则指向文件结束位置；如果要使指针指向下一条满足 LOCATE 条件的记录，需使用 CONTINUE。故本题答案为 C。

(3) 命令 SELECT 0 的功能是（　）。(2007 年 9 月)

A. 选择编号最小的未使用工作区　　B. 选择 0 号工作区

C. 关闭当前工作区中的表　　D. 选择当前工作区

【答案】 A

【解析】 在 Visual FoxPro 中，支持多个工作区，用 SELECT 命令来表示选择哪个工作区作为当前工作区，SELECT 0 表示选择编号最小的尚未使用的工作区。

(4) 在 Visual FoxPro 中，对于字段值为空值(NULL)叙述正确的是（　）。(2007 年 4 月)

A. 空值等同于空字符串　　B. 空值表示字段还没有确定值

C. 不支持字段值为空值　　D. 空值等同于数值 0

【答案】 B

【解析】在 Visual FoxPro 中，字段值为空值(NULL)表示字段还没有确定值，例如一个商品的价格的值为空值，表示这件商品的价格还没有确定，但不等同于数值为 0。

(5) 在表设计器中设置的索引包含在(　　)。(2010 年 9 月)

A. 独立索引文件中

B. 唯一索引文件中

C. 结构复合索引文件中

D. 非结构复合索引文件中

【答案】C

【解析】与表名同名的 .cdx 索引是一种结构复合压缩索引，它是在 Visual FoxPro 数据库中最普通也是最重要的一种索引文件，表设计器中建立的索引都是这类索引。

(6) 在建立表间一对多的永久联系时，主表的索引类型必须是(　　)。(2010 年 9 月)

A. 主索引或候选索引

B. 主索引、候选索引或唯一索引

C. 主索引、候选索引、唯一索引或普通索引

D. 可以不建立索引

【答案】A

【解析】在 Visual FoxPro 中，主索引和候选索引具有相同的功能，都能保证表中记录唯一。在建立一对多的永久联系时，主表索引类型必须是主索引或候选索引，子表索引类型为普通索引。

二、填空题

(1) 在 Visual FoxPro 中，LOCATE ALL 命令按条件对某个表中的记录进行查找，若查不到满足条件的记录，函数 EOF()的返回值应是______。(2009 年 3 月)

【答案】. T.

【解析】LOCATE ALL 命令若查找不到满足条件的记录，则返回指向文件结束标识位的指针，EOF()函数是测试指定表文件中的记录指针是否指向文件结束标识位，如果是，则返回逻辑真，即 . T. ，否则返回逻辑假 . F. 。

(2) 在 Visual FoxPro 中，修改表结构的非 SQL 命令是______。(2007 年 9 月)

【答案】MODIFY STRUCTURE

【解析】在 Visual FoxPro 中可以通过 SQL 命令与非 SQL 命令来实现对表结构的修改，其中 SQL 命令用 ALTER，非 SQL 命令用 MODIFY STRUCTURE。

(3) 在 Visual FoxPro 中，主索引可以保证数据的______完整性。(2006 年 4 月)

【答案】实体

【解析】在 Visual FoxPro 中，主索引可以保证数据的实体完整性，主索引的字段值可以保证唯一性，它拒绝重复的字段值。

(4) 在定义字段有效性规则时，在规则框中输入的表达式类型是______。(2006 年 4 月)

【答案】逻辑型

【解析】定义字段有效性规则有 3 项，在“规则”框中输入的表达式是逻辑表达式，在“信息”框中输入的表达式是字符串表达式，“默认值”的类型则以字段的类型确定。

巩固练习

(1) 在 Visual FoxPro 中,以下描述中错误的是(　　)。

A. 普通索引允许出现重复字段值

B. 唯一索引允许出现重复字段值

C. 候选索引允许出现重复字段值

D. 主索引不允许出现重复字段值

(2) 在 Visual FoxPro 中,定义数据的有效性规则时,在规则框输入的表达式的类型是(　　)。

A. 数值型　　B. 字符型　　C. 逻辑型　　D. 日期型

(3) 在 Visual FoxPro 中,下面的描述中正确是(　　)。

A. 视图就是自由表

B. 没有打开任何数据库时建立的表是自由表

C. 可以为自由表指定字段级规则

D. 可以为自由表指定参照完整性规则

(4) Visual FoxPro 的设计器是创建和修改应用系统各种组件的可视化工具,其中在表设计器中不可以(　　)。

A. 建立新表　　B. 修改表结构

C. 建立索引　　D. 修改数据

(5) 在 Visual FoxPro 中数据库文件的扩展名是(　　)。

A. .dbf　　B. .dbc　　C. .dcx　　D. .dbt

(6) 在 Visual FoxPro 中与逻辑删除操作相关的命令包括(　　)。

A. DELETE、RECALL、PACK 和 ZAP

B. DELETE、PACK 和 ZAP

C. DELETE、RECALL 和 PACK

D. DELETE、LOCATE、PACK 和 ZAP

(7) 使用 LOCATE 命令定位后,要找到下一条满足同样条件的记录应该使用命令(　　)。

A. SKIP　　B. CONTINUE

C. LOCATE FOR　　D. GOTO

(8) 打开数据库 abc 的正确命令是(　　)。

A. OPEN DATABASE abc

B. USE abc

C. USE DATABASE abc

D. OPEN abc

(9) 命令"INDEX ON 姓名 CANDIDATE"创建了一个(　　)。

A. 主索引　　B. 候选索引

C. 唯一索引　　D. 普通索引

(10) 在 Visual FoxPro 中打开表的命令是(　　)。

A. OPEN　　B. USE

C. OpenTable　　D. UseTable

(11) 在 Visual FoxPro 中表的字段类型不包括(　　)。

A. 数值型　　B. 整型

C. 双精度型　　D. 长整型

(12) 为表增加记录的 Visual FoxPro 命令是(　　)。

A. 仅 INSERT　　B. 仅 APPEND

C. INSERT 和 APPEND　　D. REPLACE

(13) 在 Visual FoxPro 中,下面有关表和数据库的叙述中错误的是(　　)。

A. 一个表可以不属于任何数据库

B. 一个表可以属于多个数据库

C. 一个数据库表可以从数据库中移去成为自由表

D. 一个自由表可以添加到数据库中成为数据库表

(14) Visual FoxPro 的"参照完整性"中"插入规则"包括的选择是(　　)。

A. 限制和忽略　　B. 级联和忽略

C. 级联和删除　　D. 级联和限制

(15) 如果学生和学生监护人 2 个表的删除参照完整性规则为"级联",下列选项正确的描述是(　　)。

A. 删除学生表中的记录时,学生监护人表中的相应记录将自动删除

B. 删除学生表中的记录时,学生监护人表中的相应记录不变

C. 不允许删除学生表中的任何记录

D. 不允许删除学生监护人表中的任何记录

(16) 尽管结构索引在打开表时能够自动打开,但也可以利用命令指定特定的索引,指定索引的命令是(　　)。

A. SET ORDER　　B. SET INDEX

C. SET SEEK　　D. SET LOCATE

(17) 命令"INDEX ON 姓名 CANDIDATE"创建了一个(　　)。

A. 主索引　　B. 候选索引

C. 唯一索引　　D. 普通索引

(18) SQL 的数据更新命令中不包含(　　)。

A. SET　　B. WHERE

C. REPLACE　　D. UPDATE

(19) 职工表中的婚姻状态字段是逻辑型,执行如下程序后,最后一条命令显示的结果是(　　)。

```
USE 职工
APPEND BLANK
REPLACE 职工号 WITH "E11", 姓名 WITH "张三", 婚姻状态 WITH .F.
? IIF(婚姻状态,"已婚","未婚")
```

A. .T.　　B. .F.　　C. 已婚　　D. 未婚

第4章 关系数据库标准语言SQL

用 Visual FoxPro 中的命令可以实现对数据库中各种数据对象的操作，但与其相比，使用 SQL 会更加方便，而且在 SQL 中可以实现一些 Visual FoxPro 命令无法实现的功能。

4.1 SQL 概述

SQL 是结构化查询语言(Structrued Query Language)的英文缩写。查询是 SQL 语言的重要组成部分，但不是全部，SQL 还具有数据定义、数据操纵和数据控制等功能。

4.1.1 SQL 语言的主要特点

SQL 语言具有以下主要特点：

- SQL 是一种一体化的语言，它包括了数据定义、数据查询、数据操纵和数据控制等方面的功能，可以完成数据库活动中的全部工作。
- SQL 语言是一种高度非过程化的语言。
- SQL 语言非常简洁，但功能强大。
- SQL 语言可以直接以命令方式交互使用，也可以嵌入到程序设计语言中以程序方式使用，使用灵活。

4.1.2 SQL 命令动词

SQL 可以完成数据库操作要求的所有功能，包括数据查询、数据操作、数据定义和数据控制，是一种全能的数据库语言。SQL 的功能和相对应的命令如表 4-1 所示。

表 4-1 SQL 命令动词

SQL 功能	命令
数据查询	SELECT
数据定义	CREATE、DROP、ALTER
数据操纵	INSERT、UPDATE、DELETE
数据控制	GRANT、REVOKE

4.2 查询功能

SQL 的核心是查询。SQL 的查询命令也称作 SELECT 命令，它的基本形式由 SELECT-

FROM-WHERE 查询块组成，多个查询块可以嵌套执行。

Visual FoxPro 的 SQL SELECT 命令的语法格式如下：

```
SELECT [ALL | DISTINCT][TOP <数值表达式> [PERCENT]]
[<别名>.] <SELECT 表达式> [AS <字段名>][,<别名>.] <SELECT 表达式> [AS <别名>
        …]
FROM [数据库名!] <表名>
[INNER | LEFT[OUTER] | RIGHT[OUTER] | FULL[OUTER]JOIN [数据库名!]<表名>[ON 连接条件…]]
[INTO 目标文件] | [TO FILE 文件名[ADDITIVE] | TO PRINTER[PROMPT] | TO SCREEN]
[WHERE <连接条件> [AND 连接条件…][AND | OR 筛选条件]
[GROUP BY <分组表达式 1>[,分组表达式 2…]][HAVING <筛选条件>]
[UNION [ALL] <SELECT 命令>]
[ORDER BY <排序表达式> [ASC | DESC]]
```

其中主要参数和短语的含义如下：

① SELECT：说明要查询的字段，如果查询的字段需去掉重复值，则要用到 DISTINCT 短语；

② FROM：说明要查询的字段来自哪个表或哪些表，可以对单个表或多个表进行查询；

③ WHERE：说明查询条件，即选择元组的条件；

④ GROUP BY 短语：用于对查询结果进行分组，可以利用它进行分组汇总；

⑤ HAVING 短语：必须跟随 GROUP BY 使用，它用来限定分组必须满足的条件；

⑥ ORDER BY 短语：用来对查询的结果进行排序。

注意： 在 SELECT 查询语句中，字段与字段之间要用“,”隔开（如学号，姓名）；表名与表名之间用“,”隔开（如课程，成绩）；表名与字段之间要用“.”隔开（如学生.学号）。如果需要换行，要在行尾加上续行符“;”，所使用的标点符号必须是英文状态下的标点符号。

SELECT 查询命令的使用非常灵活，用它可以构造各种各样的查询。本节将通过大量的实例来介绍 SELECT 命令的使用。

首先来了解一下常用的特殊运算符，如表 4-2 所示。

表 4-2　常用特殊运算符

运算符	含义
<>,!=	不等于
IS NULL	为空值
BETWEEN…AND…	表示在…和…之间，其中包含等于，即大于等于 AND 前面的数，小于等于 AND 后面的数
IN	在一组值的范围内
LIKE	字符串匹配运算符。在 SQL 中，字符串匹配运算符 LIKE，可与通配符“%”和“_”一起使用，“%”表示任意多个字符；“_”表示任意一个字符。而在前面用到的通配符“*”和“?”是用在一些命令中，在 SQL 中，“*”和“?”不可以与 LIKE 短语一起使用

本节将用到 4 个表进行查询，全部包含在“学生管理”数据库中，4 个表中相同字段具有相同的类型和宽度。各个字段的类型和宽度如表 4-3 所示。

表 4-3　学生管理数据库中 4 个表各字段的宽度和类型

字段名	类型	宽度
学号	字符型	2
姓名	字符型	6
性别	字符型	2
出生日期	日期型	8
班级	字符型	7
教师号	字符型	6
职称	字符型	6
系	字符型	10
课程号	字符型	2
课程名	字符型	12
成绩	数值型	3

另外，课程表的教师号字段允许为 NULL（在表设计器中），在此字段右侧的 NULL 位置打上“√”，并在“默认值”中输入“. NULL. ”，如图 4-1 所示。

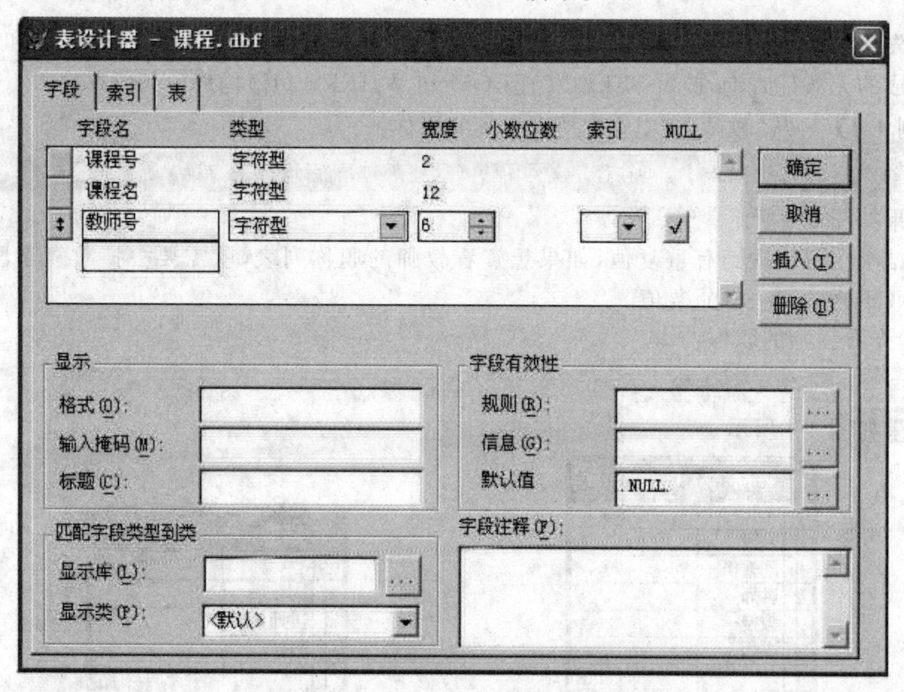

图 4-1　为教师号字段设置 NULL 值

4 个表的具体记录如图 4-2 所示。

学生

学号	姓名	性别	出生日期	班级
01	王聪	男	08/08/90	会电1班
02	刘丹	女	06/26/91	会电2班
03	赵阳	男	05/25/92	营销1班
04	李虎	男	07/22/91	营销2班
05	张娜	女	03/19/92	国贸1班
06	宋佳	女	02/18/92	国贸1班

课程

课程号	课程名	教师号
C1	信息技术	169
C2	物流管理	302
C3	经济学	226
C4	网络营销	218
C5	市场营销	.NULL.

教师

教师号	姓名	性别	出生日期	职称	系
226	李明伟	男	02/26/69	教授	经管系
218	宋晓宇	女	08/22/78	副教授	经管系
302	赵云飞	男	06/13/70	讲师	经管系
169	王志国	男	03/16/63	教授	计算机系
210	齐海涛	男	06/15/80	讲师	计算机系

成绩

学号	课程号	成绩
01	C1	88
02	C1	75
03	C2	75
04	C2	92
01	C2	65
05	C4	78
04	C4	85
02	C4	80
01	C4	90

图 4-2　学生管理数据库中 4 个表的具体记录

在建立好以上数据库和数据库表的基础上就可以进行下面的操作了。

4.2.1　简单查询

首先从最简单的查询开始，简单查询是基于单个表进行的查询，是由 SELECT 和 FROM 短语构成的无条件查询，或由 SELECT、FROM 和 WHERE 短语构成的条件查询。

【例 4.1】(1)从“教师”表中查询所有教师的职称。

```
SELECT 职称 FROM 教师    && 可在程序文件中输入这些语句，然后运行
```

结果如图 4-3 所示。

在结果中可以看到有重复值，如果想查看教师的职称列表，就需要去掉重复字段值，用 DISTINCT 短语可去掉重复值。

(2)查看教师的职称结构。

```
SELECT DISTINCT 职称 FROM 教师
```

结果如图 4-4 所示。

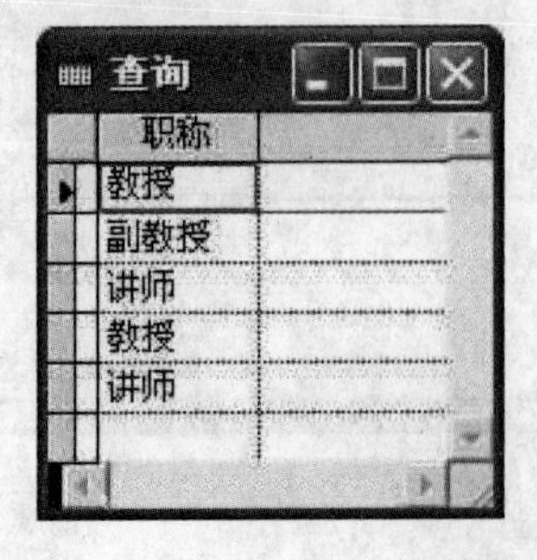

图 4-3　例 4.1(1)查询结果

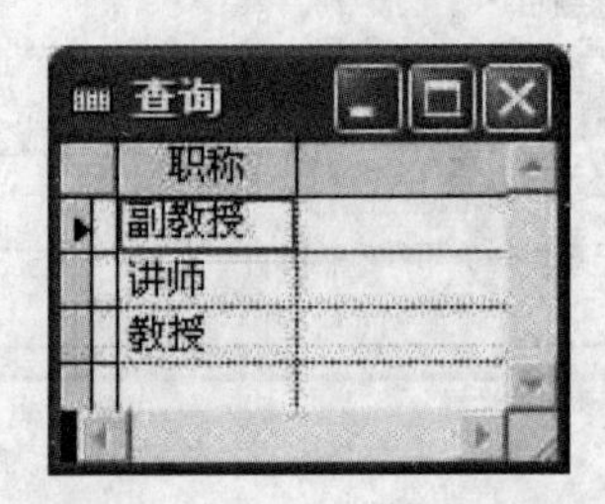

图 4-4　例 4.1(2)查询结果

【例 4.2】查询“教师”表中职称不是“教授”的所有教师记录。

```
SELECT * FROM 教师 WHERE 职称! = "教授"  && 用"*"号表示查询所有的字段
```

结果如图 4-5 所示。

教师号	姓名	性别	出生日期	职称	系
218	宋晓宇	女	08/22/78	副教授	经管系
302	赵云飞	男	06/13/70	讲师	经管系
210	齐海涛	男	06/15/80	讲师	计算机系

图 4-5　例 4.2 查询结果

【例 4.3】从"学生"表中查询出 1991 年(含)以后出生的并且性别为"男"的学生信息。

```
SELECT * FROM 学生 WHERE year(出生日期)>= 1991 AND 性别 = "男"
```

结果如图 4-6 所示。

学号	姓名	性别	出生日期	班级
03	赵阳	男	05/25/92	营销1班
04	李虎	男	07/22/91	营销2班

图 4-6　例 4.3 查询结果

【例 4.4】查询"成绩"表中成绩为 92、90、85 的学生信息。

```
SELECT * FROM 成绩 WHERE 成绩 IN(92,90,85)
```

结果如图 4-7 所示。

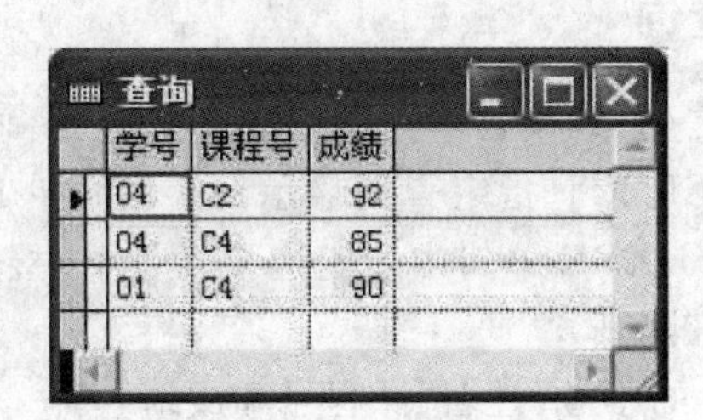

学号	课程号	成绩
04	C2	92
04	C4	85
01	C4	90

图 4-7　例 4.4 查询结果

注意： FROM 后跟的是表名，WHERE 后跟的是字段名。

【例 4.5】查询"成绩"表中成绩大于等于 75 并且小于 90 的记录。

```
SELECT * FROM 成绩 WHERE 成绩 BETWEEN 75 AND 89
```

结果如图 4-8 所示。

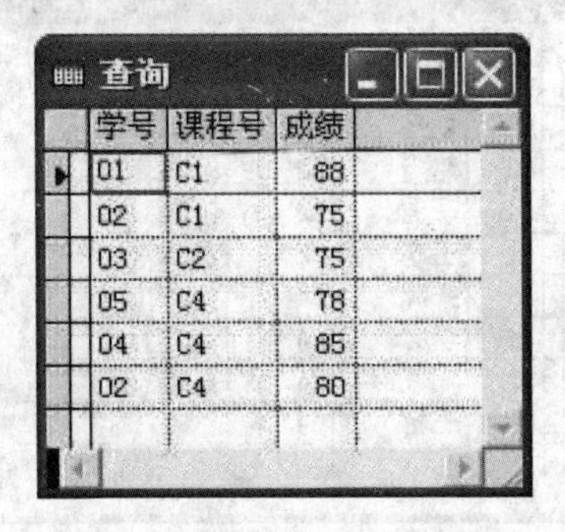

学号	课程号	成绩
01	C1	88
02	C1	75
03	C2	75
05	C4	78
04	C4	85
02	C4	80

图 4-8　例 4.5 查询结果

【例 4.6】查询“学生”表中班级前两个字为“会电”的学生信息。

```
SELECT * FROM 学生 WHERE LEFT(班级,4) = "会电"
```

结果如图 4-9 所示。

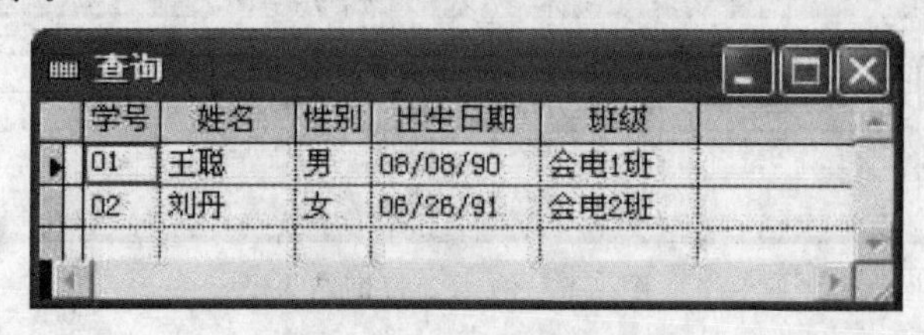

学号	姓名	性别	出生日期	班级
01	王聪	男	08/08/90	会电1班
02	刘丹	女	06/26/91	会电2班

图 4-9　例 4.6 查询结果

【例 4.7】查询“课程”表的课程名中含有“网络”的课程的全部信息。

```
SELECT * FROM 课程 WHERE 课程名 LIKE "%网络%"
```

结果如图 4-10 所示。

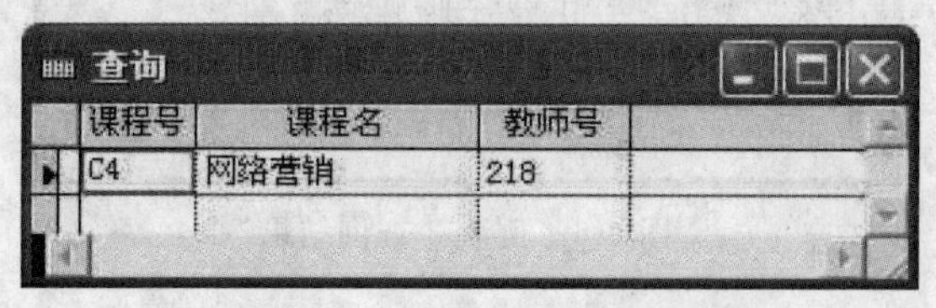

课程号	课程名	教师号
C4	网络营销	218

图 4-10　例 4.7 查询结果

4.2.2　简单的连接查询

连接是关系的基本操作之一，连接查询是一种基于多个关系的查询。在连接查询中，当需要对多个表连接时，可以用 SELECT 指定查询显示的字段；在 FROM 子句中指定要连接的表，表名间用逗号隔开。在 WHERE 子句中指定连接条件(连接的字段名前要加上表名作为前缀，表名和字段名之间用“.”隔开)。

【例 4.8】查询出所有学生的学号、姓名、课程号和成绩。

```
SELECT  学生.学号,姓名,课程号,成绩;
   FROM  学生,成绩;
   WHERE 学生.学号 = 成绩.学号
```

结果如图 4-11 所示。

学号	姓名	课程号	成绩
01	王聪	C1	88
02	刘丹	C1	75
03	赵阳	C2	75
04	李虎	C2	92
01	王聪	C2	65
05	张娜	C4	78
04	李虎	C4	85
02	刘丹	C4	80
01	王聪	C4	90

图 4-11　例 4.8 查询结果

注意：此例中要查询的"学号"字段存在于"学生"和"成绩"两个表中，这时必须用表名作前缀指明字段是哪个表里的字段，一般情况下选择字段值唯一的那个表里的字段(如学生.学号)。

4.2.3　嵌套查询

嵌套查询是一类基于多个表的查询，查询的结果是出自一个表中的字段，但是查询的条件要涉及多个表。

嵌套查询一般分为两层，即内层和外层，被括号括起来的为内层查询，先进行内层查询，在内层查询的基础上再进行外层查询。

【例 4.9】查询出没有考试成绩的学生的学号和姓名。

```
SELECT 学号,姓名;
   FROM 学生;
   WHERE 学号 NOT IN(SELECT 学号 FROM 成绩)
```

结果如图 4-12 所示。

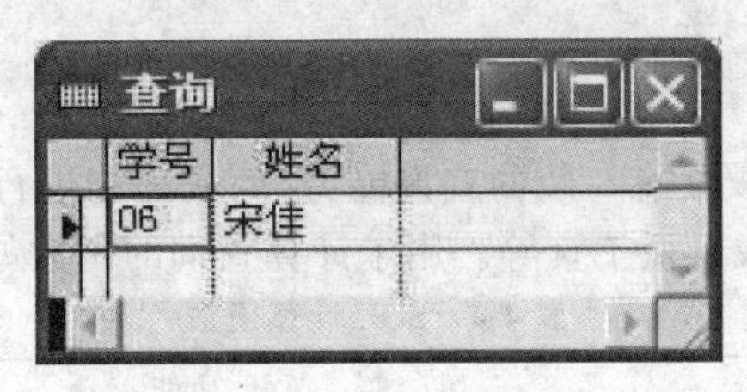

图 4-12　例 4.9 查询结果

注意：这里的学号字段必须用学生表里的学号字段，因为在成绩表里，06 号同学是不存在的。

4.2.4　排序查询

使用 SQL SELECT 可以将查询结果排序，排序的短语是 ORDER BY，可将查询结果按升序(ASC)或降序(DESC)排列。如果不指明升序或降序，默认按升序排列。

ORDER BY 短语的命令格式如下：

```
ORDER BY 字段名 1 [ASC|DESC][,字段名 2 [ASC|DESC]…]
```

其中 ASC 表示升序，可省略；DESC 表示降序。

【例 4.10】查询学生的学号、姓名和成绩字段，并按成绩升序排列，如果成绩相同，就按学号降序排列。

```
SELECT 学生.学号,姓名,成绩;
   FROM 学生,成绩;
   WHERE 学生.学号=成绩.学号;
   ORDER BY 成绩,学生.学号 DESC
```

结果如图 4-13 所示。

此例中，查询的字段有 3 个(学生.学号，姓名，成绩)，先进行排序的"成绩"字段是查询的第三个字段，可用 3 来表示，后进行排序的"学生.学号"字段是查询的第一个字段，可用 1 来表示，这样此例中的 ORDER BY 短语可写成 ORDER BY 3 ,1 DESC。即 ORDER BY 成绩，

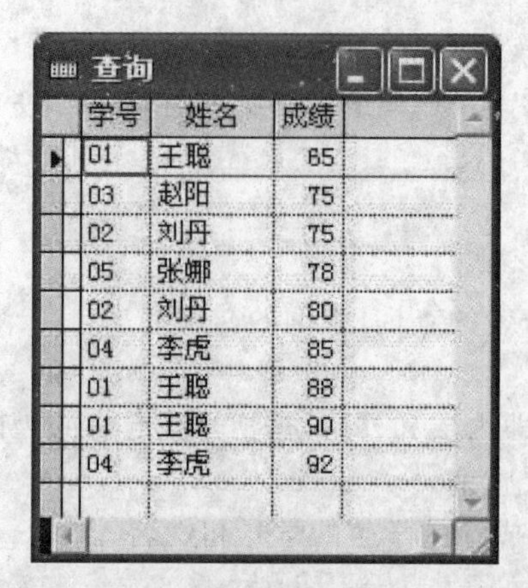

图 4-13　例 4.10 查询结果

学生．学号 DESC 和 ORDER BY 3 ,1 DESC 是等价的。

注意：ORDER BY 是对最终的查询结果进行排序，不可以在子查询中使用该短语。

4.2.5　计算查询

SQL 语句是完备的，不仅具有一般的查询能力，而且还能进行计算方式的查询，例如查询职工的平均工资、最高工资或最低工资等。用于计算查询的函数如表 4-4 所示。

表 4-4　SQL 计算函数

函数名	功能
AVG	计算平均值，即计算一个数据列的平均值
COUNT	计数，即统计表中元组的个数（即统计输出的行数）
MAX	求最大值，即计算指定列的最大值
MIN	求最小值，即计算指定列的最小值
SUM	求和，即计算指定列中的数值总和

【例 4.11】① 统计"学生"表中班级的个数。

```
SELECT COUNT(DISTINCT 班级);
   FROM 学生
```

结果如图 4-14 所示。

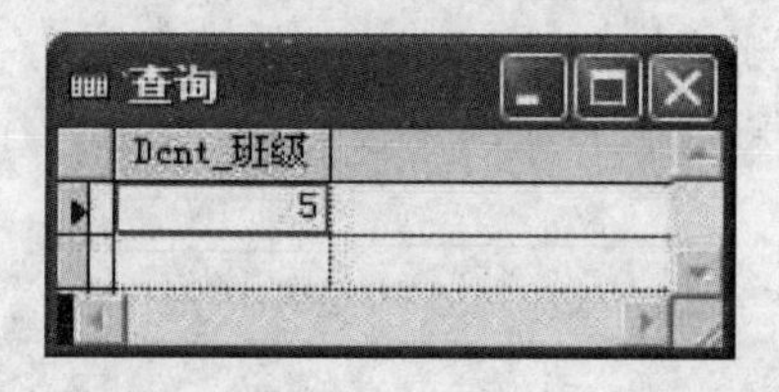

图 4-14　例 4.11(1)查询结果

② 统计学生表中共有多少条记录。

```
SELECT COUNT( * );
   FROM 学生
```

结果如图 4-15 所示。

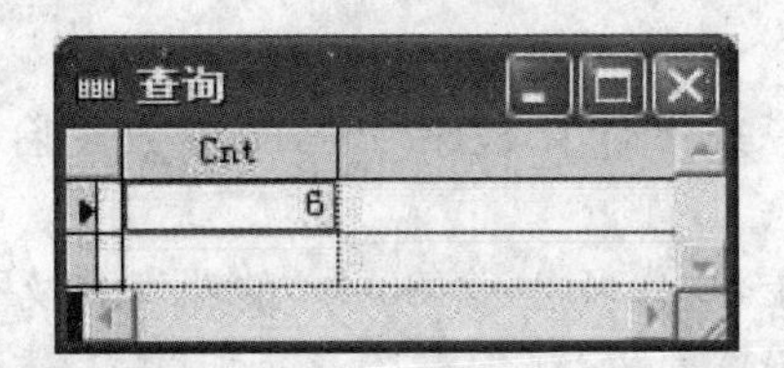

图 4-15　例 4.11(2)查询结果

【例 4.12】查询“成绩”表中的最低分。

```
SELECT MIN(成绩) AS 最低分;    && AS 短语可指定查询结果中显示的新属性名
        FROM 成绩
```

结果如图 4-16 所示。

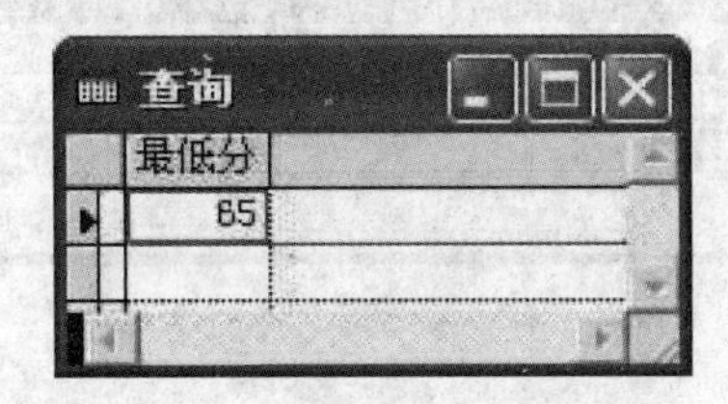

图 4-16　例 4.12 查询结果

注意：查询语句中的“MIN(成绩)AS 最低分”等价于“MIN(成绩)最低分”。

【例 4.13】查询课程号为“C4”的课程的总分。

```
SELECT SUM(成绩) AS 总分;
    FROM 成绩;
    WHERE 课程号 = "C4"
```

结果如图 4-17 所示。

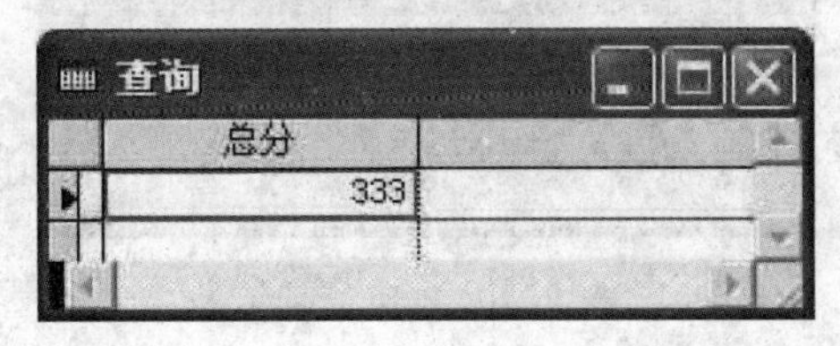

图 4-17　例 4.13 查询结果

4.2.6　分组查询

在实际应用中，除了简单的计算查询外，还可以进行分组查询，短语为 GROUP BY 。GROUP BY 子句一般跟在 WHERE 子句之后，没有 WHERE 子句时，跟在 FROM 子句之后。另外，还可以根据多个属性进行分组。

例如，若要统计一个系中各班的学生人数，就要先以班为单位进行分组，然后再统计每班的人数。

如果想要统计这个系中班级人数在 35 人以上的班级有哪些，还要用到 HAVING 子句来限定分组，条件必须是 35 人以上的班级。

注意：HAVING 子句总是跟在 GROUP BY 子句之后，不可以单独使用。HAVING 子句和 WHERE 子句并不矛盾，在查询中是先用 WHERE 子句筛选元组，然后进行分组，最后再用 HAVING 子句筛选分组。

一般情况下，分组与某些具有计算检索功能的函数联合使用，如 AVG()、SUM()、COUNT()。

【例 4.14】查询平均成绩在 80 分以上(含 80 分)的课程名及平均成绩。

```
SELECT 课程名,AVG(成绩) AS 平均成绩;
  FROM 课程,成绩;
  WHERE 课程.课程号 = 成绩.课程号;
  GROUP BY 课程号 HAVING 平均成绩>= 80
```

结果如图 4-18 所示。

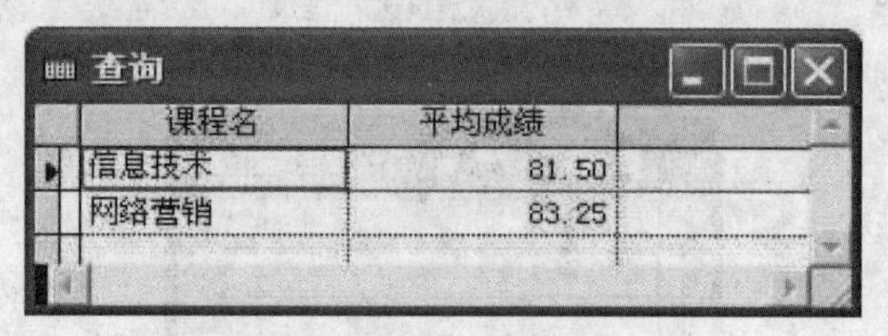

课程名	平均成绩
信息技术	81.50
网络营销	83.25

图 4-18　例 4.14 查询结果

4.2.7　利用空值查询

前面介绍过空值(NULL)的概念，SQL 支持空值，也可以利用空值进行查询。

【例 4.15】查询还没有任课教师的课程的课程号和课程名。

```
SELECT 课程号,课程名 FROM 课程 WHERE 教师号 IS NULL
```

结果如图 4-19 所示。

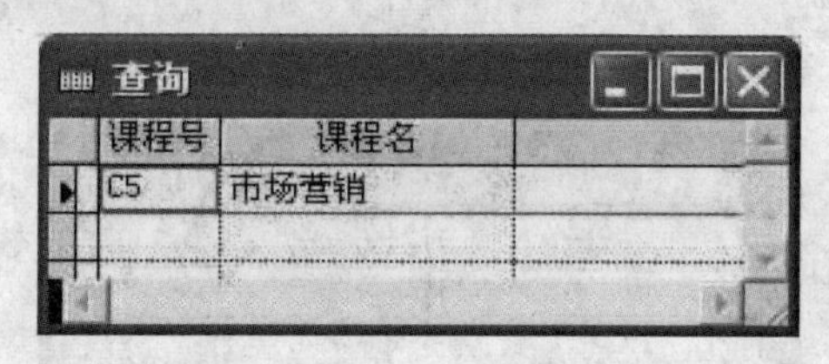

课程号	课程名
C5	市场营销

图 4-19　例 4.15 查询结果

如果要查询所有有任课教师的课程号和课程名，就要用 IS NOT NULL。

4.2.8　别名与自连接查询

1. 别名

在连接操作中，经常需要使用表名作前缀，有时这样显得很麻烦，尤其表名很长时，就显得更麻烦，因此，SQL 允许在 FROM 短语中为表定义别名，格式为：

```
<表名> <别名>
```

【例 4.16】利用别名查询学号、姓名、课程号及成绩大于 80 的学生信息。

```
SELECT a.学号,a.姓名,b.课程号,b.成绩;
  FROM 学生 a,成绩 b;      && 为学生表定义别名“a”,为成绩表定义别名“b”
  WHERE a.学号 = b.学号 AND 成绩>80
```

结果如图 4-20 所示。

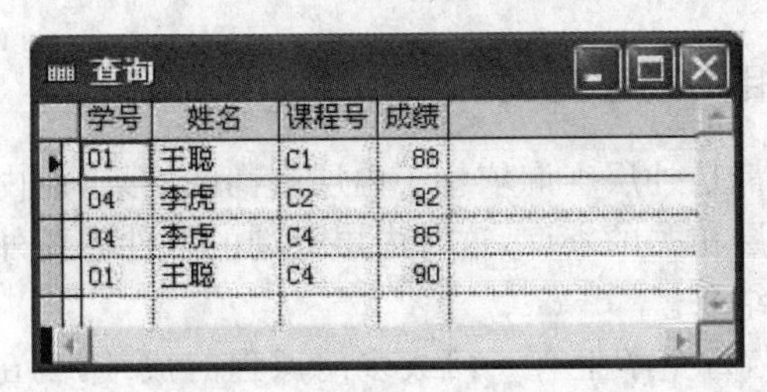

学号	姓名	课程号	成绩
01	王聪	C1	88
04	李虎	C2	92
04	李虎	C4	85
01	王聪	C4	90

图 4-20　例 4.16 查询结果

在【例 4.16】中,别名并不是必需的,但是在表的自连接查询中,别名是必不可少的。

2. 自连接查询

SQL 不仅可以对多个表进行连接操作,也可以将同一表与其自身进行连接,这种连接就称为自连接。在可以进行这种自连接操作的关系上,实际存在着一种特殊的递归联系,即关系中的一些元组,根据出自同一值域的两个不同的属性,可以与另外一些元组有一种对应关系。

例如,有这样一个雇员表,如图 4-21 所示。

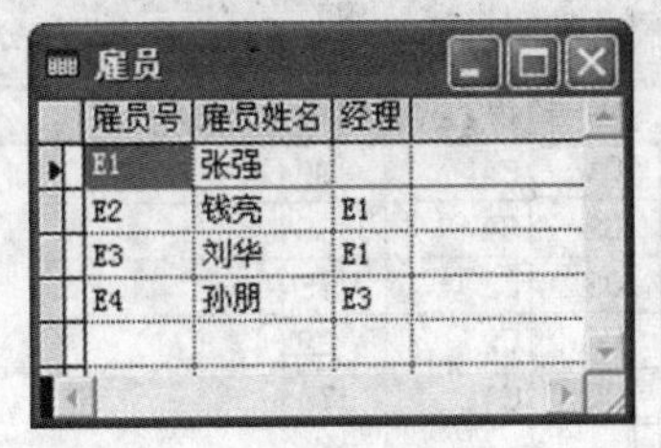

雇员号	雇员姓名	经理
E1	张强	
E2	钱亮	E1
E3	刘华	E1
E4	孙朋	E3

图 4-21　雇员表

其中雇员号和经理这两个属性出自同一个值域,同一元组的这两个属性值是上、下级关系,即经理管理着雇员。经理和雇员是一对多的关系,如图 4-22 所示。但从这张雇员表中不能直观地看出到底是谁管理着谁,我们通过自连接查询就能很好地解决这个问题。

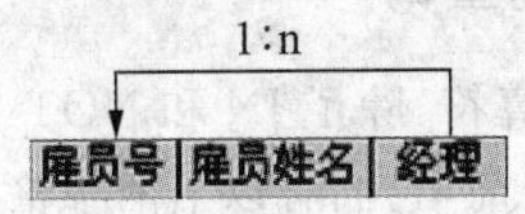

图 4-22　雇员关系

【例 4.17】根据雇员表列出经理及其所管理的职员清单。

```
SELECT s. 雇员姓名 AS 经理,"管理雇员" AS 管理, e. 雇员姓名 AS 雇员;
   FROM 雇员 s, 雇员 e;
   WHERE s. 雇员号 = e. 经理
```

结果如图 4-23 所示。

经理	管理	雇员
张强	雇员管理	钱亮
张强	雇员管理	刘华
刘华	雇员管理	孙朋

图 4-23　例 4.17 查询结果

4.2.9 内外层互相关嵌套查询

前面介绍的嵌套查询都是外层查询依赖于内层查询的结果，而内层查询与外层查询无关。事实上，有时也需要内、外层相关的查询，这时内层查询的条件需要外层查询提供值，而外层查询的条件需要内层查询的结果。

【例 4.18】在成绩表中，每个学生有一门或多门课程的成绩，列出每个学生得分最高的那门课程的成绩，查询字段包括学号、课程号和成绩 3 个字段并按学号升序排序。

```
SELECT a. 学号,a. 课程号,a. 成绩;
    FROM 成绩 a;
    WHERE 成绩 = (SELECT MAX(成绩) FROM 成绩 b ;
                  WHERE a. 学号 = b. 学号) ;
    ORDER BY 学号
```

结果如图 4-24 所示。

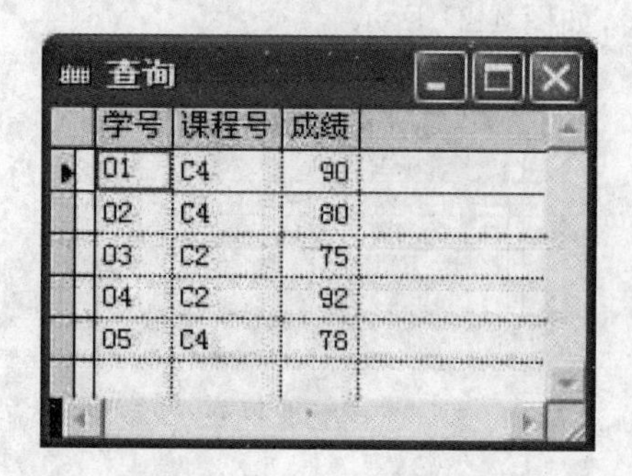

学号	课程号	成绩
01	C4	90
02	C4	80
03	C2	75
04	C2	92
05	C4	78

图 4-24　例 4.18 查询结果

4.2.10 使用量词和谓词的查询

与嵌套查询或子查询有关的运算符，除了 IN 和 NOT IN 运算符外，还有两类与子查询有关的运算符，即使用量词和谓词的查询，它们有以下两种格式：

```
格式 1：<表达式> <比较运算符> [ANY|ALL|SOME](子查询)
格式 2：[NOT] EXISTS(子查询)
```

ANY(任意的)和 SOME(一些)表示只要子查询中存在符合条件的行，结果就成立；而 ALL(所有的)只有子查询中的所有的行都符合条件，结果才成立。

EXISTS 是谓词，EXISTS 或 NOT EXISTS 是用来检查在子查询中是否有结果返回，即存在元组或不存在元组，其本身并没有进行任何运算或比较，只用来返回子查询结果。

【例 4.19】查询等于或高于课程号为 C4 的任何一个成绩的学生记录。

```
SELECT * FROM 成绩;
    WHERE 成绩> = ANY(SELECT 成绩 FROM 成绩 WHERE 课程号 = "C4")
```

以上的查询等价于：

```
SELECT * FROM 成绩;
    WHERE 成绩> = (SELECT MIN(成绩) FROM 成绩 WHERE 课程号 = "C4")
```

结果如图 4-25 所示。

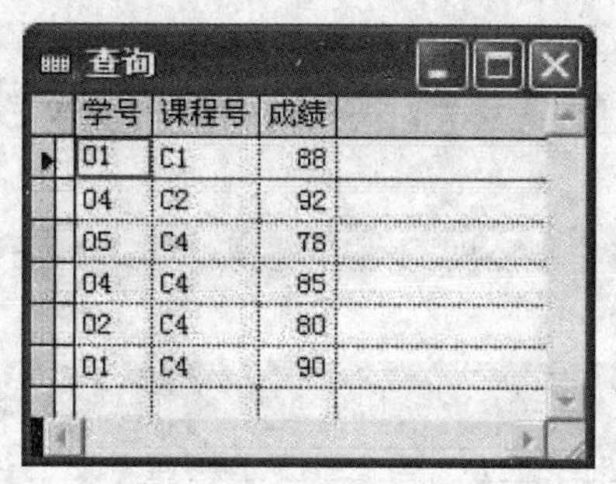

学号	课程号	成绩
01	C1	88
04	C2	92
05	C4	78
04	C4	85
02	C4	80
01	C4	90

图 4-25　例 4.19 查询结果

【例 4.20】查询比课程号为 C4 的所有成绩都高(至少相同)的学生记录。

```
SELECT * FROM 成绩;
        WHERE 成绩>=ALL(SELECT 成绩 FROM 成绩 WHERE 课程号="C4")
```

以上查询等价于：

```
SELECT * FROM 成绩;
        WHERE 成绩>=(SELECT MAX(成绩)FROM 成绩 WHERE 课程号="C4")
```

结果如图 4-26 所示。

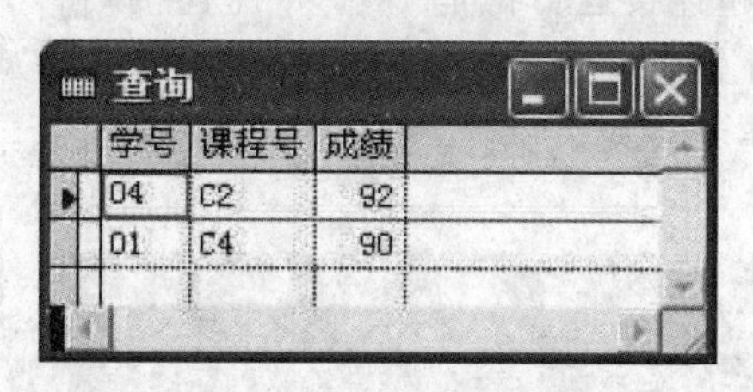

学号	课程号	成绩
04	C2	92
01	C4	90

图 4-26　例 4.20 查询结果

【例 4.21】查询至少有一门考试成绩的学生信息。

```
SELECT * FROM 学生;
        WHERE EXISTS(SELECT * FROM 成绩 WHERE 学生.学号=成绩.学号)
```

以上的查询语句等价于：

```
SELECT * FROM 学生;
        WHERE 学号 IN(SELECT 学号 FROM 成绩)
```

结果如图 4-27 所示。

学号	姓名	性别	出生日期	班级
01	王聪	男	08/08/90	会电1班
02	刘丹	女	06/26/91	会电2班
03	赵阳	男	05/25/92	营销1班
04	李虎	男	07/22/91	营销2班
05	张娜	女	03/19/92	国贸1班

图 4-27　例 4.21 查询结果

【例 4.22】查询出没有考试成绩的学生信息。

```
SELECT * FROM 学生;
        WHERE NOT EXISTS(SELECT * FROM 成绩 WHERE 学生.学号=成绩.学号)
```

以上的查询语句等价于：

```
SELECT * FROM 学生 WHERE 学号 NOT IN(SELECT 学号 FROM 成绩)
```

结果如图 4-28 所示。

图 4-28　例 4.22 查询结果

4.2.11　超连接查询

原来的连接是把满足连接条件的记录显示到运算结果中，超连接首先保证一个表中满足条件的元组都在结果表中，然后将满足连接条件的元组与另一个表的元组进行连接，不满足连接条件的则应将来自另一个表的属性值置为空值。

在一般的 SQL 语句中，超连接运算符是“*=”(左连接)和“=*”(右连接)。

注意：Visual FoxPro 不支持超连接运算符“*=”和“=*”，Visual FoxPro 有专门的连接运算语法格式，它支持超连接查询。

其基本格式为：

```
SELECT …
        FROM 左表 INNER | LEFT | RIGHT | FULL JOIN 右表 ON 连接条件
        WHERE 其他条件
```

其中：

① INNER JOIN 等价于 JOIN，为普通连接(也称为内部连接)。

② LEFT JOIN 为左连接。

③ RIGHT JOIN 为右连接。

④ FULL JOIN 为全连接。

1. 普通连接(内部连接)

只有满足连接条件的记录才出现在查询结果中。

【例 4.23】将“教师”表和“课程”表进行普通连接。

```
SELECT 教师.*,课程.*;
   FROM 教师 INNER JOIN 课程;
   ON 教师.教师号=课程.教师号
```

结果如图 4-29 所示。

教师号_a	姓名	性别	出生日期	职称	系	课程号	课程名	教师号_b
169	王志国	男	03/16/63	教授	计算机系	C1	信息技术	169
302	赵云飞	男	06/13/70	讲师	经管系	C2	物流管理	302
226	李明伟	男	02/26/69	教授	经管系	C3	经济学	226
218	宋晓宇	女	08/22/78	副教授	经管系	C4	网络营销	218

图 4-29　教师表和课程表普通连接后的结果

2. 左连接

除满足连接条件的记录出现在查询结果中以外，第一个表中不满足连接条件的记录也出现在查询结果中，不满足连接条件的记录的对应部分为 .NULL. 。

【例 4.24】将“教师”表和“课程”表进行左连接。

```
SELECT 教师 . * ,课程 . * ;
  FROM 教师 LEFT JOIN 课程;
  ON 教师 . 教师号 = 课程 . 教师号
```

结果如图 4-30 所示。

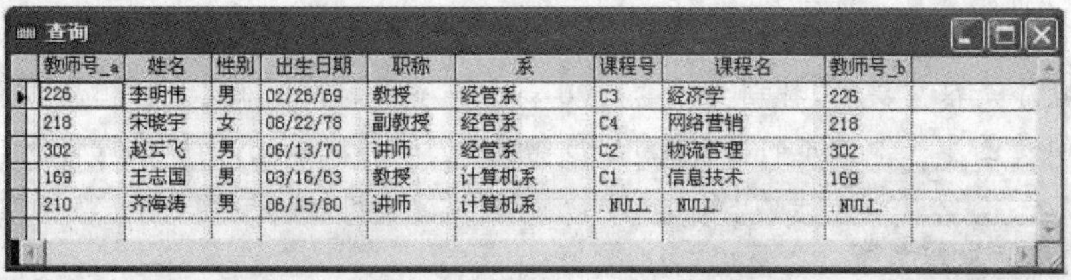

查询

教师号_a	姓名	性别	出生日期	职称	系	课程号	课程名	教师号_b
226	李明伟	男	02/26/69	教授	经管系	C3	经济学	226
218	宋晓宇	女	08/22/78	副教授	经管系	C4	网络营销	218
302	赵云飞	男	06/13/70	讲师	经管系	C2	物流管理	302
169	王志国	男	03/16/63	教授	计算机系	C1	信息技术	169
210	齐海涛	男	06/15/80	讲师	计算机系	.NULL.	.NULL.	.NULL.

图 4-30　教师表和课程表左连接后的结果

3. 右连接

除满足连接条件的记录出现在查询结果中以外，第二个表中不满足连接条件的记录也出现在查询结果中，不满足连接条件的记录的对应部分为 .NULL. 。

【例 4.25】将“教师”表和“课程”表进行右连接。

```
SELECT 教师 . * ,课程 . * ;
   FROM 教师 RIGHT JOIN 课程;
   ON 教师 . 教师号 = 课程 . 教师号
```

结果如图 4-31 所示。

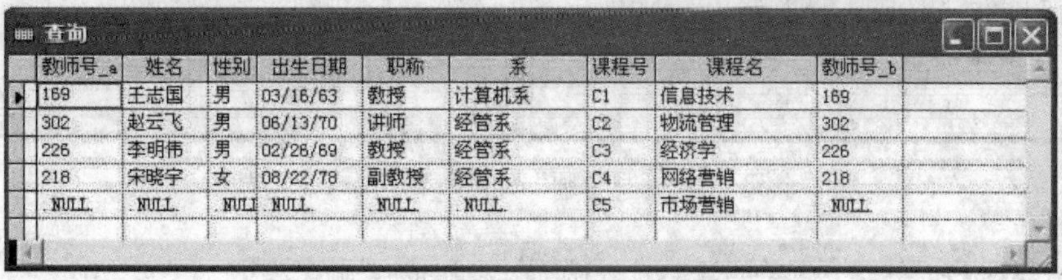

查询

教师号_a	姓名	性别	出生日期	职称	系	课程号	课程名	教师号_b
169	王志国	男	03/16/63	教授	计算机系	C1	信息技术	169
302	赵云飞	男	06/13/70	讲师	经管系	C2	物流管理	302
226	李明伟	男	02/26/69	教授	经管系	C3	经济学	226
218	宋晓宇	女	08/22/78	副教授	经管系	C4	网络营销	218
.NULL.	.NULL.	.NULI	.NULL.	.NULL.	.NULL.	C5	市场营销	.NULL.

图 4-31　教师表和课程表右连接后的结果

4. 全连接

除满足连接条件的记录出现在查询结果中以外，两个表中不满足连接条件的记录也出现在查询结果中，即两个表中的内容都会显示在结果中，不满足连接条件的记录的对应部分为.NULL. 。

【例 4.26】将“教师”表和“课程”表进行全连接。

```
SELECT 教师 . * ,课程 . * ;
       FROM 教师 FULL JOIN 课程;
       ON 教师 . 教师号 = 课程 . 教师号
```

结果如图 4-32 所示。

查询

教师号_a	姓名	性别	出生日期	职称	系	课程号	课程名	教师号_b
226	李明伟	男	02/26/69	教授	经管系	C3	经济学	226
218	宋晓宇	女	08/22/78	副教授	经管系	C4	网络营销	218
302	赵云飞	男	06/13/70	讲师	经管系	C2	物流管理	302
169	王志国	男	03/16/63	教授	计算机系	C1	信息技术	169
210	齐海涛	男	06/15/80	讲师	计算机系	.NULL.	.NULL.	.NULL.
.NULL.	.NULL.	.NULL.	.NULL.	.NULL.	.NULL.	C5	市场营销	.NULL.

图 4-32　教师表和课程表全连接后的结果

注意：JOIN 连接格式在连接多个表时的书写方法要特别注意，在这种格式中，JOIN 的顺序和 ON 的顺序是很重要的，特别要注意，JOIN 的顺序要和 ON 的顺序（相应的连接条件）正好相反。下面是基于 4 个关系的连接查询，仔细观察 JOIN 的顺序和 ON 的顺序。

```
SELECT 学生.姓名 AS 学生姓名,课程名,教师.姓名 AS 教师姓名,成绩;
    FROM 学生 JOIN 成绩 JOIN 课程 JOIN 教师;
    ON 课程.教师号 = 教师.教师号;
    ON 成绩.课程号 = 课程.课程号;
    ON 学生.学号 = 成绩.学号
```

4.2.12　集合的并运算

SQL 支持集合的并（UNION）运算，可以将具有相同查询字段个数且对应字段值域相同的 SQL 查询语句用 UNION 短语连接起来，合并成一个查询结果输出。

【例 4.27】将“计算机系教师”表和“经管系教师”表（图 4-33）中职称为教授和副教授的教师信息合并成一个表。

计算机系教师

教师号	姓名	性别	出生日期	职称	系
169	王志国	男	03/16/63	教授	计算机系
210	齐海涛	男	06/15/80	讲师	计算机系

经管系教师

教师号	姓名	性别	出生日期	职称	系
226	李明伟	男	02/26/69	教授	经管系
218	宋晓宇	女	08/22/78	副教授	经管系
302	赵云飞	男	06/13/70	讲师	经管系

图 4-33　“经管系教师”表和“计算机系教师”表

```
SELECT * FROM 计算机系教师 WHERE 职称 = "教授" OR 职称 = "副教授";
    UNION;
    SELECT * FROM 经管系教师 WHERE 职称 = "教授" OR 职称 = "副教授"
```

结果如图 4-34 所示。

查询

教师号	姓名	性别	出生日期	职称	系
169	王志国	男	03/16/63	教授	计算机系
218	宋晓宇	女	08/22/78	副教授	经管系
226	李明伟	男	02/26/69	教授	经管系

图 4-34　并运算后的结果

4.2.13　Visual FoxPro 中 SQL SELECT 的几个特殊选项

下面将介绍几个常用的 Visual FoxPro SQL SELECT 的特殊选项。

1. 只显示前几项记录

TOP 短语可以查询满足条件的前几个记录，其命令格式为：

```
SELECT TOP 数字 [PERCENT] …
```

如 TOP 3 表示前 3 项记录；

TOP 30 PERCENT 表示前 30％的记录。

注意： TOP 短语必须与 ORDER BY 短语同时使用才有效。

【例 4.28】 显示成绩表中前 2 项分数最低的成绩信息。

```
SELECT TOP 2 * ;
   FROM 成绩;
   ORDER BY 成绩          && 查询低的前几项记录要用升序
```

结果如图 4-35 所示。

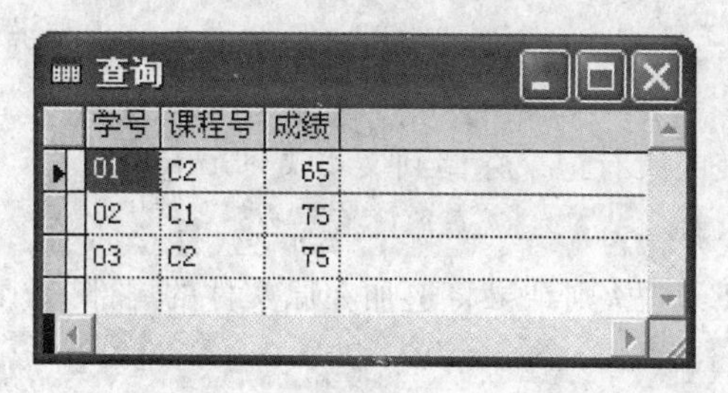

学号	课程号	成绩
01	C2	65
02	C1	75
03	C2	75

图 4-35　成绩最低的前 2 项成绩

注意： 前 2 项并不是指前 2 条记录，是指前 2 个等级。

【例 4.29】 查询成绩表中成绩最高的前 30％的成绩信息。

```
SELECT TOP 30 PERCENT * ;
   FROM 成绩;
   ORDER BY 成绩 desc     && 查询高的前几项记录要用降序
```

结果如图 4-36 所示。

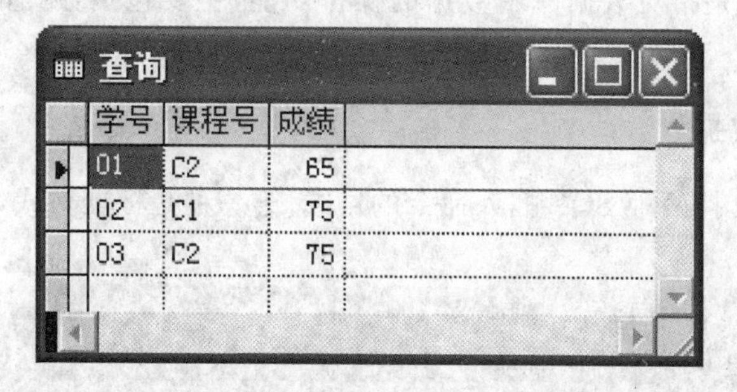

学号	课程号	成绩
01	C2	65
02	C1	75
03	C2	75

图 4-36　成绩最高的前 30％的成绩信息

2. 将查询结果存放到数组

使用短语 INTO ARRAY ＜数组名＞可以将查询的结果放入指定的数组中。

【例 4.30】将“成绩”表中课程号为“C2”的信息存储到数组 a 中。

```
SELECT * FROM 成绩 WHERE 课程号 = "C2" INTO ARRAY a
```

3. 将查询结果存放到临时表中

使用短语 INTO CURSOR <临时表名>可以将查询的结果放入指定的临时表中。此操作通常是将一个复杂的查询分解,临时表通常不是最终结果,可以接下来对临时表进行操作得到最终结果。生成的临时表是当前被打开的并且是只读的,关闭文件时该文件将自动删除。

【例 4.31】将“教师”表的所有记录存储到临时表 tmp 中。

```
SELECT * FROM 教师 INTO CURSOR tmp
```

4. 将查询结果存放到永久表中

使用短语 INTO DBF|TABLE <表名>可以将查询的结果放入新生成的指定表中。

【例 4.32】将“教师”表的所有记录存储到表 teacher 中。

```
SELECT * FROM 教师;
   INTO TABLE teacher            && INTO TABLE 和 INTO DBF 是等价的
```

5. 将查询结果存放到文本文件中

使用短语 TO FILE <文本文件名> [ADDITIVE]可以将查询的结果放入新生成的指定.TXT 文件中。

【例 4.33】将“教师”表的所有记录存储到文本文件 tmp 中。

```
SELECT * FROM 教师 TO FILE tmp
```

如果使用 ADDITIVE 短语,则结果将追加在原文件的尾部,否则将覆盖原有文件。例如:

```
SELECT * FROM 教师 TO FILE tmp ADDITIVE
```

6. 将查询结果直接输出到打印机

使用短语 TO PRINTER [PROMPT]可以将查询的结果直接输出到打印机。如果使用了 PROMPT 选项,在开始打印之前会打开打印机设置对话框。

4.3 操作功能

SQL 的操作功能是指对数据库中数据的操作功能,主要包括数据的插入、更新和删除 3 个方面的内容。

4.3.1 插入数据

Visual FoxPro 支持两种 SQL 插入命令的格式,第一种是标准格式,第二种是特殊格式。

第一种格式:

```
INSERT INTO <表名> [(字段名 1[,字段名 2,…])]
VALUES(字段值 1[,字段值 2,…])
```

说明:当插入的不是完整的记录时,可以通过字段名 1,字段名 2…来指定字段;VALUES(字段值 1[,字段值 2,…])给出具体的记录值。

第二种格式:

```
INSERT INTO 表名 FROM ARRAY 数组名 | FROM MEMVAR
```

说明：FROM MEMVAR 根据同名的内存变量来插入记录值，如果同名的变量不存在，那么相应的字段为默认值或空值。

【例 4.34】

① 向"成绩"表中插入一条学生记录。

```
INSERT INTO 成绩 VALUES("07","C4",76)
```

② 向"成绩"表中的学号字段和课程号字段中插入记录。

```
INSERT INTO 成绩(学号,课程号) VALUES("06","C4")
```

③ INSERT INTO…FROM ARRAY 的使用方式举例。

```
USE 成绩
    SELECT * FROM 成绩 INTO ARRAY cj   && 将成绩表中的记录存储到数组 cj 中
    COPY STRUCTURE TO 成绩 2           && 复制成绩表的结构到成绩 2
    INSERT INTO 成绩 2 FROM ARRAY cj   && 从数组 cj 插入记录到成绩 2 中
```

④ INSERT INTO……FROM MEMVAR 的使用方式举例。

```
Use 课程
    Scatter memvar&& 将当前记录读到内存中(内存变量名与字段名同名)
    Copy STRUCTURE to kc&& 复制课程表的结构到 kc 表中
    Insert into kc from memvar&& 从内存变量插入一条记录到 kc 表中
    Select kc&& 切换到 kc 表所在的工作区 Browse&& 浏览 kc 表
```

4.3.2　更新数据

更新数据的命令格式为：

```
UPDATE 表名 SET 字段名 1 = 表达式 1 [,字段名 2 = 表达式 2…]
[WHERE 条件]
```

说明：一般使用 WHERE 子句指定更新的条件，并且一次可以更新多个字段；如果不使用 WHERE 子句，则更新全部记录。

【例 4.35】将"成绩"表中小于 60 的成绩全部加 5。

```
UPDATE 成绩 SET 成绩 = 成绩 + 5 WHERE 成绩<60
```

4.3.3　删除数据

删除数据的命令格式为：

```
DELETE FROM 表名 [WHERE 条件]
```

说明：WHERE 指定被删除的记录所满足的条件，如果不使用 WHERE 子句，则删除该表中的全部记录。

该命令是逻辑删除指定表中满足条件的记录，如果要物理删除记录，需要继续使用 PACK 命令。

【例 4.36】删除"成绩"表中成绩小于等于 65 的记录。

```
DELETE FROM 成绩 WHERE 成绩< = 65
```

4.4 定义功能

标准SQL的数据定义功能非常广泛，一般包括数据库的定义、表的定义、视图的定义、存储过程的定义、规则的定义功能和索引的定义等若干部分。本节将主要介绍表的定义功能和视图的定义功能。

4.4.1 表的定义

前面介绍了通过表设计器建立表的方法，在Visual FoxPro中还可以通过SQL的CREATE TABLE命令建立表，其语法格式为：

```
CREATE TABLE|DBF <表名1> [NAME <长文件名>][FREE]
    (<字段名1> <类型>[(<字段宽度>[,<小数位数>])]
    [NULL|NOT NULL]
    [CHECK <逻辑表达式1>[ERROR <字符型文本提示信息>]]
    [DEFAULT <表达式1>]
    [PRIMARY KEY|UNIQUE]
    [REFERENCES <表名2> [TAG <索引名1>]]
    [NOCPTRANS][,<字段名2>…]
    [,PRIMARY KEY <表达式2> TAG <索引名2>|,UNIQUE <表达式3>TAG <索引名3>]
    [,FOREIGN KEY <表达式4>TAG <索引名4>[NODUP]
    REFERENCES <表名3>[TAG <索引名5>]]
    [,CHECK<逻辑表达式2>[ERROR<字符型文本提示信息>]]
    |FROM ARRAY <数组名>
```

其中各参数和短语的含义如下：

① TABLE和DBF等价。

② NAME<长文件名>指定长表名。

③ FREE建立自由表。

④ NULL或NOT NULL说明字段允许或不允许为空值。

⑤ CHECK定义域完整性的约束规则，由逻辑表达式指定表的合法值。

⑥ ERROR定义出错信息，出错提示信息为字等型表达式。

⑦ DEFAULT定义默认值。

⑧ UNIQUE建立候选索引(注意不是唯一索引)。

⑨ FOREIGN KEY和REFERENCES用来描述表之间的联系，即用FOREIGN KEY为当前表定义外部关键字，指向用REFERENCES指定的另一个表的主关键字。

可以看出，利用SQL命令可以完成表设计器所能完成的所有功能。

如果建立的是自由表(当前没有打开的数据库或使用了FREE)，则很多选项在命令中不能使用，如NAME、CHECK、DEFAULT、FOREIGN KEY、PRIMARY KEY和REFERENCES等。

【例4.37】用命令建立数据库、数据库表及表间联系。

① 用命令建立数据库xsgl。

```
CREATE DATABASE xsgl
```

② 用命令建立“xs”表。

```
CREATE TABLE xs(学号 C(3) PRIMARY KEY,姓名 C(6),性别 C(2) CHECK 性别 $ "男女" ERROR "性别必须是男或女" DEFAULT "女")
```

③ 用命令建立“kc”表。

```
CREATE TABLE kc(课程号 C(2) PRIMARY KEY,课程名 C(12),教师号 C(3))
```

④ 用命令建立“cj”表,并建立与“xs”表和“kc”表之间的永久联系。

```
CREATE TABLE cj(学号 C(2),课程号 C(2),成绩 N(3) CHECK 成绩<100;
ERROR "成绩要小于 100" DEFAULT 0,;
  FOREIGN KEY 学号 TAG 学号 REFERENCE xs,;
  FOREIGN KEY 课程号 TAG 课程号 REFERENCE kc)
```

建好的数据库、数据库表及表间联系如图4-37所示。

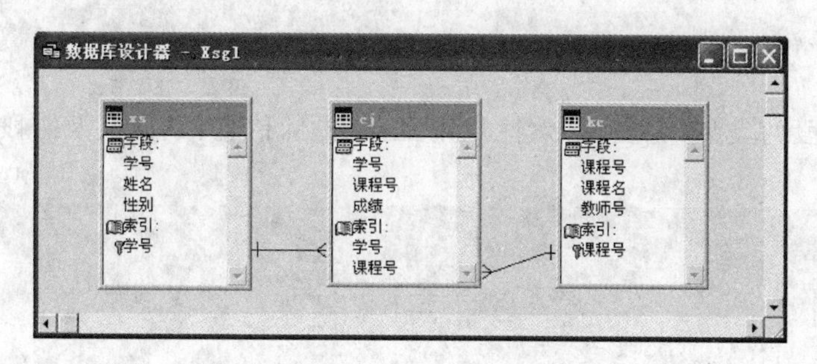

图4-37　用命令建立表间的联系

4.4.2　表的删除

删除表的命令格式为:

```
DROP TABLE <表名>
```

【例4.38】删除kc表。

```
DROP TABLE kc
```

DROP TABLE命令直接在磁盘上删除表名所对应的.dbf文件,若表是数据库中的表,并且相应的数据库是当前数据库,则应从数据库中删除该表;否则,虽然从磁盘上删除了.dbf文件,但是记录在数据库文件中的信息却没有删除,此后会出现错误提示。所以,如果用户想要删除数据库中的表,最好应使数据库是当前打开的数据库,在数据库中进行删除。

4.4.3　表结构的修改

修改表结构的命令是ALTER TABLE,该命令有以下3种格式。

1. 格式1

向表中添加新的字段、索引、有效性规则、出错提示信息默认值等,其命令格式为:

```
ALTER TABLE <表名>
ADD[COLUMN]<字段名><字段类型>[<长度>[,<小数位数>]][NULL|NOT NULL]
[CHECK <逻辑表达式>[ERROR <字符型文本提示信息>]][DEFAULT <默认值表达式>]
[ADD PRIMARY KEY <索引表达式1> TAG <索引名1>]
```

```
[ADD UNIQUE <索引表达式 2> TAG <索引名 2>]
```

其中各参数及短语的含义如下：

① ALTER TABLE <表名> 指定修改的表；

② ADD ；COLUMN]<字段名>向表中添加新的字段；

③ ADD PRIMARY KEY <索引表达式 1> TAG <索引名 1> 向表中添加主索引；

④ ADD UNIQUE <索引表达式 2> TAG <索引名 2> 向表中添加候选索引；

⑤ NULL|NOT NULL 指定字段可以为空或不能为空。

【例 4.39】格式 1 的应用举例。

① 为 xs 表增加一个“身份证”字段。

```
ALTER TABLE xs ADD 身份证 C(15)
```

② 为身份证字段添加候选索引。

```
ALTER TABLE xs ADD UNIQUE 身份证 TAG sfz
```

2. 格式 2

修改已有字段的类型、宽度、有效性规则、出错提示信息、默认值及字段名等，其命令格式为：

```
ALTER TABLE <表名>
ALTER [COLUMN] <字段名 1>
[NULL|NOT NULL]
[SET DEFAULT <默认值表达式>]
[SET CHECK <逻辑表达式>[ERROR <字符型文本提示信息>]]
|[RENAME COLUMN <字段名 2> TO <字段名 3>]
```

其中各参数及短语的含义如下：

① ALTER[COLUMN]<字段名 1>指出要修改的字段名；

② SET DEFAULT <默认值表达式> 重新设置默认值；

③ SET CHECK <逻辑表达式> [ERROR <字符型文本提示信息>] 重新设置字段的合法值及出错提示信息；

④ RENAME COLUMN <字段名 2> TO <字段名 3> 修改字段名，<字段名 2>指定要修改的字段名，<字段名 3>指定修改后的字段名。

【例 4.40】格式 2 应用举例。

① 修改身份证的宽度为 18。

```
ALTER TABLE xs ALTER 身份证 C(18)
```

② 将 xs 表中的“姓名”字段改为“学生姓名”。

```
ALTER TABLE xs RENAME COLUMN 姓名 TO 学生姓名
```

③ 重新定义 cj 表中成绩字段的有效性规则为“成绩<=100”，出错提示信息修改为“成绩要小于等于 100”。

```
ALTER TABLE cj ALTER 成绩 SET CHECK 成绩<=100 ERROR "成绩要小于等于 100"
```

3. 格式 3

删除表中的字段、索引、有效性规则、出错提示信息及默认值等，其命令格式为：

```
ALTER TABLE <表名>
```

```
[DROP [COLUMN] <字段名>]
[DROP PRIMARY KEY TAG <索引名 1>]
[DROP UNIQUE TAG <索引名 2>]
[DROP CHECK]
```

其中各参数及短语的含义如下：

① [DROP [COLUMN] <字段名>] 删除指定的字段；

② [DROP PRIMARY KEY TAG <索引名 1>] 删除主索引；

③ [DROP UNIQUE TAG <索引名 2>] 删除候选索引；

④ [DROP CHECK] 删除有效性规则。

【例 4.41】格式 3 应用举例。

① 删除 xs 表中为身份证字段建立的候选索引。

```
ALTER TABLE xs DROP UNIQUE TAG sfz
```

② 删除 xs 表中的身份证字段。

```
ALTER TABLE xs DROP 身份证
```

③ 删除 cj 表中成绩字段的有效性规则。

```
ALTER TABLE cj ALTER 成绩 DROP CHECK
```

上述 3 种对表进行修改的命令，其核心短语分别为 ADD、ALTER、DROP。

4.4.4 视图的定义

在 Visual FoxPro 中，视图是一个定制的虚拟表，可以是本地的、远程的或带参数的。视图可以引用一个或多个表，或者引用其他视图。视图是可以更新的，它可以引用远程表。

在关系数据库中，视图也称作窗口，即视图是操作表的窗口，可以把它看做从表中派生出来的虚表。它依赖于表，不能独立存在。

数据库表或自由表都可以建立视图，在建立视图时必须先打开一个数据库，因为视图不是以独立文件形式保存的，而是在数据库设计器中存放的。

视图是根据表定义派生出来的，所以在涉及视图的时候，常把表称作基本表。视图是根据对表的查询定义的，命令格式为：

```
CREATE VIEW 视图名 AS SELECT 查询语句
```

1. 视图的创建

① 从单个表派生出视图。

【例 4.42】从学生表导出视图。

```
CREATE VIEW xs_v AS SELECT * FROM 学生
```

② 从多个表派生出视图。

【例 4.43】从学生表和成绩表中导出视图。

```
CREATE VIEW xscj_v AS;
  SELECT 学生.学号,姓名,成绩 FROM 学生,成绩;
  WHERE 学生.学号 = 成绩.学号
```

2. 视图的删除

视图由于是从表派生而来的，所以不存在修改结构的问题，但是视图可以删除，其命令格式为：

```
DROP VIEW <视图名>
```

【例 4.44】删除视图 xscj_v。

```
DROP VIEW xscj_v
```

3. 关于视图的说明

在 Visual FoxPro 中视图是可以更新的，但这种更新是否反映在基本表中则取决于视图更新属性的设置。

在关系数据库中，视图始终不曾真正含有数据，它总是原来表的一个窗口。所以，虽然视图可以像表一样进行各种查询，但是插入、更新和删除操作在视图上却有一定限制。在一般情况下，当一个视图是由单个表派生出时，可以进行插入和更新操作，但不能进行删除操作；当视图是从多个表派生出时，插入、更新和删除操作都不允许进行。这种限制是很有必要的，它可以避免一些潜在问题的发生。

本章小结

本章比较全面地介绍了关系数据库标准语言 SQL，包括数据的查询、定义、操纵等功能，重要的知识点主要集中在简单计算查询、特殊运算符、分组与计算查询、插入和更新等。大家应对此部分内容重点学习，并多加练习。

真题演练

一、选择题

(1)～(4)题使用如下数据表：

```
学生.DBF：学号(C,8)，姓名(C,6)，性别(C,2)
选课.DBF：学号(C,8)，课程号(C,3)，成绩(N,3)
```

(1) 从“选课”表中检索成绩大于等于 60 并且小于 90 的记录信息，正确的 SQL 命令是(　　)。(2010 年 9 月)

A. SELECT * FROM 选课 WHERE 成绩 BETWEEN 60 AND 89

B. SELECT * FROM 选课 WHERE 成绩 BETWEEN 60 TO 89

C. SELECT * FROM 选课 WHERE 成绩 BETWEEN 60 AND 90

D. SELECT * FROM 选课 WHERE 成绩 BETWEEN 60 TO 90

【答案】A

【解析】BETWEEN…AND…的意思是在“…”和“…”之间，包含两端的数值。

(2) 检索还未确定成绩的学生选课信息，正确的 SQL 命令是(　　)。(2010 年 9 月)

A. SELECT 学生.学号，姓名，选课.课程号 FROM 学生 JOIN 选课；
　　WHERE 学生.学号=选课.学号 AND 选课 成绩 IS NULL

B. SELECT 学生.学号，姓名，选课.课程号 FROM 学生 JOIN 选课；
　　WHERE 学生.学号=选课.学号 AND 选课.成绩=NULL

C. SELECT 学生.学号,姓名,选课.课程号 FROM 学生 JOIN 选课;
   ON 学生.学号=选课.学号 WHERE 选课.成绩 IS NULL

D. SELECT 学生.学号,姓名,选课.课程号 FROM 学生 JOIN 选课;
   ON 学生.学号=选课.学号 WHERE 选课.成绩=NULL

【答案】C

【解析】SQL 支持空值,同样可以利用空值进行查询。查询空值时要使用 IS NULL,而"=NULL"是无效的,因为空值不是一个确定的值,所以不能用"="运算符进行比较。这里 ON 指定连接的条件。

(3) 假设所有的选课成绩都已确定。显示"101"号课程成绩中最高的 10%记录信息,正确的 SQL 命令是(　　)。(2010 年 9 月)

A. SELECT * TOP 10 FROM 选课 ORDER BY 成绩 WHERE 课程号="101"

B. SELECT * PERCENT 10 FROM 选课 ORDER BY 成绩 DESC;
   WHERE 课程号="101"

C. SELECT * TOP 10 PERCENT FROM 选课 ORDER BY 成绩;
   WHERE 课程号="101"

D. SELECT * TOP 10 PERCENT FROM 选课 ORDER BY 成绩 DESC;
   WHERE 课程号="101"

【答案】D

【解析】特殊选项 TOP 的格式为"TOP＜数字表达式＞[PERCENT]",当不用 PERCENT 时,数字表达式是 1～32767 的整数,说明显示前几个记录,当用 PERCERNT 时,数字表达式是 0.01～99.99 的实数,说明显示结果中前百分之几的记录。TOP 短语要与 ORDER BY 短语同时使用才有效。

(4) 假设所有学生都已选课,所有的选课成绩都已确定。检索所有选课成绩都在 90 分以上(含)的学生信息,正确的 SQL 命令是(　　)。(2010 年 9 月)

A. SELECT * FROM 学生 WHERE 学号 IN(SELECT 学号 FROM 选课 WHERE 成绩>=90)

B. SELECT * FROM 学生 WHERE 学号 NOT IN(SELECT 学号 FROM 选课 WHERE 成绩<90)

C. SELECT * FROM 学生 WHERE 学号!=ANY(SELECT 学号 FROM 选课 WHERE 成绩<90)

D. SELECT * FROM 学生 WHERE 学号 =ANY(SELECT 学号 FROM 选课 WHERE 成绩>=90)

【答案】B

【解析】本题考查嵌套查询,内层查询首先查询出有一门课程成绩小于 90 的学生学号,外层查询再将查询出的结果排除。故答案为 B。

(5) 若 SQL 语句中的 ORDER BY 短语中指定了多个字段,则(　　)。(2009 年 9 月)

A. 依次按从右至左的字段顺序排序

B. 只按第一个字段排序

C. 依次按从左至右的字段顺序排序

D. 无法排序

【答案】C

【解析】在 SQL 语句中,ORDER BY 指定了多个字段,表示按照从左至右的顺序,当前一个字段出现相同值的时候,按下一个字段进行排序,如"ORDER BY 专业,成绩 DESC"表示先按专业升序排序,当专业相同的时候,再按成绩降序排序。

(6) 查询"教师表"的全部记录并存储于临时文件 one.dbf 中的 SQL 命令是(　　)。(2009 年 9 月)

A. SELECT * FROM 教师表 INTO CURSOR one

B. SELECT * FROM 教师表 TO CURSOR one

C. SELECT * FROM 教师表 INTO CURSOR DBF one

D. SELECT * FROM 教师表 TO CURSOR DBF one

【答案】A

【解析】存储时,临时表的关键字是"INTO CURSOR 文件名"。

(7) 在 SQL SELECT 查询中,为了对查询结果排序,应该使用短语(　　)。(2008 年 9 月)

A. ASC　　　　B. DESC

C. GROUP BY　　　　D. ORDER BY

【答案】D

【解析】在 SQL SELECT 查询中,排序用到的短语应该是 ORDER BY,而 GROUP BY 是分组的作用,ASC 和 DESC 只是用在短语 ORDER BY 后面来控制采用升序或者降序排列。

(8) 查询客户名称中有"网络"二字的客户信息的正确命令是(　　)。(2008 年 9 月)

A. SELECT * FROM 客户 FOR 名称 LIKE"%网络%"

B. SELECT * FROM 客户 FOR 名称="%网络%"

C. SELECT * FROM 客户 WHERE 名称="%网络%"

D. SELECT * FROM 客户 WHERE 名称 LIKE"%网络%"

【答案】D

【解析】SQL SELECT 查询中的条件是 WHERE 而不是 FOR,只有用 LOCATE 进行查询时才加条件 FOR,又由于查询条件是查询客户中含有"网络"的客户,则用到字符串匹配短语 LIKE。

(9) 查询选修课程号为"101"课程得分最高的同学,正确的 SQL 语句是(　　)。(2007 年 9 月)

A. SELECT 学生.学号,姓名 FROM 学生,选课 WHERE 学生.学号=选课.学号;
AND 课程号="101"AND 成绩>=ALL(SELECT 成绩 FROM 选课)

B. SELECT 学生.学号,姓名 FROM 学生,选课 WHERE 学生.学号=选课.学号;
AND 成绩>=ALL(SELECT 成绩 FROM 选课 WHERE 课程号="101")

C. SELECT 学生.学号,姓名 FROM 学生,选课 WHERE 学生.学号=选课.学号;
AND 成绩>=ALL(SELECT 成绩 FROM 选课 WHERE 课程号="101")

D. SELECT 学生.学号,姓名 FROM 学生,选课 WHERE 学生.学号=选课.学号 AND;
课程号="101"AND 成绩>=ALL(SELECT 成绩 FROM 选课 WHERE 课程号="101")

【答案】D

【解析】在所有选项中,通过嵌套查询来实现题目的要求,ALL 表示所有的结果,ANY 表示其中的任何一种结果,最高分应该为成绩>=ALL(),要查询选课号为"101"的同学,所以内外查询中都要用到条件:课程号="101"。

(10) 设有学生选课表 SC(学号,课程号,成绩),用 SQL 检索同时选修课程号为"C1"和"C5"的学生的学号的正确命令是(　　)。(2007 年 4 月)

A. SELECT 学号 FROM SC;

WHERE 课程号＝'C1' AND 课程号＝'C5'

B. SELECT 学号 FROM SC；

WHERE 课程号＝'C1' AND 课程号＝(SELECT 课程号 FROM SC WHERE 课程号＝'C5')

C. SELECT 学号 FROM SC；

WHERE 课程号＝'C1' AND 学号＝(SELECT 学号 FROM SC WHERE 课程号＝'C5')

D. SELECT 学号 FROM SC；

WHERE 课程号＝'C1' AND 学号 IN(SELECT 学号 FROM SC WHERE 课程号＝'C5')

【答案】 D

【解析】 这个查询不能用简单的查询实现，所以要用到嵌套查询。在嵌套查询中，内、外层的嵌套用 IN 而不用"＝"。

(11) SQL 语言的更新命令的关键词是(　　)。(2010 年 3 月)

A. INSERT　　B. UPDATE　　C. CREATE　　D. SELECT

【答案】 B

【解析】 在 SQL 命令中，INSERT 是插入语句的关键词，CREATE 是创建语句的关键词，SELECT 是查询语句的关键词，UPDATE 是更新语句的关键词。

(12) 计算每名运动员的"得分"，正确的 SQL 语句是(　　)。(2008 年 4 月)

A. UPDATE 运动员 FIELD 得分＝2＊投中 2 分球＋3＊投中 3 分球＋罚球

B. UPDATE 运动员 FIELD 得分 WITH　2＊投中 2 分球＋3＊投中 3 分球＋罚球

C. UPDATE 运动员 SET 得分 WITH　2＊投中 2 分球＋3＊投中 3 分球＋罚球

D. UPDATE 运动员 SET 得分＝2＊投中 2 分球＋3＊投中 3 分球＋罚球

【答案】 D

【解析】 UPDATE 命令用于修改现有表中的数据，命令格式为：UPDATE 表名称 SET 字段 1＝赋值 1 [，字段 2＝赋值 2]…WHERE 查询条件。

(13)"图书"表中有字符型字段"图书号"。要求用 SQL DELETE 命令将图书号以字母 A 开头的图书记录全部打上删除标记，正确的命令是(　　)。(2006 年 4 月)

A. DELETE FROM 图书 FOR 图书号 LIKE"A％"

B. DELETE FROM 图书 WHILE 图书号 LIKE"A％"

C. DELETE FROM 图书 WHERE 图书号＝"A＊"

D. DELETE FROM 图书 WHERE 图书号 LIKE"A％"

【答案】 D

【解析】 SQL 从表中删除数据的命令格式如下：

```
DELETE FROM 表名 [WHERE 条件]
```

正确答案为 DELETE FROM 图书 WHERE 图书号 LIKE "A％"。

这里的 LIKE 是字符串匹配运算符，通配符"％"表示 0 个或多个字符。

(14) 为"选课"表增加一个"等级"字段，其类型为 C、宽度为 2，正确的 SQL 命令是(　　)。(2010 年 9 月)

A. ALTER TABLE 选课 ADD FIELD 等级 C(2)

B. ALTER TABLE 选课 ALTER FIELD 等级 C(2)

C. ALTER TABLE 选课 ADD 等级 C(2)

D. ALTER TABLE 选课 ALTER 等级 C(2)

【答案】C

【解析】由题意可知，此题是修改表结构，且增加的是表的字段。在 SQL 语句中修改表的命令通常是：

```
ALTER TABLE＜表名＞
    [ADD＜新列名＞＜数据类型＞[完整性约束]]
    [DROP＜完整性约束＞]
    [ALTER]＜列名＞＜数据类型＞]
```

(15) 删除视图 myview 的命令是(　　)。(2006 年 9 月)

A. DELETE myview VIEW

B. DELETE myview

C. DROP myview VIEW

D. DROP VIEW myview

【答案】D

【解析】SQL 语句删除视图的格式为：DROP VIEW ＜视图名＞，所以正确选项是 D。

二、填空题

(1) 将"学生"表中学号左 4 位为"2010"的记录存储到新表 new 中的命令是：SELECT * FROM 学生 WHERE ________ ="2010" ________ DBF new。(2010 年 9 月)

【答案】LEFT(学号,4)或 SUBSTR(学号,1,4)

INTO

【解析】① 从指定表达式值的左端取一个长度的子串作为函数值用 LEFT(＜字符表达式＞,＜长度＞)，另外 SUBSTR(＜字符表达式＞,＜起始位置＞,[,＜长度＞])的功能为从指定表达式值的指定起始位置取指定长度的子串作为函数值。② Visual FoxPro 中将 SQL SELECT 的查询结果存放到永久文件中，用命令：INTO DBF| TALBE TableName。

(2) 在 SQL 的 SELECT 查询中，使用 ________ 关键词消除查询结果中的重复记录。(2010 年 3 月)

【答案】DISTINCT

【解析】SQL 语句中，为了避免查询到重复记录，可使用 DISTINCT 短语，但是每一个子句中只能使用一次 DISTINCT。

(3) 在 SQL SELECT 语句中，为了将查询结果存储到永久表，应该使用 ________ 短语。(2006 年 9 月)

【答案】INTO TALBE(或 INTO DBF)

【解析】使用短语 INTO DBF|TABLE TableName 可以将查询结果存放到永久表中。

(4) 将"学生"表中的学号字段的宽度由原来的 10 改为 12(字符型)，应使用的命令是：ALTER TABLE 学生 ________。(2010 年 9 月)

【答案】ALTER 学号 C(12)

【解析】由题意可知，此题是修改表结构，且修改的是表中字段的宽度。在 SQL 语句中修改表的字段宽度的命令通常是：ALTER TABLE＜表名＞ALTER ＜列名＞＜数据类型＞。

(5) 为"成绩"表中"总分"字段增加有效性规则："总分必须大于等于 0 并且小于等于 750"，正确的 SQL 语句是：________ TABLE 成绩 ALTER 总分 ________ 总分＞=0 AND 总分＜=750。(2009 年 9 月)

【答案】ALTER

SET CHECK

【解析】本题考查用 SQL 语句进行筛选，正确格式为“ALTER TABLE 表名 ALTER 字段名 SET CHECK 字段规则”。

(6) 将“产品”表的“名称”字段名修改为“产品名称”的命令是：ALTER TABLE 产品 RENAME ________名称 TO 产品名称。(2006 年 9 月)

【答案】COLUMN

【解析】SQL 语句中修改表结构的格式为：ALTER TABLE TableName RENAME [COLUMN] FieldName1 TO FieldName2，其中 COLUMN 为可选项。

巩固练习

(1)删除 Visual FoxPro 数据库的命令是(　　)。

A. DROP DATABASE

B. DELETE DATABASE

C. REMOVE DATABASE

D. ALTER DATABASE

(2)Employee 的表结构为：职工号、单位号、工资，查询至少有 5 名职工的每个单位的人数和最高工资，结果按工资降序排序。正确的 SQL 命令是(　　)。

A. SELECT 单位号，COUNT(*)，MAX(工资) FROM Employee GROUP BY 单位号；
   WHERE COUNT(*)>=5 ORDER BY 3 DESC

B. SELECT 单位号，COUNT(*)，MAX(工资) FROM Employee ORDER BY 单位号；
   HAVING COUNT(*)>=5 ORDER BY 3 DESC

C. SELECT 单位号，MAX(工资) FROM Employee GROUP BY 单位号；
   HAVING COUNT(*)>=5 ORDER BY 3 DESC

D. SELECT 单位号，COUNT(*)，MAX(工资) FROM Employee；
   GROUP BY 单位号 HAVING COUNT(*)>=5 ORDER BY 3 DESC

(3)Employee 的表结构为：职工号、单位号、工资，查询单位号为"002"的所有记录存储于临时表文件 info 中，正确的 SQL 命令是(　　)。

A. SELECT * FROM Employee WHERE 单位号="002" TO DBF CURSOR info

B. SELECT * FROM Employee WHERE 单位号="002" INTO CURSOR DBF info

C. SELECT * FROM Employee WHERE 单位号="002" TO CURSOR info

D. SELECT * FROM Employee WHERE 单位号="002" INTO CURSOR info

(4) Employee 的表结构为：职工号、单位号、工资，与 SELECT * FROM Employee WHERE 工资>=10000 AND 工资<=12000 等价的 SQL 命令是(　　)。

A. SELECT * FROM Employee WHERE 工资 BETWEEN 10000 AND 12000

B. SELECT * FROM Employee WHERE BETWEEN 10000 OR 12000

C. SELECT * FROM Employee WHERE 工资＞＝10000 AND ＜＝12000

D. SELECT * FROM Employee WHERE 工资＞＝10000 OR ＜＝12000

(5)要使"产品"表中所有产品的单价下浮8%,正确的SQL命令是(　　)。

A. UPDATE 产品 SET 单价＝单价 － 单价 * 8% FOR ALL

B. UPDATE 产品 SET 单价＝单价 * 0.92 FOR ALL

C. UPDATE 产品 SET 单价＝单价 － 单价 * 8%

D. UPDATE 产品 SET 单价＝单价 * 0.92

(6)假设同一种蔬菜有不同的产地,则计算每种蔬菜平均单价的SQL语句是(　　)。

A. SELECT 蔬菜名称,AVG(单价) FROM 蔬菜 GROUP BY 单价

B. SELECT 蔬菜名称,AVG(单价) FROM 蔬菜 ORDER BY 单价

C. SELECT 蔬菜名称,AVG(单价) FROM 蔬菜 ORDER BY 蔬菜名称

D. SELECT 蔬菜名称,AVG(单价) FROM 蔬菜 GROUP BY 蔬菜名称

(7)从产品表中删除生产日期为2013年1月1日之前(含)的记录,正确的SQL语句是(　　)。

A. DROP FROM 产品 WHERE 生产日期＜＝{^2013－1－1}

B. DROP FROM 产品 FOR 生产日期＜＝{^2013－1－1}

C. DELETE FROM 产品 WHERE 生产日期＜＝{^2013－1－1}

D. DELETE FROM 产品 FOR 生产日期＜＝{^2013－1－1}

(8)在 Visual FoxPro 的 SQL 查询中,用于指定分组必须满足条件的短语是(　　)。

A. ORDER BY

B. GROUP BY

C. HAVING

D. WHERE

(9)为选手.dbf数据库表增加一个字段"最后得分"的SQL语句是(　　)。

A. ALTER TABLE 选手 ADD 最后得分 F(6,2)

B. UPDATE DBF 选手 ADD 最后得分 F(6,2)

C. CHANGE TABLE 选手 ADD 最后得分 F(6,2)

D. CHANGE DBF 选手 INSERT 最后得分 F(6,2)

(10)有职工(职工号,性名,性别)和项目(职工号,项目号,酬金),检索还未确定酬金的职工信息,正确的SQL命令是(　　)。

A. SELECT 职工.职工号,姓名,项目.项目号 FROM 职工 JOIN 项目;
　ON 职工.职工号＝项目.职工号 WHERE 项目.酬金 IS NULL

B. SELECT 职工.职工号,姓名,项目.项目号 FROM 职工 JOIN 项目;
　WHERE 职工.职工号＝项目.职工号 AND 项目.酬金＝NULL

C. SELECT 职工.职工号,姓名,项目.项目号 FROM 职工 JOIN 项目;
　WHERE 职工.职工号＝项目.职工号 AND 项目.酬金 IS NULL

D. SELECT 职工.职工号,姓名,项目.项目号 FROM 职工 JOIN 项目;
　ON 职工.职工号＝项目.职工号 WHERE 项目.酬金＝NULL

(11)假设同一名称的产品有不同的型号和单价,则计算每种产品平均单价的SQL语句是

(　　)。

A. SELECT 产品名称,AVG(单价) FROM 产品 GROUP BY 产品名称
B. SELECT 产品名称,AVG(单价) FROM 产品 ORDER BY 单价
C. SELECT 产品名称,AVG(单价) FROM 产品 ORDER BY 产品名称
D. SELECT 产品名称,AVG(单价) FROM 产品 GROUP BY 单价

(12)使用 SQL 语句完成“将所有冷饮类商品的单价优惠 1 元”,正确的操作是(　　)。

A. UPDATE 商品 SET 单价=单价-1 WHERE 类别="冷饮"
B. UPDATE 商品 SET 单价=1 WHERE 类别="冷饮"
C. UPDATE 商品 SET 单价-1 WHERE 类别="冷饮"
D. UPDATE 商品 SET 单价 WHERE 类别="冷饮"

(13)如果客户表是使用下面 SQL 语句创建的

```
CREATE TABLE 客户表(客户号 C(6) PRIMARY KEY, ;
姓名 C(8) NOT NULL, ;
出生日期 D)
```

则下面的 SQL 语句中可以正确执行的是(　　)。

A. INSERT INTO 客户表 VALUES("1001","张三",{^1999-2-12})
B. INSERT INTO 客户表(客户号, 姓名) VALUES("1001","张三",{^1999-2-12})
C. INSERT INTO 客户表(客户号, 姓名) VALUES(1001,"张三")
D. INSERT INTO 客户表(客户号, 姓名, 出生日期) VALUES("1001","张三","1999-2-12")

(14)“客户”表和“贷款”表的结构如下:

```
客户(客户号,姓名,出生日期,身份证号)
贷款(贷款编号,银行号,客户号,贷款金额,贷款性质)
```

如果要删除客户表中的出生日期字段,使用的 SQL 语句是(　　)。

A. ALTER TABLE 客户 DELETE 出生日期
B. ALTER TABLE 客户 DELETE COLUMN 出生日期
C. ALTER TABLE 客户 DROP 出生日期
D. ALTER TABLE 客户 DROP FROM 出生日期

(15)SQL SELECT 语句中的 GROUP BY 子句对应于查询设计器的(　　)。

A. “字段”选项卡
B. “排序依据”选项卡
C. “分组依据”选项卡
D. “筛选”选项卡

(16)如下 SQL 语句的功能是(　　)。

```
SELECT * FROM 话单 INTO CURSOR temp WHERE 手机号 = "13211234567"
```

A. 将手机号为 13211234567 的所有话单信息存放在数组 temp 中
B. 将手机号为 13211234567 的所有话单信息存放在临时文件 temp.dbf 中
C. 将手机号为 13211234567 的所有话单信息存放在文本文件 temp.txt 中
D. 将手机号为 13211234567 的所有话单信息存放在永久表 temp.dbf 中

(17)查询姓名中带有“海”字的用户信息，则条件语句应包含(　　)。

A. WHERE 姓名 LIKE "%海%"

B. WHERE 姓名 LIKE "%海"

C. WHERE 姓名= "%海%"

D. WHERE 姓名 LIKE "海%"

(18)如果要将借阅表中还书日期置为空值，应该使用的 SQL 语句是(　　)。

A. DELETE FROM 借阅表 WHERE 还书日期=NULL

B. DELETE FROM 借阅表 WHERE 还书日期 IS NULL

C. UPDATE 借阅表 SET 还书日期=NULL

D. UPDATE 借阅表 SET 还书日期 IS NULL

(19)设用户表和话单表的结构分别为(手机号，姓名)和(手机号，通话起始日期，通话时长，话费)，如果希望查询“在 2012 年里有哪些用户没有通话记录”，则应该使用的 SQL 语句是(　　)。

A. SELECT 用户.* FROM 用户 JOIN 话单 ON 用户.手机号=话单.手机号;
WHERE YEAR(通话起始日期)=2012 AND 话单.手机号 IS NOT NULL

B. SELECT 用户.* FROM 用户，话单;
WHERE YEAR(通话起始日期)=2012 AND 用户.手机号=话单.手机号

C. SELECT * FROM 用户 WHERE NOT EXISTS;
(SELECT * FROM 话单 WHERE YEAR(通话起始日期)=2012)

D. SELECT * FROM 用户 WHERE NOT EXISTS;
(SELECT * FROM 话单 WHERE YEAR(通话起始日期)=2012 AND 用户.手机号=话单.手机号)

第5章 查询与视图

查询和视图有很多类似之处，创建视图与创建查询的步骤也非常相似。查询可以根据表或视图定义，视图兼有表和查询的特点。使用查询和视图都可以快速、方便地操作数据库中的数据，本章将介绍查询和视图的概念、建立和使用。

5.1 查　询

这里所说的查询是个名词，是预先定义好的一个 SQL SELECT 语句，在不同的场合可以直接或反复使用，从而提高效率。

5.1.1 查询的概念

查询是从指定的表或视图中提取满足条件的记录，然后按照想得到的输出类型定向输出查询结果，诸如浏览器、报表、表、标签等。查询是以扩展名为.qpr 的文件保存在磁盘上的，这是一个文本文件，它的主体是 SQL SELECT 语句。

5.1.2 建立查询文件的方法

建立查询的方法主要有以下几种：

(1) 通过新建对话框。选择"文件"→"新建"菜单命令，或单击常用工具栏中的"新建"按钮，在弹出的"新建"对话框中选择"查询"，单击"新建文件"按钮打开查询设计器建立查询。

(2) 用 CREATE QUERY 命令打开查询设计器建立查询。

(3) 在项目管理器的"数据"选项卡中选择"查询"，单击"新建"按钮打开查询设计器建立查询。

(4) 可以利用 SQL SELECT 语句直接编辑.qpr 文件建立查询。

5.1.3 查询设计器

可以利用"查询设计器"设计查询，但它的基础是 SQL SELECT 语句，只有真正理解了 SQL SELECT 语句才能设计好查询。

不管用哪种方法打开查询设计器，都会先打开如图 5-1 所示的界面。在此界面中选择用于建立查询的表或视图。

注意： 当一个查询是基于多个表时，这些表之间必须是有联系的，查询设计器会自动根据联系提取连接条件，如果没有为表之间建立连接，要移去没有建立连接的表，更换添加表的次序再重新添加，直至建立好连接。

在查询设计器的界面中有 6 个选项卡，它们各自的含义及对应的 SQL SELECT 语句分别为。

① "添加表或视图"对话框，对应于 FROM 短语。此后还可以从"查询"快捷菜单或工具

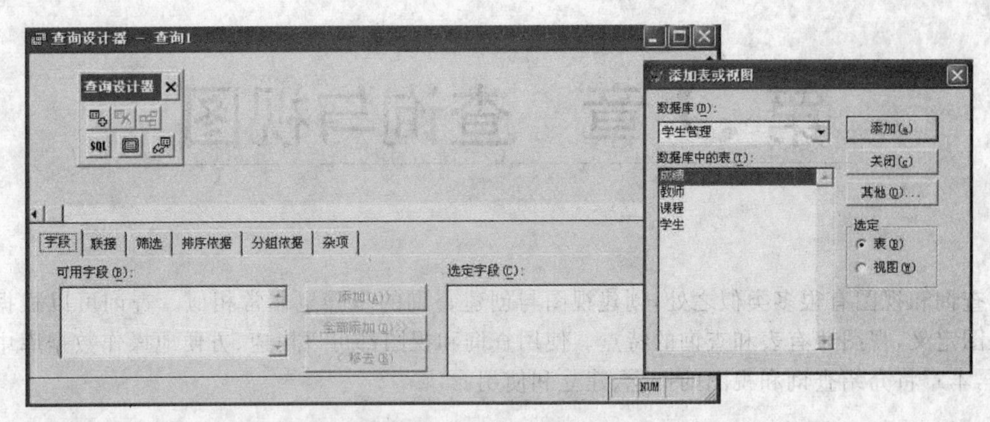

图 5-1　查询设计器界面

栏中选择"添加表"或选择"移去表"重新指定设计查询的表。

② "字段"选项卡对应于 SELECT 短语,指定所要查询的字段。

③ "联接"选项卡对应于 JOIN ON 短语,用于编辑连接条件。

④ "筛选"选项卡对应于 WHERE 短语,用于指定查询条件。

⑤ "排序依据"选项卡对应于 ORDER BY 短语,用于指定查询条件。

⑥ "分组依据"选项卡对应于 GROUP BY 短语和 HAVING 短语,用于对记录进行分组。

⑦ "杂项"选项卡可以指定是否要重复记录(对应于 DISTINCT)及列在前面的记录(对应于 TOP 短语)等。

5.1.4　使用查询设计器建立查询

下面以"学生"表和"成绩"表为例,讲解查询的使用过程。

(1)在表设计器中添加表。

首先打开查询设计器,在"添加表或视图"对话框中,分别选定"学生"表和"成绩"表,并单击"添加"按钮,如图 5-2 所示。然后单击"关闭"按钮,将"学生"表和"成绩"表添加到查询设计器中。

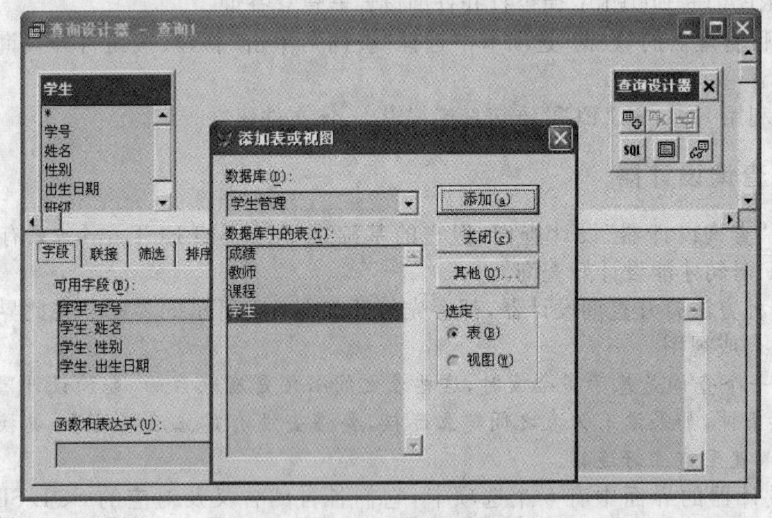

图 5-2　添加"学生"表和"成绩"表

（2）选择所需字段。选择“字段”选项卡，将“可用字段”中的“学生．学号”、“学生．姓名”和“成绩．成绩”字段添加到“选定字段”中。

（3）设置筛选条件。选择“筛选”选项卡，在“字段名”下拉列表框中选择“成绩”字段，在“条件”下拉列表框中选择“＞＝”，然后在“实例”中输入“80”，如图 5-3 所示。如果还有其他的筛选条件，则选择“逻辑”下拉列表框中的“AND”或“OR”继续设置条件选项。

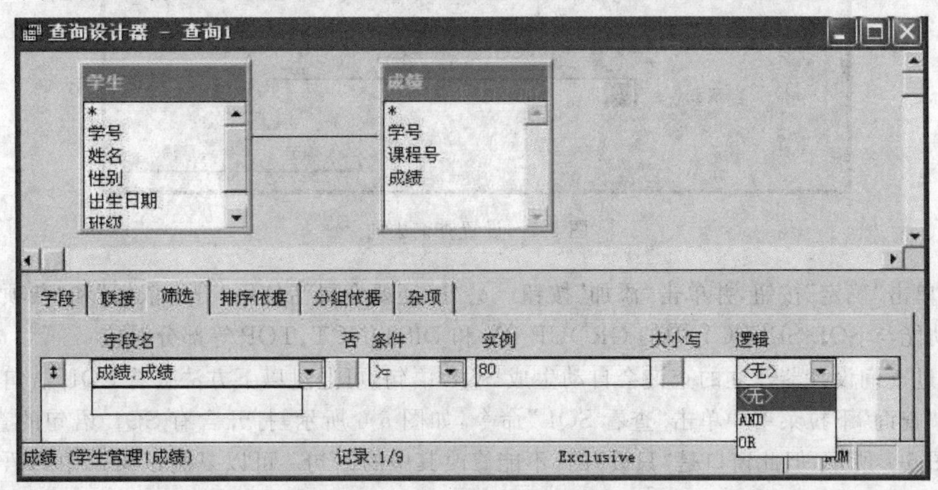

图 5-3　设置筛选条件

（4）设置排序依据。选择“排序依据”选项卡，在“选定字段”中选择“成绩”字段，单击“添加”按钮，选择升序（或降序），如图 5-4 所示。

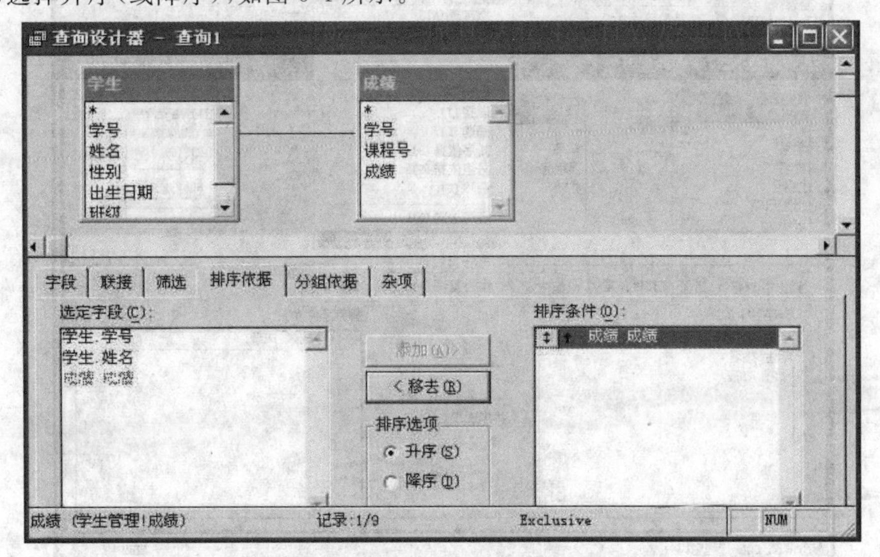

图 5-4　排序操作

（5）查询去向。选择“查询→查询去向”菜单命令，在“查询去向”对话框中单击选择“表”按钮，输入表名“one”，并单击“确定”按钮，如图 5-5 所示。

（6）最后保存查询为 query，并运行查询。如果要查询的字段是表达式，则要单击“字段”选项卡中“函数和表达式”文本框右侧的按钮，在打开的表达式生成器中输入表达式（或编辑表

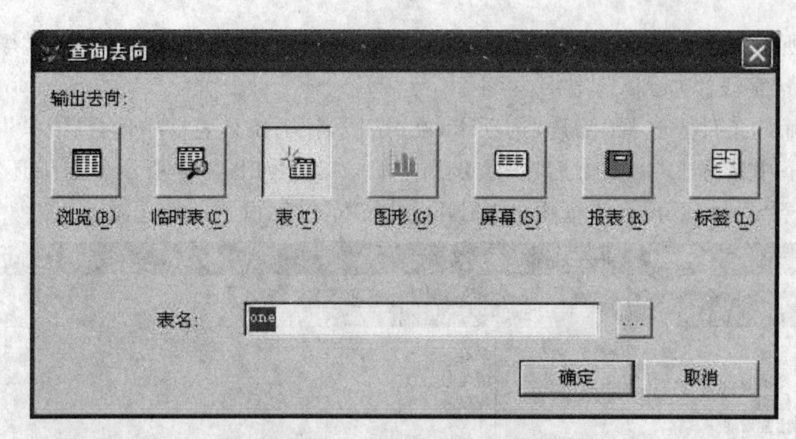

图 5-5　设置查询去向

达式),单击“确定”按钮,并单击“添加”按钮。另外,还要会灵活使用“分组依据”和“杂项”选项卡,其功能与 SQL SELECT 中的 GROUP BY 和 DISTINCT、TOP 等部分对应。

通过查询设计器建立的查询会自动生成 SQL 语句,可通过以下方法查看 SQL 语句。

在“查询”下拉菜单中单击“查看 SQL”命令,如图 5-6 所示,打开含有 SQL 语句的查询窗口,如图 5-7 所示,但此窗口是“只读”的,不能修改其中的语句。可以复制该窗口中的语句,然后再粘贴到相应的程序窗口中,我们在第 4 章中接触的 SQL 语句,同样可以通过这种方法得到。

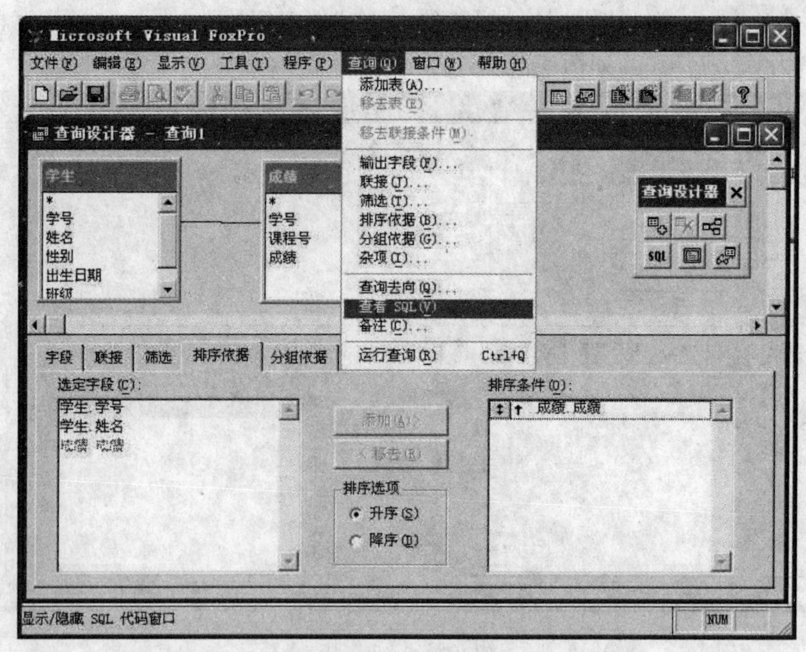

图 5-6　查看 SQL

对于从查询设计器中复制 SQL 语句的方法,主要用于针对多个表进行查询,这样多个表之间的连接会自动生成,不再需要我们自己输入,省时省力,如果哪些地方不符合要求,在此基础上加以修改即可。

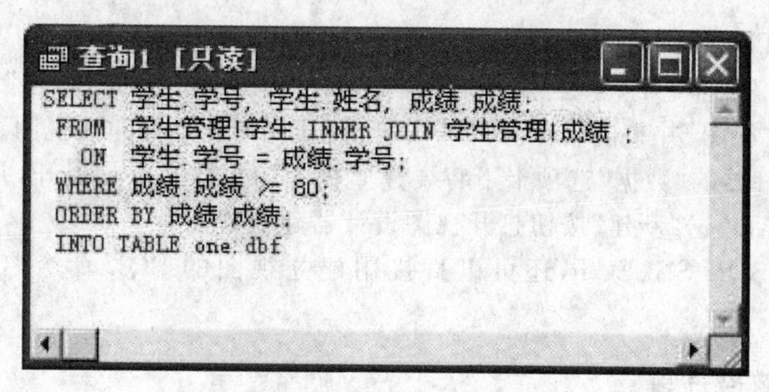

图 5-7　含有 SQL 语句的窗口

5.1.5　查询设计器的局限性

查询设计器只能做一些比较规则的查询，如对嵌套查询它就无能为力了，所以它并不能完成所有的 SQL SELECT 查询功能。

5.1.6　使用查询

可以通过项目中的“运行”按钮，或通过“程序”菜单中的“运行”命令来执行，或在查询设计器打开的情况下单击常用工具栏上的!按钮。也可以通过命令方式执行查询，命令格式为：

```
DO<查询文件名>
```

注意：文件名中必须包括扩展名.qpr。

5.2　视　　图

视图在第4章已经有过介绍，讲解了如何用 SQL 建立视图，本节主要讲解如何用视图设计器来建立视图，侧重讲解视图的概念、建立和使用。

5.2.1　视图的概念

与表和查询相比，视图兼有“表”和“查询”的特点，与查询类似的地方是，可以用来从一个或多个相关联的表中提取有用信息；与表相类似的地方是，可以用来更新其中的信息，并将更新结果永久保存在磁盘上。

使用视图可以从表中提取一组记录，改变这些记录的值，并把更新结果送回到基本表中。可以从本地表、其他视图、存储在服务器上的表或远程数据源中创建视图，所以视图又分为本地视图和远程视图。

视图是操作表的一种手段，通过视图可以查询表，也可以更新表。视图是根据表定义的，因此视图基于表而又超越表。视图是数据库的一个特有功能，只有在包含视图的数据库打开时，才能使用视图。

5.2.2　建立视图的方法

建立视图的方法常用的有以下几种：

① 用 CREATE VIEW 命令打开视图设计器建立视图。

② 选择“文件”菜单下的“新建”命令，或单击“常用”工具栏上的“新建”按钮，打开“新建”对话框，然后选择“视图”并单击“新建文件”按钮，打开视图设计器建立视图。

③ 在项目管理器的“数据”选项卡下将要建立视图的数据库分支展开，并选择“本地视图”或“远程视图”，然后单击“新建”按钮打开视图设计器建立视图。

④ 如果熟悉 SQL SELECT，还可以直接用建立视图的 SQL 命令“CREATE VIEW...AS...”建立视图。

5.2.3 视图设计器

不管用哪种方法打开查询设计器，都会进入如图 5-8 所示的界面。视图设计器与查询设计器虽然很类似，但是也有区别。

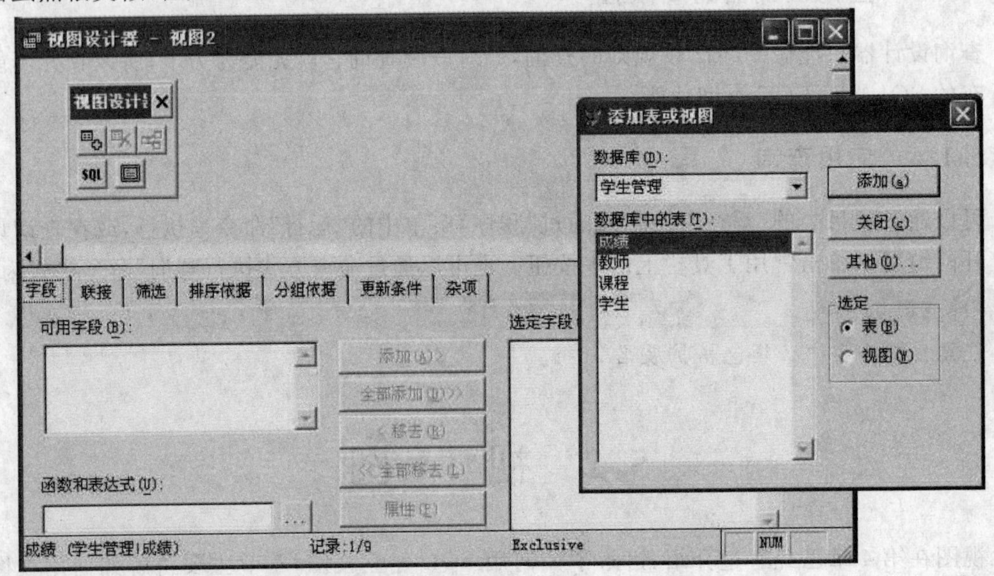

图 5-8 视图设计器界面

视图设计器和查询设计器的区别主要有以下几点：

① 查询设计器的结果是将查询以 .qpr 为扩展名的文件保存在磁盘中；而视图设计完成后，在磁盘上找不到类似的文件，视图的结果保存在数据库中。

② 由于视图是可以用于更新的，所以它有更新属性需要设置，为此在视图设计器中多了一个“更新条件”选项卡。

③ 在视图设计器中没有“查询去向”的问题。

5.2.4 利用视图设计器建立视图

用视图设计器建立视图与用查询设计器建立查询操作过程基本上是一样的，此处不再详细讲解。

5.2.5 使用视图

视图建立之后，不但可以用它来显示和更新数据，而且还可以通过调整它的属性来提高性能。视图的以下几种操作与表很相似：

① 使用USE命令打开或关闭视图(当然只能在数据库打开时)。

② 在"浏览器"窗口中显示或修改视图中的记录。

③ 使用SQL语句操作视图。

④ 在文本框、表格控件、表单或报表中使用视图作为数据源等。

总的来说，视图一经建立就可以像基本表一样使用，适用于基本表的命令都可以用于视图，比如在视图上也可以建立索引(当然是临时的，视图一关闭，索引自动删除)。但视图不可以用MODIFY STRUCTURE命令修改结构。

本章小结

本章介绍了Visual FoxPro检索和操作数据库的两个基本工具或手段：查询与视图，它们都是根据表定义的。从普通检索数据的角度来讲，查询和视图基本具有相同的作用。但是查询可以定义输出去向，可以将查询的结果灵活地应用于表单、报表、图形等各种场合，利用查询不可以修改数据，而利用视图可以修改数据。

真题演练

一、选择题

(1) 以下关于"查询"的正确描述是(　　)。(2009年9月)

A. 查询文件的扩展名为PRG

B. 查询保存在数据库文件中

C. 查询保存在表文件中

D. 查询保存在查询文件中

【答案】D

【解析】查询文件的扩展名是".qpr"，查询保存在查询文件中。

(2) 在Visual FoxPro中，关于视图的正确描述是(　　)。(2011年3月)

A. 视图也称作窗口

B. 视图是一个预先定义好的SQL SELECT语句文件

C. 视图是一种用SQL SELECT语句定义的虚拟表

D. 视图是一个存储数据的特殊表

【答案】A

【解析】在关系数据库中，视图也称作窗口，即视图是操作表的窗口，可以把它看做是从表中派生出来的虚表。视图是根据对表的查询定义的。故本题答案为A。

(3) 以下关于视图的描述正确的是(　　)。(2010年3月)

A. 视图和表一样包含数据　　B. 视图物理上不包含数据

C. 视图定义保存在命令文件中　　D. 视图定义保存在视图文件中

【答案】B

【解析】视图兼有“表”和“查询”的特点，与查询类似的地方可以用来从一个或多个相关联的表中提取有用信息。与表类似的地方是可以用来更新其中的信息，并将更新结果永久保存在磁盘上。视图是根据表定义的，因此视图基于表。视图是数据库的一个特有功能，只有在包含视图的数据库打开时才能使用视图。视图物理上不包含数据。

(4) 在 Visual FoxPro 中，以下叙述正确的是(　　)。(2006 年 4 月)

A. 利用视图可以修改数据　　B. 利用查询可以修改数据

C. 查询和视图具有相同的作用　　D. 视图可以定义输出去向

【答案】A

【解析】查询和视图的区别是：查询可以定义输出去向，但是利用查询不可以修改数据；利用视图修改数据，可以利用 SQL 将对视图的修改发送到基本表。

二、填空题

(1)查询设计器中的“分组依据”选项卡与 SQL 语句的_______短语对应。(2009 年 9 月)

【答案】GROUP BY

【解析】在 SQL 语言中，“GROUP BY”与查询设计器中的“分组依据”相对应。

(2) 在 Visual FoxPro 中，假设有查询文件 query1. qpr，要执行该文件应使用命令_______。(2011 年 3 月)

【答案】Do query1. qpr

【解析】在 Visual FoxPro 中，一旦建立好程序文件，就可以执行它。命令格式为 DO ＜文件名＞，当执行查询文件、菜单程序文件时，＜文件名＞中必须包含扩展名。

(3) 在 Visual FoxPro 中，为了通过视图修改基本表中的数据，需要在视图设计器的_______选项卡下设置有关属性。(2006 年 9 月)

【答案】“更新条件”

【解析】由于视图可以用于更新基本表中的数据，所以它有更新属性需要设置，为此在视图设计器中设置了“更新条件”选项卡，为了通过视图能够更新基本表中的数据，需要在“更新条件”选项卡中选中“发送 SQL 更新”复选框。

巩固练习

(1)在 Visual FoxPro 中，下面描述正确的是(　　)。

A. 视图设计器中没有“查询去向”的设定

B. 视图设计完成后，视图的结果保存在以. QPR 为扩展名的文件中

C. 视图不能用于更新数据

D. 视图不能从多个表中提取数据

(2)在 Visual FoxPro 中，下面对查询设计器的描述中正确的是(　　)。

A. “排序依据”选项卡对应 JOIN IN 短语

B. “分组依据”选项卡对应 JOIN IN 短语

C. “连接”选项卡对应 WHERE 短语

D. “筛选”选项卡对应 WHERE 短语

(3)在 Visual FoxPro 中,执行查询 Query2. QPR 的正确命令是(　　)。

A. DO Query2. QPR

B. EXEC Query2. QPR

C. DO Query2

D. EXEC Query2

(4)在查询设计器中,与 SQL 的 WHERE 子句对应的选项卡是(　　)。

A. 筛选　　B. 字段

C. 联接　　D. 分组依据

(5)下列关于 Visual FoxPro 查询对象的描述,错误的是(　　)。

A. 不能利用查询来修改相关表里的数据

B. 可以基于表或视图创建查询

C. 执行查询文件和执行该文件包含的 SQL 命令的效果是一样的

D. 执行查询时,必须要事先打开相关的表

(6)下面有关视图的叙述中错误的是(　　)。

A. 通过视图可以更新相应的基本表

B. 使用 USE 命令可以打开或关闭视图

C. 在视图设计器中不能指定“查询去向”

D. 视图文件的扩展名是. VCX

第6章 表单的设计和应用

表单(Form)是 Visual FoxPro 提供的用于建立应用程序界面的最主要的工具之一。表单内可以包含命令按钮、文本框、列表框等各种界面元素,产生标准的窗口或对话框。本章首先简单介绍面向对象的若干基本概念及 Visual FoxPro 中的基类,然后介绍表单的创建与管理、表单设计器环境以及一些常用的表单控件,最后介绍自定义类及应用。

6.1 面向对象的概念

Visual FoxPro 的表单设计,是基于面向对象设计方法的。下面介绍面向对象的几个概念。

6.1.1 对象与类

对象与类是面向对象方法的两个最基本的概念。

1. 对象(Object)

客观世界里的任何实体都可以被看做是对象。对象可以是具体的事物(如一台电脑、一个表单、一个命令按钮),也可以是抽象的概念(一场球赛、一次演讲)。

对象的属性和方法是对象的两个重要性质。

- 对象属性:用来表示对象的状态。
- 对象方法:用来描述对象的行为。

在面向对象的方法里,对象被定义为由属性和相关方法组成的包。

2. 类(Class)

类和对象关系密切,但并不相同。类是对一类相似对象的性质描述,这些对象具有相同的性质、种类和方法。通常,把基于某个类生成的对象称为这个类的实例。可以说,任何一个对象都是某个类的一个实例。

例如,学生这个群体是一个类,而学生中的每个成员都是这个类的一个对象。

需要注意的是,方法尽管定义在类中,但执行方法的主体是对象。

6.1.2 子类与继承

继承表达了一种从一般到特殊的进化过程。在面向对象的方法里,继承是指在基于现有的类创建新类时,新类继承了现有类的方法和属性。此外,可以为新类添加新的方法和属性。把新类称为现有类的子类,而把现有类称为新类的父类。例如,飞机是客机的父类,客机是飞机的一个子类。这里的飞机和客机就是一般和特殊的关系。

一个子类的成员一般包括:

① 从它的父类继承的成员,包括属性、方法;

② 由子类自己定义的成员，包括属性、方法，如图 6-1 所示。

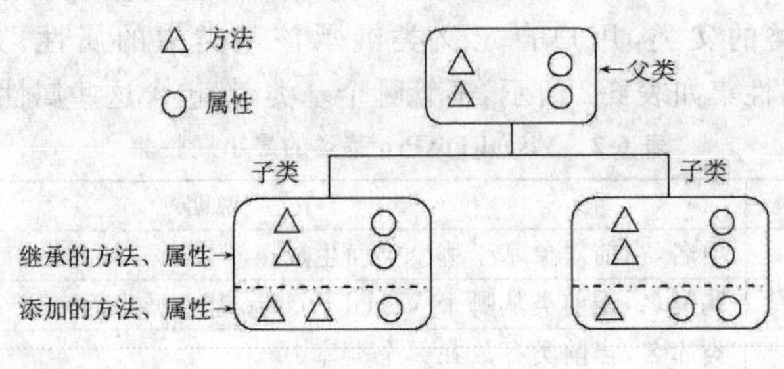

图 6-1 继承性

继承可以使在一个父类所做的改动自动反映到它的所有子类上。例如，当为父类添加一个属性时，它的所有子类也将同时具有该属性。同样，当修复父类中的缺陷时，这个修复也将自动体现在它的全部子类中。这样自动更新节省了用户的时间和精力。

6.2 Visual FoxPro 基类简介

在 Visual FoxPro 环境下，要进行面向对象的程序设计或创建应用程序，必然要用到 Visual FoxPro 系统提供的基类(Base Class)。

6.2.1 Visual FoxPro 基类

Visual FoxPro 基类是系统本身内含的、并不存放在某个类库中。用户可以基于基类生成所需的对象，也可以扩展基类创建自己的类。具体的基类清单如表 6-1 所示。

表 6-1 Visual FoxPro 基类

类名	含义	类名	含义
ActiveDoc	活动文档	Label	标签
CheckBox	复选框	Line	线条
Column	(表格)列	ListBox	列表框
ComboBox	组合框	OleControl	OLE 容器控件
CommandButton	命令按钮	OleBoundControl	OLE 绑定控件
CommandGroup	命令按钮组	OptionButton	选项按钮
Container	容器	OptionGroup	选项按钮组
Control	控件	Page	页
Custom	定制	PageFrame	页框
EditBox	编辑框	ProjectHook	项目挂钩
Form	表单	Separator	分隔符
FormSet	表单集	Shape	形状
Grid	表格	Spinner	微调控件
Header	(列)标头	TextBox	文本框
HyperLink	超级链接	Timer	定时器
Image	图像	ToolBar	工具栏

每个基类都有自己的一组属性、方法和事件。当扩展某个基类创建用户自定义类时，该基类就是用户自定义类的父类，用户自定义类继承该基类中的属性、方法和事件。Visual FoxPro 基类的最小属性集如表 6-2 所示，不管哪个基类，都包含这些属性。

表 6-2　Visual FoxPro 基类的最小属性集

属性	说明
Class	类名，当前对象基于哪个类而生成
BaseClass	基类名，当前类从哪个 Visual FoxPro 基类派生而来
ClassLibrary	类库名，当前类存放在哪个类库中
ParentClass	父类名，当前类从哪个类直接派生而来

6.2.2　容器与控件的关系

Visual FoxPro 中的类一般可分为两种类型：容器类和控件类，可分别生成容器对象和控件对象。

控件是一个可以以图形化的方式显示出来并能与用户进行交互的对象，如一个命令按钮、一个文本框等。控件通常被放置在一个容器里。

容器可以认为是一个特殊控件，能包含其他的控件或容器，如表单、页框、表格、命令按钮组、选项按钮组等都是容器。这里把容器对象称为那些被包容对象的父对象。

例如，在如图 6-2 所示的表单控件中，各容器对象的包容关系是：

- 第一层容器是表单(包含一个页框控件、一个文本框及一个命令按钮 Command1)。
- 第二层容器是页框控件(其中包含 Page1 和 Page2 两个页面)。
- 第三层容器是页面 Page1(包含一个表格控件)。
- 第四层容器是一个表格控件(可以存放数据)。

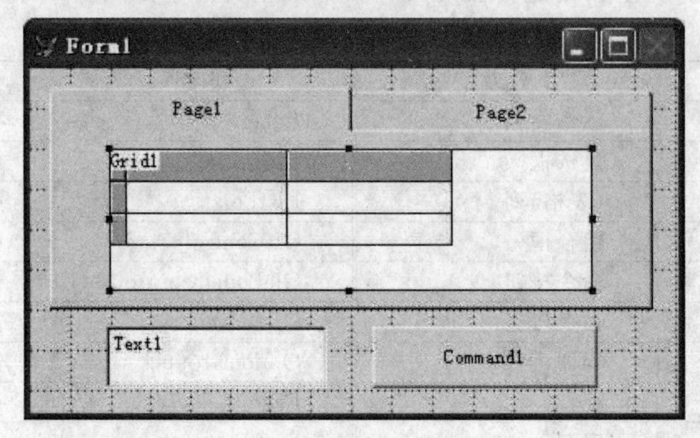

图 6-2　容器嵌套层次

在容器的嵌套层次关系中，引用其中某个对象，需指明对象在嵌套层次中的位置。经常要用到的关键字是：

- Parent(当前对象的直接容器对象，即父对象)。
- This(当前对象)。
- ThisForm(当前对象所在的表单)。
- ThisFormSet(当前对象所在的表单集)。

下面讲解几个常用关键字(This、Parent、Thisform)的应用。

(1) This 及 Parent 的应用。在图 6-2 中有一个命令按钮 Command1，双击此按钮，在它的 Click 事件中输入以下命令，并分别运行表单：

① This. Caption＝"命令按钮"

② This. Parent. Caption＝"表单标题"

③ This. Parent. Text1. Value＝"文本框"

(2) Thisform 的应用。继续在命令按钮 Command1 中输入以下命令：

① Thisform. Command1. Caption＝"命令按钮"

② Thisform. Text1. Value＝"文本框"

③ Thisform. Pageframe1. Page1. Caption＝"页面 1"

一定要注意 This、Thisform 和 Parent 三者的区别，This 是当前对象，Thisform 是当前表单，Parent 是当前对象的父对象。

6.2.3　事件

事件是一种由系统预先定义而由用户或系统发出的动作。事件作用于对象，对象识别事件并作出相应反应。事件是固定的，用户不能自定义事件。

事件可以由用户引发，还可以由系统引发。事件代码既能在事件引发时执行，也可以像方法一样被显示调用。表 6-3 列出了 Visual FoxPro 的最小事件集，不管是哪个基类，都包含这些事件。

表 6-3　Visual FoxPro 基类的最小事件集

事件	说明
Init	当对象生成时引发
Destroy	当对象从内存中释放时引发
Error	当方法或事件代码出现运行错误时引发

6.3　创建与运行表单

可以用 CREATE OBJECT 命令来生成表单对象，更常用的是利用表单设计器或者表单向导来创建表单文件。

6.3.1　创建表单

创建表单一般有以下两种途径使用表单设计器，或者是使用表单向导创建表单。

1. 使用表单设计器创建表单

可以用以下 3 种方法调用表单设计器：

① 在项目管理器中调用。在"项目管理器"窗口中选择"文档"选项卡，然后选择其中的"表单"图标，单击"新建"按钮，系统会弹出"新建表单"对话框，如图 6-3 所示，在此对话框中单击"新建表单"图标按钮。

② 通过"新建"对话框调用。单击"文件"菜单中的"新建"命令,或单击常用工具栏中的"新建"按钮,打开"新建"对话框,选择"文件类型"中的"表单"选项,再单击"新建文件"按钮。

③ 用命令方式调用。在命令窗口输入 CREATE FORM 或 MODIFY FORM 创建表单。

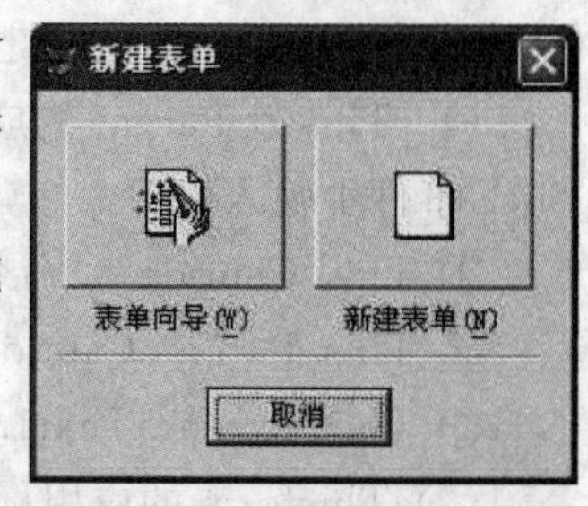

图 6-3 "新建表单"对话框

表单设计器窗口如图 6-4 所示。

在表单设计器环境下,也可以调用表单生成器方便、快速地生成表单。

调用表单生成器的方法有以下 3 种:

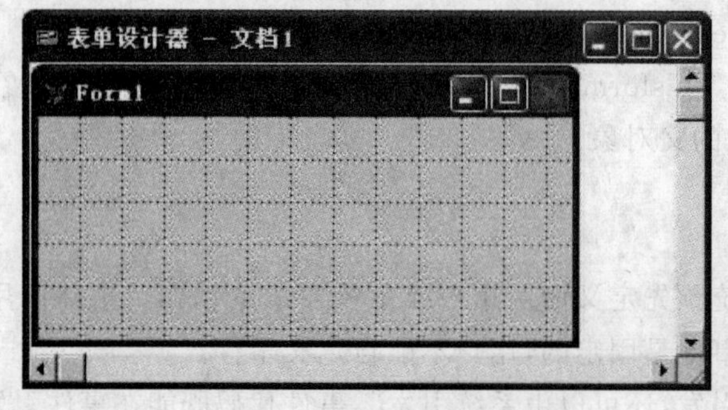

图 6-4 表单设计器窗口

① 选择"表单"菜单中的"快速表单"命令。

② 单击"表单设计器"工具栏中的"表单生成器"按钮。

③ 右键单击表单窗口,然后在弹出的快捷菜单中选择"生成器"命令。

通过以上方法都可以打开"表单生成器"对话框,如图 6-5 所示。选择添加相应的数据信息。保存表单,会在磁盘中产生扩展名为 . scx 的表单文件,还会生成一个扩展名为 . sct 的备注文件。

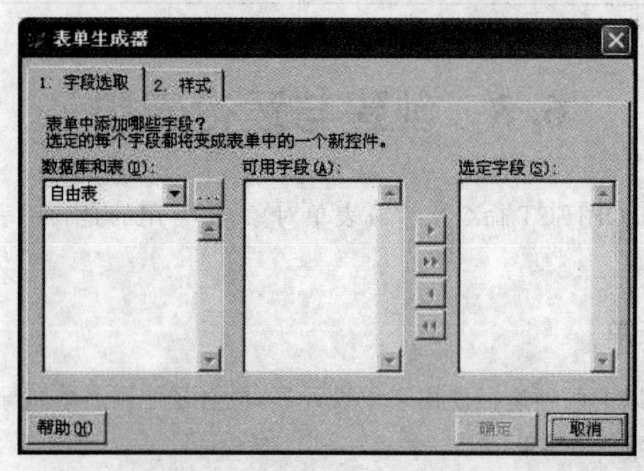

图 6-5 "表单生成器"对话框

2. 使用表单向导创建表单

Visual FoxPro 提供了以下两种表单向导帮助用户创建表单。

• 表单向导,适合于创建基于一个表的表单。

• 一对多表单向导,适合于创建基于两个具有一对多关系的表单。

调用表单向导的方法有以下两种:

① 在“项目管理器”窗口中选择“文档”选项卡,然后选择其中的“表单”图标,单击“新建”按钮,系统会弹出“新建表单”对话框,在此对话框中单击“表单向导”图标按钮,打开“向导选取”对话框,如图 6-6 所示,从列表框中选择要使用的向导,然后单击“确定”按钮。

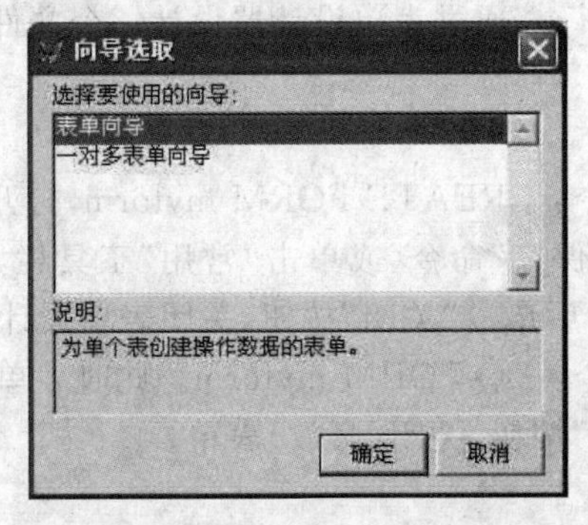

图 6-6　“向导选取”对话框

② 单击“文件”菜单中的“新建”命令,或单击“常用”工具栏中的“新建”按钮。打开“新建”对话框,选择“文件类型”中的“表单”选项,再单击“向导”按钮。

6.3.2　修改已有的表单

打开表单设计器可编辑修改已有的表单。要修改项目中的一个表单,可按以下方法打开表单文件并进入表单设计器环境:

① 打开项目管理器的“文档”选项卡,选择表单文件,单击“修改”按钮。

② 单击“文件”菜单下的“打开”命令,在“打开”对话框中选择打开文件的类型为表单,再选择要打开的表单文件,单击“确定”按钮。

③ 通过命令 MODIFY FORM <表单文件名>打开表单设计器。

6.3.3　运行表单

运行表单,是根据表单文件及表单备注文件的内容产生表单对象。运行表单的方法有 4 种:

(1)在项目管理器中选中要运行的表单文件,再单击“运行”按钮。

(2)在表单设计器环境下,单击“常用”工具栏上的运行按钮 ! 。

(3)执行“程序”菜单中的“运行”命令,在“运行”对话框中选择运行文件的类型为表单,再选择要运行的表单文件,单击“运行”按钮。

(4)用命令方式运行,其命令格式为:

```
DO FORM <表单文件名> [NAME <变量名>] WITH <实参 1>
      [,<实参 2>,…][LINKED][NOSHOW]
```

格式说明:

① 如果包含 NAME 子句,系统将建立指定名字的变量,并使它指向表单对象;否则,系统建立与表单文件同名的变量指向表单对象。

② 如果使用 WITH 子句，那么在表单运行引发 Init 事件时，系统会将各实参的值传递给该事件代码 PARAMETERS 或 LPARAMETERS 子句中的各参数。

③ 如果包含 LINKED 关键字，表单对象将随指向它的变量的清除而关闭（释放）；否则，即使变量已经清除，表单对象依然存在。

④ 如果使用 NOSHOW 子句，表单对象在运行的时候将不会显示，直到表单对象的 Visible 属性被设置为 .T.，或者调用了 SHOW 方法。

【例 6.1】表单的创建与运行。通过表单设计器设计一个文件名为 myform 的空表单，然后通过 DO FORM 命令运行它。

操作过程如下：

① 在命令窗口中输入命令：CREATE FORM myform，打开表单设计器。

② 从“文件”菜单中选择“保存”命令（或单击“常用”工具栏上的“保存”按钮），以 myform 作为文件名保存表单文件。然后单击“关闭”按钮，关闭表单设计器窗口。

③ 在命令窗口中输入命令：DO FORM myform。此时表单显示在屏幕上。

④ 单击表单窗口的“关闭”按钮，关闭（释放）表单。

6.4 表单设计器

上一节讲解了表单本身的创建与运行，本节将详细地介绍表单设计器的环境，以及在该环境下如何添加控件、操作和布局表单控件及设置表单数据环境。

6.4.1 表单设计器环境

表单设计器启动后，主窗口上会出现“表单设计器”窗口、“属性”窗口、“表单控件”工具栏、“表单设计器”工具栏及“表单”菜单，如图 6-7 所示。

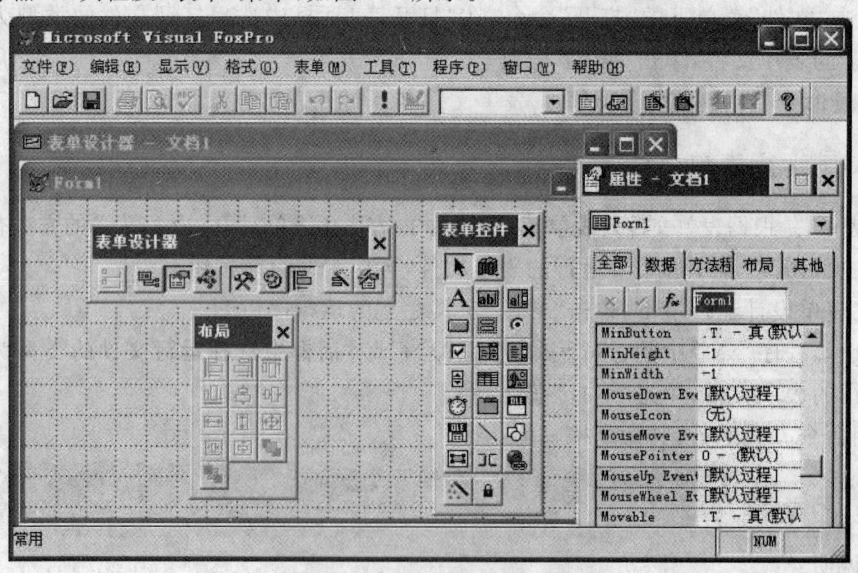

图 6-7 “表单设计器”窗口

1. 表单设计器窗口

此窗口用于对表单进行设计，可以向其添加和修改控件。表单只可在此窗口中移动。

2. 属性窗口

此窗口包括对象框、属性设置框和属性、方法、事件列表框，通过此窗口可修改表单及其控件的相关属性。

对于表单及其控件的绝大多数属性，其数据类型通常是固定的，如 Width 属性只能接收数值型数据，Caption 属性只能接收字符型数据，但有些属性的数据类型并不是固定的，如文本框的 Value 属性可以是任意数据类型，复选框的 Value 属性可以是数值型，也可以是逻辑型。

一般来说，要为属性设置一个字符型值，可以在设置框中直接输入，不需要加定界符。否则系统会把定界符作为字符串的一部分。

要把一个属性设置为默认值，可以在属性列表框中右键单击该属性，然后从快捷菜单中选择“重置为默认值”命令。

3. 表单控件工具栏

其中设置了若干控件按钮，可以方便地向表单中添加控件。

4. 表单设计器工具栏

其中包括“设置 Tab 键次序”按钮、“数据环境”按钮、“属性”窗口等。

5. 表单菜单

表单菜单中的命令主要用于创建、编辑表单或表单集以及为表单增加新的属性或方法。

6.4.2　控件的操作与布局

在表单设计器环境下，可以对表单中的控件进行如移动、复制、布局等操作，也可以为控件设置 Tab 键次序。

1. 控件的基本操作

控件的基本操作包括选定控件、移动控件、调整控件大小、复制控件、删除控件等。

2. 控件布局

利用“布局”工具栏中的按钮，可以方便地调整被选控件的相对大小或位置。“布局”工具栏可以通过单击表单设计器工具栏上的“布局工具栏”按钮或选择“显示”菜单中的“布局工具栏”命令打开或关闭。

在使用这些工具时，要首先选中需要调整的控件，然后单击“布局”工具栏上的相应按钮即可。

3. 设置 Tab 键次序

当表单运行时，用户可以按 Tab 键选择表单中的控件，使焦点在控件间移动。该功能的作用是设置焦点在控件间的移动顺序。

常用的设置方法是，选择“显示”菜单中的“Tab 键次序”命令或单击“表单设计器”工具栏上的“设置 Tab 键次序”按钮，进入 Tab 键次序设置状态，此时，控件上方出现深色小方块，称为 Tab 键次序盒，双击某个控件的 Tab 键次序盒，该控件将成为 Tab 键次序中的第一个控件，然后按需要的次序依次单击其他按钮，最后单击表单空白处确认设置。按 Esc 键，放弃设置，退出设置状态。

6.4.3 数据环境

为表单建立数据环境可以方便地设置控件与数据之间的绑定关系。数据环境中能包含表单所需要的一些表、视图及表间的关联，通常情况下，它们会随着表单的打开而打开，随着表单的关闭而关闭。

1. 打开数据环境设计器

可以在表单设计器上单击"表单设计器"工具栏上的"数据环境"按钮，或选择"显示"菜单中的"数据环境"命令，也可以在表单上右击鼠标选择"数据环境"命令。

2. 向数据环境添加表或视图

选择"数据环境"菜单中的"添加"命令，或右击"数据环境设计器"窗口，在快捷菜单中选择"添加"命令，打开"添加表或视图"对话框。

如果数据环境原来是空的，那么在打开数据环境设计器时，该对话框会自动出现。在对话框中选择要添加的表或视图并单击"添加"按钮。还可以单击"其他"按钮，选择需要的其他表或视图。向数据环境添加表或视图的界面如图 6-8 所示。

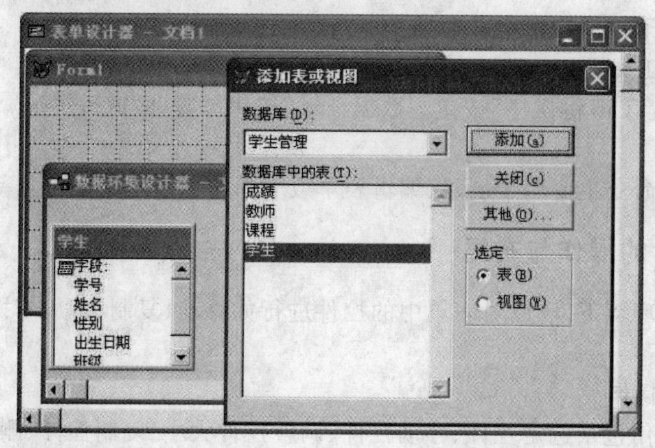

图 6-8　向数据环境添加表或视图

3. 从数据环境中移去表或视图

在"数据环境设计器"窗口中，单击选择要移去的表或视图，选择"数据环境"菜单下的"移去"命令，或右击表或视图，在弹出的快捷菜单中单击"移去"命令。

4. 向表单添加控件

向表单添加控件常用下面的两种方法：

(1)从"数据环境设计器"窗口直接将字段拖入表单。默认情况下，如果拖动的是字符型字段，会产生一个文本框控件，并自动将该文本框与相应的字段绑定在一起；如果拖动的是逻辑型字段，将产生复选框控件；如果拖动的是备注型字段，将产生编辑框控件；如果拖动的是表或视图，将产生表格控件。

(2)先利用"表单控件"工具栏将一个对应控件放置到表单里，然后通过设置其 ControlSource 属性将其与相应的字段绑定在一起。

6.5 表单属性和方法

本节介绍常用的表单属性和方法，以及如何为表单添加新的属性和方法。

6.5.1 常用的表单属性

表单属性大约有100个，但绝大多数很少用到。表6-4列出了一些常用的表单属性，它们规定了表单的外观和行为。

表6-4 表单常用属性

属性	描述	默认值
AlwaysOnTop	指定表单是否总是位于其他已打开的窗口之上	.F.
AutoCenter	控制表单初始化时是否让表单自动在Visual FoxPro主窗口中居中	.F.
BackColor	指定表单窗口的颜色	255,255,255
BorderStyle	指定表单是否有边框，是否具有单线边框、双线边框或系统边框	3
Caption	指定表单标题栏显示的文本	Form1
Closable	指定是否能通过单击"关闭"按钮或双击控制菜单栏来关闭表单	.T.
DataSession	指定表单里的表是在全局访问的工作区打开(设置值为1)，还是在表单的私有工作区打开(设置值为2)	1
MaxButton	控制表单是否具有最大化按钮	.T.
MinButton	控制表单是否具有最小化按钮	.T.
Movable	控制表单是否能够移动	.T.
Scrollbars	指定表单滚动条的类型。可取值为：0(无)、1(水平)、2(垂直)、3(既水平又垂直)	0
ShowWindow	控制表单在屏幕中、悬浮在顶层表单中或作为顶层表单出现	0
WindowState	控制表单是最小化(1)、最大化(2)还是正常状态(0)	0
WindowType	控制表单是非模式表单(默认1)还是模式表单(0)，在一个应用程序中，如果运行了一个模式表单，那么在关闭该表单之前不能访问应用程序中的其他界面元素	0

6.5.2 常用的事件与方法

下面介绍表单及控件常用的一些事件和方法。

1. 常用的事件

事件是一种由系统预先定义，而由用户或系统触发的动作。可由用户触发(如Click事件),也可以由系统触发(如 Load 事件)。对于用户触发的事件,又可分为用户操作触发和事件代码触发两种方式。表单中的常用事件如表 6-5 所示。

表 6-5　常用的事件

事件		功能
运行时事件	Load	在表单对象建立之前引发,即运行表单时,先引发 Load 事件,再引发 Init 事件
	Init	在对象建立时引发。在表单对象的 Init 事件引发之前,将先引发它所包含的控件对象的 Init 事件,所以在表单对象的 Init 事件代码中能够访问它所包含的所有控件对象
关闭时事件	Destroy	在对象释放时引发。表单对象的 Destroy 事件在它所包含的控件对象的 Destroy 事件引发之前引发,所以在表单对象的 Destroy 事件代码中能够访问它所包含的所有控件对象
	Unload	在表单对象释放时引发,是表单对象释放时最后一个要引发的事件。比如在关闭包含一个命令按钮的表单时,先引发表单的 Destroy 事件,然后引发命令按钮的 Destroy 事件,最后引发表单的 Unload 事件
交互时事件	GotFocus	当对象获得焦点时引发
	Click	鼠标单击时引发
	DblClick	鼠标双击时引发
	RightClick	鼠标右击时引发
	InteractiveChange	当通过鼠标或键盘交互改变一个控件的值时引发
错误时事件	Error	当对象方法或事件代码在运行过程中产生错误时引发

一般来说,用户触发事件是没有顺序性的,但一个对象上所产生的系统触发事件还是有先后次序的。表单对象从创建到被释放的整个过程可以分为 5 个阶段。

① 装载阶段(Load 事件);

② 对象生成阶段(Init 事件);

③ 交互操作阶段(如单击事件);

④ 对象释放阶段(Destroy 事件);

⑤ 卸载阶段(Unload 事件)。

有关表单和控件的 Load、Init、Destroy、Unload 事件的先后引发顺序可总结为:

① 表单的 Load 事件;

② 表单中控件的 Init 事件;

③ 表单的 Init 事件;

④ 表单的 Destroy 事件;

⑤ 表单中控件的 Destroy 事件;

⑥ 表单的 Unload 事件。

下面通过【例 6.2】来演示这些事件的触发顺序。

【例 6.2】在【例 6.1】建立的表单 myform 中添加一个命令按钮,然后按表 6-6 为表单和按钮设置事件代码,最后运行表单并观察结果。

表 6-6　要求设置的事件代码

对象	事件	代码
表单	Load	WAIT "引发表单 Load 事件！" WINDOW
	Init	WAIT "引发表单 Init 事件！" WINDOW
	Destroy	WAIT "引发表单 Destroy 事件！" WINDOW
	Unload	WAIT "引发表单 Unload 事件！" WINDOW
命令按钮	Init	WAIT "引发按钮 Init 事件！" WINDOW
	Destroy	WAIT "引发按钮 Destroy 事件！" WINDOW

操作过程如下：

① 在常用工具栏上单击“打开”按钮，在“打开”对话框中的“文件类型”中选择“表单”，选中 myform 文件，单击“确定”按钮，打开 myform 表单。或在命令窗口输入命令 MODIFY FORM myform，打开 myform 表单。

② 在表单中添加一个命令按钮，并双击该按钮，打开命令按钮的代码编辑窗口，在“过程”框中选择 Init，输入事件代码(代码在表 6-6 中)。同样再选择 Destroy，输入事件代码，并关闭。

③ 在表单的空白处双击表单，打开表单的代码编辑窗口，在“过程”框中选择 Load，输入代码，同样分别为 Init 、Destroy 、Unload 输入事件代码，并关闭。

④ 单击“常用”工具栏上的“保存”按钮保存表单。

⑤ 单击“常用”工具栏上的“运行”按钮 **!**。

然后按任意键引发各个事件，注意，引发 Destroy 事件时，要先单击表单的“关闭”按钮。

2. 常用的方法

当要用表单中的方法时，直接引用就可以了，不需要了解其内部的结构。

表单中常用的方法如表 6-7 所示。

表 6-7　表单中常用的方法

方法	功能
Hide	隐藏表单，该方法将表单的 Visible 属性设为 .F. 。例如，新建表单 form2，其中有一个命令按钮 Command1，在此按钮的 Click 事件中输入 thisform. hide，然后运行表单，单击命令按钮，表单将被隐藏
Show	显示表单，该方法将表单的 Visible 属性设为 .T. 。继续上面的操作，在命令窗口中输入 form2. show，然后回车，表单 form2 又显示了出来
Release	将表单从内存中释放(清除)。如 thisform. release 或 release myform
Refresh	重新绘制表单或控件，并刷新它的所有值。当表单被刷新时，表单上的所有控件也都被刷新。当页框被刷新时，只有活动页被刷新
SetFocus	让控件获得焦点，使其成为活动对象。如果一个控件的 Enabled 属性值或 Visible 属性值为 .F. ，将不能获得焦点

6.5.3　添加新的属性和方法

可以根据需要向表单添加任意数量的新属性和新方法，并可以用同样的方法进行引用。

1. 创建新属性

向表单添加新属性的步骤如下：

① 选择“表单”菜单中的“新建属性”命令，打开“新建属性”对话框。

② 在“名称”文本框中输入属性名。

③ 有选择地在“说明”文本框中输入新属性的说明信息。

2. 创建新方法

向表单添加新方法的步骤如下：

① 选择“表单”菜单中的“新建方法程序”命令，打开“新建方法程序”对话框。

② 在“名称”文本框中输入方法名。

③ 有选择地在“说明”文本框中输入新方法的说明信息。

3. 编辑方法或事件代码

在表单设计器中，编辑方法或事件代码的步骤如下：

① 选择“显示”或“代码”菜单命令，打开代码编辑窗口。

② 从“对象”列表框中选择方法或事件所属的对象。

③ 从“过程”列表框中指定需要编辑的方法或事件。

④ 在编辑区输入或修改方法或事件的代码。

6.5.4 信息对话框的设计

在应用程序设计与开发过程中，经常需要显示一些必要的信息，如提示信息、错误信息、警告信息等。通过 Visual FoxPro 提供的 MessageBox 函数可以设计信息提示框。

1. MessageBox 的用法

```
格式：MessageBox(信息文本[,对话框类型][,标题文本])
```

说明：

① “信息文本”是要在对话框中显示的信息。

② “对话框类型”一般是 2～3 个整数之和，用于指定对话框的样式，包括对话框中的按钮形式及其数目、图标样式以及默认按钮。

③ “标题文本”指定对话框标题栏的文本。

注意：“信息文本”和“标题文本”都为字符型数据，必须加字符串定界符。

例如，在命令窗口中输入如下命令：

```
MessageBox("是否开始考试?",4 + 32,"提示窗口")
```

系统会弹出如图 6-9 所示的信息提示窗口。

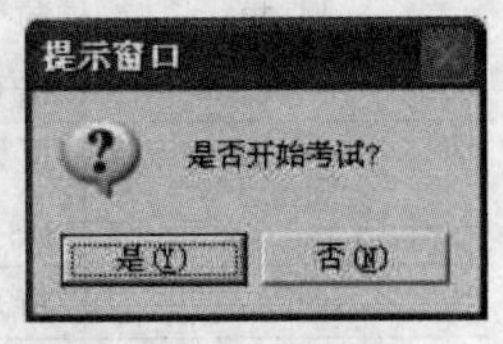

图 6-9　信息提示窗口

2. MessageBox 的返回值

单击消息框中的按钮后，会有一个返回值，可以将这个返回值赋给一个内存变量，程序中可利用返回值判断用户的选择，进而作出相应的处理。下面是单击各按钮后所对应的返回值。

1—确定，2—取消，3—终止，4—重试，5—忽略，6—是，7—否。

例如，在命令窗口中输入以下命令：

```
X = MessageBox("是否开始考试?",4 + 32,"提示窗口")
  ? X
```

当单击“是”按钮后，内存变量 X 的值等于 6。

6.6 基本型控件

表单作为容器，一般都要包含一些控件，以实现特定的交互功能。为了很好地使用和设计控件，需要了解控件的属性、方法和事件。下面分别介绍常用表单控件的使用和设计。

6.6.1 标签控件

标签控件(Label)用以显示文本，被显示的文本在 Caption 属性中指定，称为标题文本。其常用属性见表 6-8。

表 6-8　标签的常用属性

属性	说明
Caption	指定标签的标题文本。可为其定义访问键，格式是"标题文本(\<某字符)"。如 thisform. lable1. caption＝"输入项目号(\<R)"，这样就可以用 Alt＋R 组合键来访问此对象了
Alignment	指定标题文本在控件中的对齐方式，包括 0(默认值左对齐)、1(右对齐)、2(居中对齐)

6.6.2 命令按钮

命令按钮(Command Button)用来执行某段事件代码以完成特定功能，如关闭表单、执行查询命令等。其常用属性见表 6-9。

表 6-9　命令按钮的常用属性

属性	功能
Default	属性值为 . T. 的命令按钮为"默认"按钮。命令按钮的默认值为 . F. ，一个表单内只能有一个默认按钮
Cancel	属性值为 . T. 的命令按钮为"取消"按钮。其默认值为 . F. ，按 Esc 键可以激活执行该按钮的 Click 事件
Enabled	指定表单或控件能否响应由用户引发的事件。默认值为 . T. ，即对象是有效的，能被选择，能响应用户引发的事件
Visible	指定对象是可见还是隐藏。在表单设计器环境下创建的对象，该属性默认值为 . T. ，即对象是可见的；以编程方式创建的对象，该属性的默认值为 . F. ，即对象是隐藏的

【例 6.3】命令按钮的 Enabled 属性、Visible 属性的使用及新建方法程序示例。

新建一个文件名和表单名都为 quit 的表单文件，如图 6-10 所示。

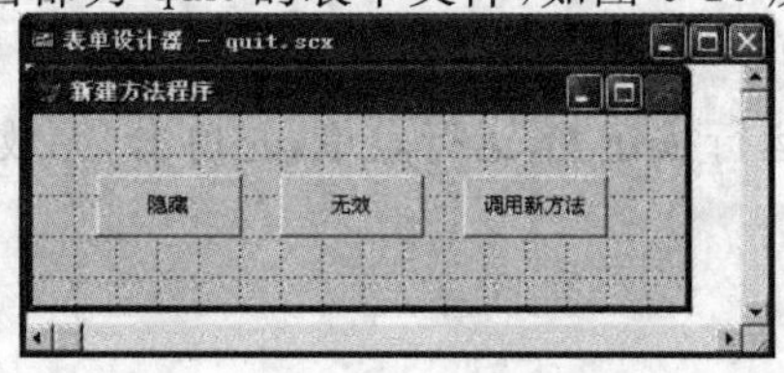

图 6-10　例 6.3 表单界面

表单标题为“新建方法程序”，表单中有 Command1、Command2 和 Command3 三个命令按钮，标题分别是“隐藏”、“无效”和“调用新方法”。当单击 Command2 时使 Command1 变为隐藏，使 Command2 变为不可用。并为表单添加一个新方法 new，在该方法中写一条语句 Thisform. Release，然后在 Command3 中调用此方法。

具体操作步骤如下：

① 单击常用工具栏上的“新建”按钮，新建一个表单，保存表单文件名为 quit。

② 在表单的属性窗口修改表单的 Name 属性值为 quit，如图 6-11 所示。

③ 在表单属性窗口的 Caption 中输入表单标题“新建方法程序”，如图 6-12 所示。

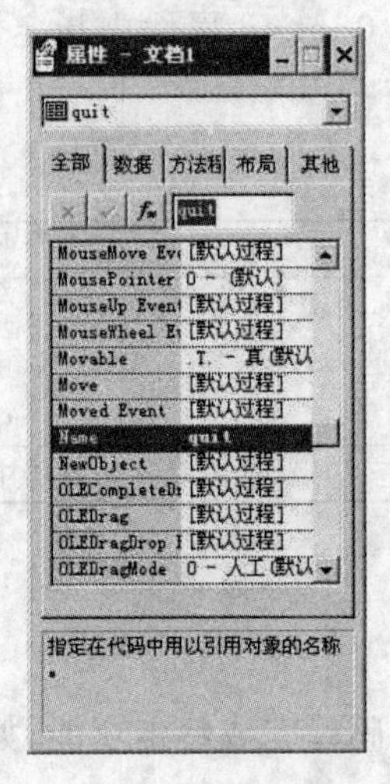

图 6-11　设置表单的 Name 属性

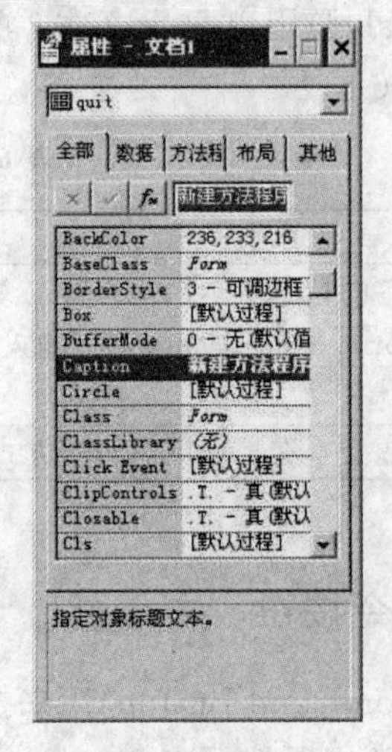

图 6-12　设置表单的 Caption 属性

④ 为表单添加 3 个命令按钮，并分别将 Command1、Command2 和 Command3 的 Caption 属性值设置为“隐藏”、“无效”和“调用新方法”。

⑤ 双击 Command2 打开代码窗口，在过程中选择 Click，在代码窗口中输入如下代码：

```
This. Enabled = . f.
Thisform. Command1. Visible = . f.
```

⑥ 单击选择表单后，从“表单”菜单中选择“新建方法程序”命令，在打开的对话框中输入名称 new，单击“添加”按钮，最后单击“关闭”铵钮。

⑦ 双击表单空白处打开表单代码窗口，在过程中找到并打开刚建立的方法 new，输入以下代码：

```
Thisform. Release
```

⑧ 双击 Command3 打开代码窗口，在 Click 中输入以下代码：

```
Thisform. new
```

⑨ 单击常用工具栏上的运行按钮 !，运行表单，先单击“无效”按钮，再单击“调用新方法”按钮，观察运行结果。

6.6.3　文本框

文本框(TextBox)可用于输入数据或编辑内存变量、数组元素等，常用的编辑功能，如剪切、复制和粘贴，在文本框内都可使用。

文本框一般包含一行数据。文本框可以编辑任何类型的数据，如字符型、数值型、逻辑型、日期型和日期时间型等。如果编辑的是日期型或日期时间型数据，那么在整个内容被选定的情况下，按"+"或"-"，可以使日期增加一天或减少一天。文本框的常用属性见表 6-10。

表 6-10　文本框的常用属性

属性	功能
ControlSource	为文本框指定数据源。数据源是一个字段或内存变量，运行时文本框首先显示变量的内容
Value	可通过设置该属性为文本框指定初始值，默认值是空串
PasswordChar	指定文本框控件内是显示用户输入的字符还是显示占位符。该属性的默认值是空串，此时没有占位符，文本框内显示用户输入的内容。当为该属性指定一个字符（即占位符，通常为 * ）后，文本框内将只显示占位符，而不会显示用户输入的文本。在设计登录口令框时经常用到，如 QQ 的登录密码框及网银的登录密码框就是设了占位符的文本框
InputMask	指定在一个文本框中如何输入和显示数据。其属性值是字符串。该字符串通常由一些模式符组成，每个模式符规定了相应位置上数据的输入和显示方式。各种模式符的功能如下： x：允许输入任何字符 9：允许输入数字和正负号 #：允许输入数字、空格和正负号 $：在固定位置上显示当前货币符号 $$：在数值前面相邻的位置上显示当前货币符号（浮动货币符） *：在数值左边显示星号 .：指定小数点的位置 ,：分隔小数点左边的数字串

【例 6.4】文本框的 InputMask 属性的使用。

创建一个名为 formone 的表单文件，其中包含一个文本框和一个命令按钮。然后在表单设计器环境下完成如下操作：

(1)将表单的标题设置为"InputMask 属性"；命令按钮的标题设置为"显示"。

(2)将文本框的初始值设置为数值 0、宽度设置为 60。

(3)设置文本框的 InputMask 属性，使其只能输入数值，其中，小数部分为两位，整数部分(包括正负号)为 5 位。

(4)在命令按钮的 Click 事件中输入代码，实现当单击命令按钮时，能在 Windows 窗口中显示文本框的值。注意：需要将文本框中的数值转换成字符串，其中：小数位数保留两位，字符串的长度为 8。

具体操作步骤如下：

① 新建表单 formone，将表单的 Caption 属性值设置为"InputMask 属性"，命令按钮的 Caption 属性值设置为"显示"。

② 将文本框的 Value 属性值设置为 0，Width 属性值设置为 60。

③ 将文本框的 InputMask 属性值设置为 99999.99。

④ 在"显示"按钮的 Click 事件中输入以下代码：

```
Wait Str(Thisform.Text1.Value,8,2) Window
```

⑤ 运行表单，在文本框窗口中输入数值，可以发现在文本框中输入的数值整数部分最多是 5 位，小数部分最多为 2 位。然后单击命令按钮，观察运行结果。

6.6.4 编辑框

与文本框一样，编辑框(EditBox)也用来输入或编辑数据，与文本框相比，它有自己的特点：

① 编辑框实际上是一个完整的字处理器，可以包含回车符，也可以有垂直滚动条。

② 编辑框只能输入、编辑字符型数据。

编辑框的常用属性见表 6-11。

表 6-11 编辑框的常用属性

属性	功能
HideSelection	指定当编辑框失去焦点时，编辑框中选定的文本是否仍显示为选定状态。为 .T. 时不显示，为 .F. 时显示
ReadOnly	为 .T. 时是只读状态，为 .F. 时是可编辑状态
ScrollBars	是否有滚动条，为 2(默认值)时有垂直滚动条，为 0 时没有
SelStart	返回用户在编辑框中所选文本的起始点位置或插入点位置(没有文本选定时)，也可用以指定要选文本的起始位置或插入点位置。属性的有效取值范围在 0 与编辑区中字符总数之间
SelLength	返回用户在编辑框中所选文本的字符数，或指定要选定的字符数，没有字符返回 0，小于 0 将产生一个错误
SelText	返回用户编辑区内选定的文本，如果没有选定任何文本，则返回空串

6.6.5 复选框

一个复选框(CheckBox)用于标记两种状态，对应的值为真(.T.)或假(.F.)。当处于选中状态时，复选框内显示一个对勾(√)；否则，复选框内为空白。其常用属性见表 6-12。

表 6-12 复选框的常用属性

属性	功能
Caption	用来指定显示在复选框旁边的标题
Alignment	用于指定复选框是显示在该标题的右边还是左边
ControlSource	指明复选框要绑定的数据源。值为 0(.F.)表示未选中、为 1(.T.)表示选中、为 2(.null.)表示不确定
Value	如果没有设置 ControlSource 属性，可通过 Value 属性来设置或返回复选框的状态，其默认值为 0，一旦指定 ControlSource 属性，那么 Value 属性总是与 ControlSource 属性指定的变量具有相同的值和类型

6.6.6 列表框

列表框(List)提供一组条目，用户可以从中选择一个或多个条目。条目较多时，可通过滚动条浏览其他条目。其常用属性见表 6-13。除 MultiSelect 属性外，以下属性还适用于组合框。

表 6-13　列表框的常用属性

属性	功能
RowSourceType	指明列表框中条目的数据源类型,默认值为 0
RowSource	列表框中条目的数据源
ColumnCount	指定列表框的列数
ControlSource	为列表框指定要绑定的数据源
Value	返回列表框中被选中的条目。该属性可以是字符型(默认),也可以是数值型,对于列表框和组合框,该属性为只读
MultiSelect	指定能否在列表框内进行多重选定。0 或 .F. 为不允许、1 或 .T. 为允许,仅适用于列表框
List	用以存取列表框中数据条目的字符串数组。例如： var=thisform. mylist. list(3,2) && 表示取第 3 个条目第 2 列上的数据项 var=thisform. mylist. list(3) && 表示取第 3 个条目第 1 列上的数据项(列号缺省默认为第 1 列)
ListCount	指明列表框中数据条目的总数目
Selected	指定列表框内的某个条目是否处于选定状态。例如： if thisform. mylist. selected(3) && selected(3)表示第 3 个条目被选中

其中的 RowSourceType 属性的设置值见表 6-14,该属性还适用于组合框。

表 6-14　列表框的 RowSourceType 属性的设置值

属性值	说明	
0	无(默认值)	在程序运行时,通过 AddItem 方法添加列表框条目,通过 RemoveItem 方法移去列表框条目
1	值	通过 RowSource 属性手工指定具体列表框中的条目,如 RowSource="清华,北航,科学"
2	别名	将表中的字段值作为列表框的条目。ColumnCount 属性指定要取的字段数目,也就是列表框的列数。指定的字段总是表中最前面的若干字段。比如 ColumnCount 属性值为 0 或 1,则列表将显示表中第一个字段的值
3	SQL 语句	将 SQL SELECT 语句的执行结果作为列表框条目的数据源,如 RowSource="select * from 教师 into cursor mylist"
4	查询(. qpr)	将 . qpr 文件执行后产生的结果作为列表框条目的数据源,如 RowSource ="myquery. qpr"
5	数组	将数组中的内容作为列表框条目的来源
6	字段	将表中的一个或几个字段作为列表框条目的数据源,如 RowSource="学生 . 学号,姓名"。与 RowSourceType 值为 2(别名)时不同,这里可以指定所需的具体字段,如果想在列表中包含多个表的字段,应该将 RowSourceType 值设为 3(SQL 语句)
7	文件	将某个驱动器和目录下的文件名作为列表框的条目。如要在列表框中显示当前目录下 Visual FoxPro 表文件清单,可将 RowSource 属性设置为 *. dbf
8	结构	将表中的字段名作为列表框的条目,由 RowSource 属性指定表。若 RowSource 属性值为空,则列表框显示当前表中的字段名清单
9	弹出式菜单	将弹出式菜单作为列表框条目的数据源

6.6.7 组合框

组合框(ComboBox)与列表框类似,也是用于提供一组条目供用户从中选择。上面介绍的列表框属性对组合框同样适用(除 MultiSelect 外),并且具有相似的含义和用法。组合框与列表框相比主要区别在于:

(1) 对于组合框来说,通常只有一个条目是可见的。而列表框可以看到多个条目,还可以拖动滚动条看到更多的条目。

(2) 组合框不提供多重选择的功能,没有 MultiSelect 属性。而列表框有多重选择的功能。

(3) 组合框有两种形式,下拉组合框和下拉列表框。通过 Style 属性来设置不同的形式:0 表示选择下拉组合框。用户可以从列表中选择条目,也可以在编辑区内输入。2 表示选择下拉列表框。用户只能从列表中选择条目。

【例 6.5】组合框的 RowSourceType 属性和 RowSource 属性设置示例。

创建一个表单,表单名和文件名都是 formzhk,在表单中添加一个组合框,将组合框 Style 属性设置为"2-下拉列表框",按如下要求为组合框设置 RowSourceType 属性和RowSource 属性。并分别运行表单。

具体操作步骤如下:

(1)新建表单,以 formzhk 为文件名保存表单,并将表单的 Name 属性值设置为 formzhk,将表单的 Caption 属性值设置为"组合框属性设置"。

(2)选中组合框,在属性窗口中将组合框的 Style 属性值设置为"2-下拉列表框",如图 6-13(a)所示。

(3)将"学生"表添加到表单的数据环境中。

(4)选中组合框,单击"属性"窗口中的"数据"选项卡,按下列要求设置组合框的 RowSourceType 属性值和 RowSource 属性值。

① 将组合框 RowSourceType 属性值设置为"1-值",将 RowSource 属性值设置为"清华,北航,科学",如图 6-13(b)所示,然后单击!按钮运行表单,在运行后的表单中单击▼,观察运行结果,关闭表单。

② 将组合框 RowSourceType 属性值设置为"2-别名",将 RowSource 属性值设置为"学生",如图 6-13(c)所示,然后单击!按钮运行表单,在运行后的表单中单击▼,观察运行结果,关闭表单。

③ 将组合框 RowSourceType 属性值设置为"3-SQL 语句",将 RowSource 属性值设置为"select 学生.姓名",如图 6-13(d)所示,然后单击!按钮运行表单,在运行后的表单中单击▼,观察运行结果,关闭表单。

④ 将组合框 RowSourceType 属性值设置为"5-数组",将 RowSource 属性值设置为"a",如图 6-13(e)所示,然后双击表单空白处,在过程中选择 Init 事件,如图 6-13(f)所示,在 Init 代码窗口中输入以下命令:

```
public a(3)
a(1) = "01"
a(2) = "02"
a(3) = "03"
```

关闭代码窗口,单击!按钮运行表单,在运行后的表单中单击▼,观察运行结果,关闭表单。

⑤ 将组合框 RowSourceType 属性值设置为"6-字段",将 RowSource 属性值设置为"学生.姓名",如图 6-13(g)所示,然后单击!按钮运行表单,在运行后的表单中单击▼,观察运行结果,关闭表单。

⑥ 将组合框 RowSourceType 属性值设置为“7－文件”，将 RowSource 属性值设置为“*.dbf”，如图 6-13(h)所示，然后单击 ! 按钮运行表单，在运行后的表单中单击 ▼，观察运行结果，关闭表单。注意，列表框中显示的是所有的表。

⑦ 将组合框 RowSourceType 属性值设置为“8－结构”，将 RowSource 属性值设置为“学生”，如图 6-13(i)所示，然后单击 ! 按钮运行表单，在运行后的表单中单击 ▼，观察运行结果，关闭表单。注意，列表框中显示的是表的结构，即表中的所有字段。

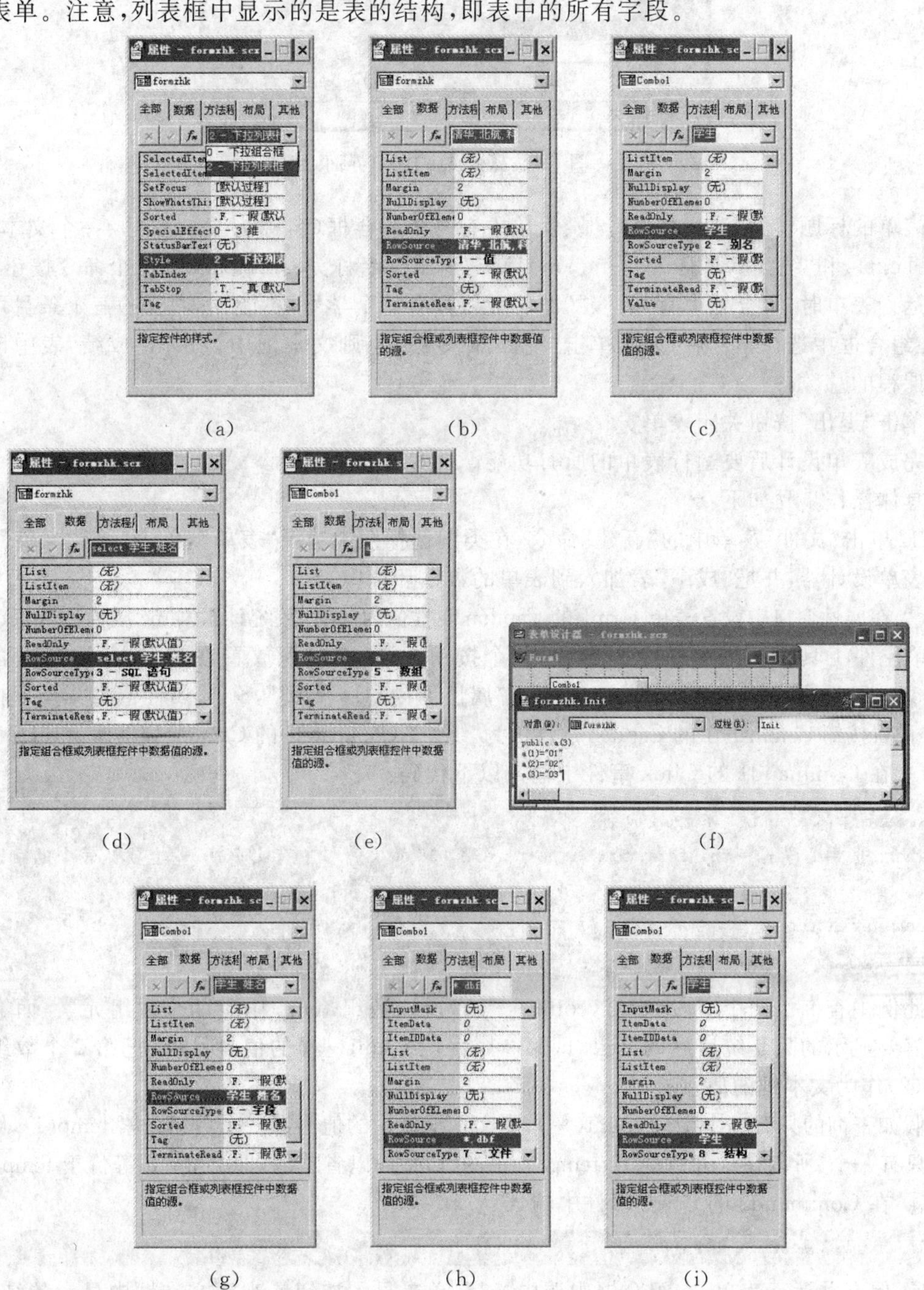

图 6-13　组合框的 RowSourceType 属性和 RowSource 属性设置

【例 6.6】组合框、文本框及按钮的综合应用。

设计一个名为 formtwo 的表单(控件名为 form1,文件名为 formtwo),如图 6-14 所示。

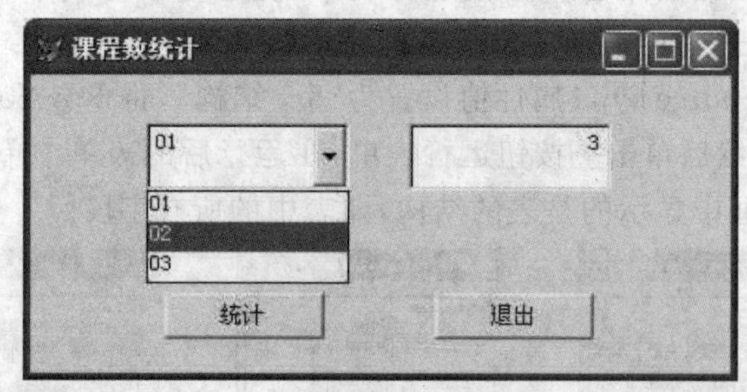

图 6-14 【例 6.6】表单界面

表单的标题设为"课程数统计"。表单中有一个组合框(名称为 Combo1)、一个文本框(名称为 Text1)和"统计"(名称为 Command1)与"退出"(名称为 Command2)两个命令按钮。

运行表单时,组合框中有"01"、"02"、"03"(只有三个学号,不能输入新的)三个条目可供选择,在组合框中选择学号后,如果单击"统计"命令按钮,则文本框中显示出"成绩"表中该学生所学课程的总数。

单击"退出"按钮关闭表单。

完成表单设计后要运行表单的所有功能。

具体操作步骤如下:

① 单击"文件"菜单中的"新建"命令,在类型选择框中选择"表单",单击"新建文件"按钮,打开表单设计器,并把"成绩"表加入到表单的数据环境中。

② 在属性窗口中设置表单 form1 的 Caption 属性值为"课程数统计"、Name 属性值为"Form1"。从表单控件工具栏中选择一个组合框、两个按钮、一个文本框放置在表单上,设置组合框的 RowsourceType 属性值为"1-值",RowSource 属性值为"01,02,03",Style 属性值为"2-下拉列表框"。设置按钮 Command1 的 Caption 属性值为"统计",Command2 的 Caption 属性值为"退出"。

③ 在 Command1 的 Click 事件中输入以下代码:

```
select 学号,count( * ) from 成绩;
where 成绩 . 学号 = thisform. combo1. value;        && 如果表单中有文本框,一定要让表中的字段
                                                       跟文本框建立联系
into array temp
thisform. text1. value = temp(2)
```

此例中查询了两个字段(学号,count(*)),所以数组 temp 中有两个数组元素,而在文本框中需要显示的只是统计后的结果,即第 2 个字段 count(*)的值,所以应把第 2 个数组元素 temp(2)作为文本框的值。

假如查询的只有一个字段 count(*),则文本框显示的值为第一个数组元素 temp(1),因数组元素只有一个,所以在这种情况下,temp(1)中的(1)是可以省略的,即 temp(1)等价于 temp。

④ 在 Command2 的 Click 事件中输入:

```
Thisform. Release
```

⑤ 保存并运行表单,在组合框中选中"01",单击显示按钮。观察文本框中显示的结果,然后再分别查看"02"、"03"号同学所学的课程数。

6.6.8　计时器控件

计时器控件(Timer)能对时间作出反应,可以让计时器以一定的间隔重复地执行某种操作。计时器通常用来检查系统时间,确定是否到了应该执行某一任务的时间。对于其他一些后台处理,计时器也很有用。其常用属性如表 6-15 所示。

表 6-15　计时器控件的常用属性

属性	功能
Enabled	若想让计时器在表单加载时就开始工作,应将这个属性设置为“真”(.T.),否则将这个属性设置为“假”(.F.)。也可以选择一个外部事件(如命令按钮的 Click 事件)启动计时器
Interval	事件之间的毫秒数

【例 6.7】计时器的应用。

设计一个如图 6-15 所示的时钟应用程序,具体描述如下。

表单名和表单文件名均为 timer,表单标题为“时钟”,表单运行时自动显示系统的当前时间:

(1) 显示时间的为标签控件 label1(要求在表单中居中,即标签文本对齐方式为居中);

(2) 单击“暂停”命令按钮(Command1)时,时钟停止;

(3) 单击“继续”命令按钮(Command2)时,时钟继续显示系统的当前时间;

(4) 单击“退出”命令按钮(Command3)时,关闭表单。

图 6-15　【例 6.7】表单界面

提示:使用计时器控件,将该控件的 interval 属性设置为 500,即每 500 毫秒触发一次计时器控件的 timer 事件(显示一次系统时间);将计时器控件的 Interval 属性设置为 0 将停止触发 timer 事件;在设计表单时将 Timer 控件的 Interval 属性设置为 500。

操作过程如下:

① 打开表单设计器后,将表单的 Name 属性值改为 timer,Caption 属性设置为时钟,并以 timer 为文件名保存表单。

② 在表单控件工具栏上单击“命令按钮”,在表单上放置 3 个按钮控件,分别修改其 Caption 属性值为“暂停”、“继续”、“退出”。

③ 在表单中央放置一个标签控件,修改其 Alignment 属性值为“2—中央”。

④ 单击“计时器控件”,在表单上放置一个计时器控件,修改其 Interval 属性值为 500。

相关代码如下:

```
Command1(暂停)按钮的 Click 事件为:Thisform.Timer1.Interval = 0
Command2(继续)按钮的 Click 事件为:Thisform.Timer1.Interval = 500
Command3(退出)按钮的 Click 事件为:Thisform.Release
Timer1 的 timer 事件为:Thisform.Label1.Caption = Time()
```

⑤ 保存表单并运行,单击暂停按钮或继续按钮观察计时器的运行情况。

6.6.9 微调控件

微调控件(Spinner)主要用于接收数值的输入,每单击一次向上或向下按钮,就可以增加或减少微调值。用户可以通过设置 Increment 属性来确定增加或减少的步长。微调控件也可以与文本框相配合来微调其他数据类型的值。其常用属性如表 6-16 所示。

表 6-16 微调控件的常用属性

属性	功能
Increment	用户每次单击向上或向下按钮时增加和减少的值
KeyboardHighValue	用户能键入到微调文本框中的最高值
KeyboardLowValue	用户能键入到微调文本框中的最低值
SpinnerHighValue	用户单击向上按钮时,微调控件能显示的最高值
SpinnerLowValue	用户单击向下按钮时,微调控件能显示的最低值

【例 6.8】微调控件的使用。

设计一个表单文件名为 formwt、表单名为 Form1、表单标题名为"微调控件"的表单,其表单界面如图 6-16 所示。其他要求如下:

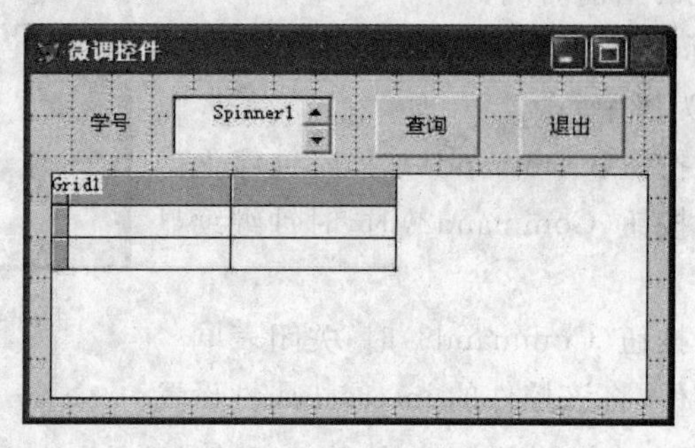

图 6-16 【例 6.8】表单界面

(1) 为表单建立数据环境,向数据环境添加"成绩"表。

(2) 当在"学号"标签右边的微调控件中(Spinner1)选择"学号"并单击"查询"按钮(Command1)时,则会在下边的表格(Grid1)控件内显示该学号的各科成绩。指定微调控件上箭头按钮(SpinnerHighValue 属性)与下箭头按钮(SpinnerLowValue 属性)值范围为 5~1,默认值(Value 属性)为 1,增量(Increment 属性)为 1。

(3) 单击"退出"按钮(Command2)时,关闭表单。

要求:表格控件的 RecordSourceType 属性设置为"4-SQL 说明"。

具体操作步骤如下:

① 打开表单设计器窗口,新建表单并保存,表单文件名为 formwt,表单控件名为 Form1。

② 为表单添加数据环境,在"显示"菜单下打开"数据环境"或在表单上单击右键打开"数据环境"。

③ 在表单上添加各文本框、命令按钮、表格及相关的标签,并进行适当的布置和大小调整。

④ 设置各标签、命令按钮以及表单的 Caption 属性值。

⑤ 将表格的 RecordSourceType 属性值设置为"4-SQL 说明"。

设置"查询"按钮的 Click 事件代码:

```
thisform.grid1.recordsource = "select * from 成绩;
    where right(学号,1) = alltrim(thisform.spinner1.text) into cursor aaa"
```

此 SQL 语句是用"引号"引起来的,如要换行,需在换行符";"前加空格,或在下一行前加空格,否则,"表格"控件中不能显示查询结果。

⑥ 设置"退出"按钮的 Click 事件代码:

```
Thisform.Release
```

⑦ 保存表单,并运行,使用微调控件查询各个学号的成绩。

6.7 容器型控件

本节将介绍命令组、选项组、表格、页框等常用的容器型控件。

6.7.1 命令组

命令组(CommandGroup)是包含一组命令按钮的容器控件。命令组和命令组中的每个按钮都有自己的属性、方法和事件。其常用属性如表 6-17 所示。

表 6-17 命令组的常用属性

属性	功能
ButtonCount	指定命令组中命令按钮的数目
Buttons	用于存取命令组中各按钮的数组。例如: Thisform. CommandGroup1. Buttons(2). Visible=. F.
Value	指定命令组当前的状态,如果为数值型,则表示第 n 个按钮被选中,例如: Thisform. CommandGroup1. Value=2 && 表示针对第 2 个按钮采取某些行动。 如果为字符型值 C,则表示命令组中 Caption 属性值为 C 的命令按钮被选中

6.7.2 选项组

选项组(OptionGroup)又称为选项按钮组,是包含选项按钮的一种容器。一个选项组中往往包含若干个选项按钮,但用户只能从中选择一个按钮。当用户选择其中某个按钮选项时,该按钮即成被选中的状态,而选项组中的其他选项按钮,不管原来是什么状态,都变为未选中状态。处于选中状态的选项按钮中会显示一个圆点。其常用属性如表 6-18 所示。

表 6-18 选项组的常用属性

属性	功能
ButtonCount	指定选项组中选项按钮的数目。默认是两个
Buttons	用于存取选项组中各按钮的数组
ControlSource	为选项组指定要绑定的数据源
Value	初始化或返回选项组中被选中的选项按钮

【例 6.9】复选框、选项按钮组和选择语句的综合应用。

(1) 建立一个如图 6-17 所示的表单名和文件名均为 myform 的表单。表单的标题是"教师情况”，表单中有两个命令按钮（Command1 和 Command2）、两个复选框（Check1 和 Check2）和两个单选钮（Option1 和 Option2）。Command1 和 Command2 的标题分别是“生成表”和“退出”，Check1 和 Check2 的标题分别是“系”和“职称”，Option1 和 Option2 的标题分别是“按教师号升序”和“按教师号降序”。

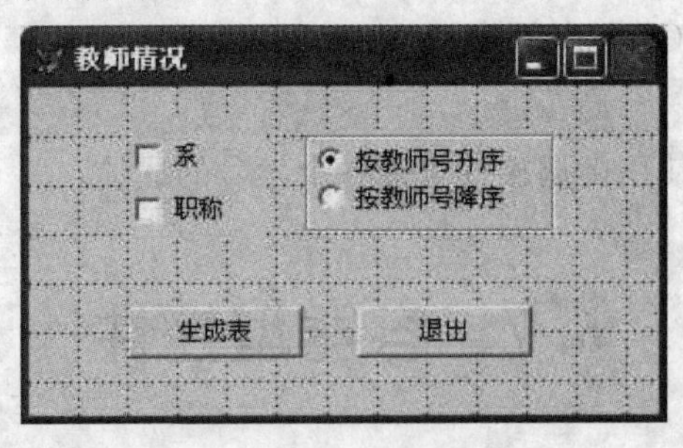

图 6-17 【例 6.9】表单界面

（2）为“生成表”命令按钮编写程序。程序的功能是根据表单运行时复选框指定的字段和单选钮指定的排序方式生成新的自由表。

如果两个复选框都被选中，生成的自由表命名为 two. dbf，two. dbf 的字段包括教师号、姓名、系、职称和课程名。

如果只有“系”复选框被选中，生成的自由表命名为 one_x. dbf，one_x. dbf 的字段包括教师号、姓名、系和课程名。

如果只有“职称”复选框被选中，生成的自由表命名为 one_xx. dbf，one_xx. dbf 的字段包括教师号、姓名、职称和课程号。

（3）运行表单，并分别执行如下操作：

① 选中两个复选框和“按教师号升序”单选钮，单击“生成表”命令按钮；

② 只选中“系”复选框和“按教师号降序”单选钮，单击“生成表”命令按钮；

③ 只选中“职称”复选框和“按教师号降序”单选钮，单击“生成表”命令按钮。

具体操作步骤如下：

① 利用“文件”菜单下的“新建”命令可创建新的表单文件，在“显示”菜单中打开表单控件工具栏，通过表单控件工具栏向表单中添加各控件。

② 通过属性窗口设置表单及各控件的相关属性，表单及各控件的相关属性值如表 6-19 所示。

表 6-19 表单及控件的相关属性

对象	属性名	值
表单	Name	myform
表单	Caption	教师情况
Command1	Caption	生成表
Command2	Caption	退出
Check1	Caption	系
Check2	Caption	职称
Option1	Caption	按教师号升序
Option2	Caption	按教师号降序

③ 为“生成表”命令按钮的 Click 事件编写程序代码：

```
a = Thisform.Check1.Value
b = Thisform.Check2.Value
c = Thisform.Optiongroup1.Option1.Value
d = Thisform.Optiongroup1.Option2.Value
if a = 1 and b = 1
  if c = 1
    select 教师.教师号,姓名,系,职称,课程名 from 教师,课程;
    where 教师.教师号 = 课程.教师号;
    order by 教师.教师号;
    into table two.dbf
  else
    select 教师.教师号,姓名,系,职称,课程名 from 教师,课程;
    where 教师.教师号 = 课程.教师号;
    order by 教师.教师号 desc;
    into table two.dbf
  endif
endif
if a = 1 and b = 0
  if c = 1
    select 教师.教师号,姓名,系,课程名 from 教师,课程;
    where 教师.教师号 = 课程.教师号;
    order by 教师.教师号;
    into table one_x.dbf
  else
    select 教师.教师号, 姓名,系,课程名 from 教师,课程;
    where 教师.教师号 = 课程.教师号;
    order by 教师.教师号 desc;
    into table one_x.dbf
  endif
endif
if a = 0 and b = 1
  if c = 1
    select 教师.教师号,姓名,职称,课程名 from 教师,课程;
    where 教师.教师号 = 课程.教师号;
    order by 教师.教师号;
    into table one_xx.dbf
  else
    select 教师.教师号,姓名,职称,课程名 from 教师,课程;
    where 教师.教师号 = 课程.教师号;
    order by 教师.教师号 desc;
    into table one_xx.dbf
  endif
endif
```

④ 将表单以 myform 为文件名保存，并根据题目要求运行表单，生成正确的记录。

6.7.3 表格

表格(Grid)是一种容器对象，其外形与 Browse 窗口相似，按行和列的形式显示数据，一个表格由若干列对象(Column)组成，每个列对象包含一个标头对象(Header)和若干控件。这里表格、列、标头和控件都有自己的属性、事件和方法。

1. 表格设计的基本操作

(1) 调整表格的行高和列宽。

一旦指定了表格的列数(通过 ColumnCount 属性值来设置，默认为－1，可以为此属性指定一个正值)，就可以用以下两种方法来调整表格的行高和列宽了。

① 通过设置表格的 HeaderHeight 和 RowHeight 属性调整行高，通过设置列对象的 Width 属性调整列宽。

② 让表格处于编辑状态(可右击选择"表格"→"编辑"命令)，然后通过鼠标拖动操作表格的行高和列宽。

(2) 表格生成器。

表格设计也可以调用表格生成器来进行，通过表格生成器能够交互地设置表格的有关属性，创建所需要的表格。调用表格生成器的步骤如下：

首先在表单中放置一个表格控件，右击表格，在快捷菜单中选择"生成器"，在打开的"表格生成器"对话框中设置有关选项参数，最后单击"确定"按钮。"表格生成器"如图 6-18 所示。

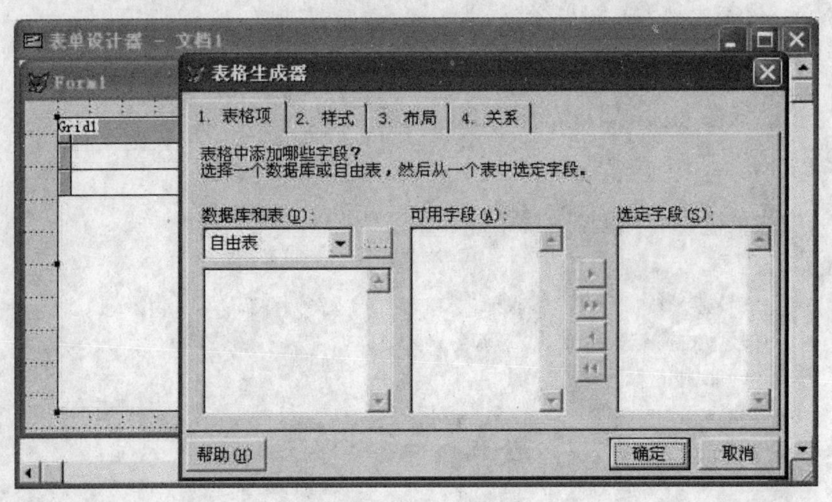

图 6-18　表格生成器

2. 表格的常用属性

表格的常用属性如表 6-20 所示。

表 6-20　表格的常用属性

属性	功能
RecordSourceType	指明表格数据源的类型。其属性的取值范围及含义如下： 0—表。数据来源于由 RecordSource 指定的表，该表能被自动打开。 1—别名(默认值)。数据来源于已打开的表，由 RecordSource 属性指定该表的别名。 2—提示。运行时，由用户根据提示选择表格数据源。 3 —查询(.qpr)。数据来源于查询，由 RecordSource 属性指定一个查询文件(.qpr 文件) 4—SQL 语句。数据来源于 SQL 语句，由 RecordSource 属性指定一条 SQL 语句
RecordSource	指明表格数据源
ColumnCount	表格的列数，默认值为−1，可为其指定一个正值，假如指定正值为 2，则表格被设置成两列
LinkMaster	用于指定表格中所显示的子表的父表名称
ChildOrder	用于指定为建立一对多的关联关系，子表所要用到的索引

3. 表格中常用的列属性

表格中列的常用属性如表 6-21 所示。

表 6-21　表格中常用的列属性

属性	功能
ControlSource	指定要在列中显示的数据源，常见的是表中的一个字段
CurrentControl	指定列对象中的一个控件，该控件用来显示和接收列中活动单元格的数据

4. 常用的标头（Header）属性

表格中常用的标头属性如表 6-22 所示。

表 6-22　表格中常用的标头属性

属性	功能
Caption	指定标头对象的标题文本，显示于列顶部
Alignment	指定标题文本在对象中显示的对齐方式。默认值为 3(自动)，在默认方式下数值型数据右对齐，其他类型数据左对齐

【例 6.10】列表框的 MultiSelect 属性、ListCount 属性、Selected 属性和表格的 RecordSourceType 属性、RecordSource 属性的设置及应用。

在考生文件夹创建一个表单文件 formthree.scx，其中包含一个 Label1 标签、一个列表框、一个表格和一个命令按钮，如图 6-19 所示。

请按下面要求完成相应的操作：

(1)在表单的数据环境中添加“学生”表。

(2)将列表框 List1 设置成多选，另外，将其 RowSourceType 属性值设置为“8－结构”、RowSource 设置为“学生”。

(3)将表格 Grid1 的 RecordSourceType 的属性值设置为“4－SQL 说明”。

(4)在“显示”按钮的 Click 事件中输入代码，当单击该按钮时，表格 Grid1 内能显示在列表框中所选“学生”表中指定字段的内容。

具体操作步骤如下：

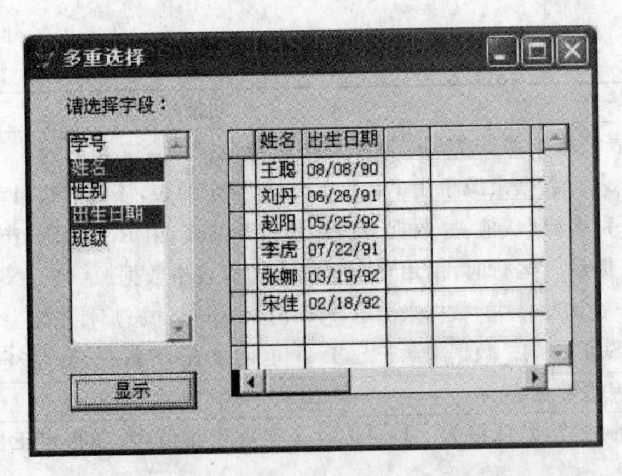

图 6-19 【例 6.10】表单界面

① 创建表单文件 formthree. scx，并按图中所示添加控件，设置表单标题为"多重选择"，设置 label1 标签标题为"请选择字段："，设置命令按钮的标题为"显示"。右击添加"学生"表到数据环境中。

② 选中列表框，设置列表框的 MultiSelect 属性值为 .T.（定义允许多重选择）。按题目要求将列表的 RowSourceType 属性值设置为"8－结构"、RowSource 属性值设置为"学生"（在属性窗口中输入的文本不要加引号）。

③ 将表格 Grid1 的 RecordSourceType 的属性值设置为"4－SQL 说明"。

④ 在"显示"按钮的 Click 事件代码中输入以下代码：

```
s = ""
f = .T.
FOR i = 1 TO Thisform.List1.ListCount          && ListCount 表示列表框中的总条目数
  IF Thisform.List1.Selected(i)                && Selected(i)表示第 i 个条目被选中
    IF f
      s = Thisform.List1.list(i)
      f = .F.
    ELSE
      s = s + "," + Thisform.List1.list(i)  &&","是将多重选择的条目(字段)用","隔开
    ENDIF
  ENDIF
ENDFOR
st = "select &s from 学生 into cursor tmp"
Thisform.Grid1.RecordSource = st
```

其中 &s 是将变量 s 中的内容替换出来，替换出的正是多重选择的字段，即要查询的字段。

⑤ 单击常用工具栏上的"运行"按钮运行表单，在列表框中选择其中一个条目（字段）单击"显示"按钮，观察表格控件中显示的结果；再选择多个条目（可按住 Ctrl 键单击多个条目进行多选），单击"显示"按钮，可查看表格控件中的显示结果。

【例 6.11】文本框与表格控件的综合应用（所用表来自第 3 章的"供应零件"数据库）。

设计一个名为 mysupply 的表单（表单的控件名和文件名均为 mysupply）。表单的形式如

图 6-20 所示。

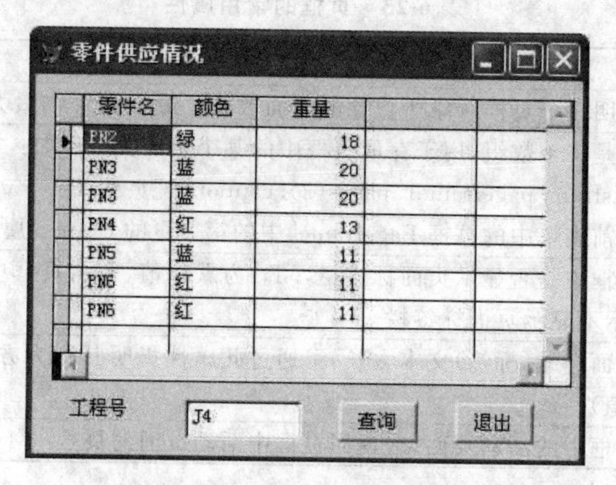

图 6-20　【例 6.11】表单界面

表单标题为“零件供应情况”，表格控件为 Grid1，命令按钮“查询”为 Command1、“退出”为 Command2，标签控件 Label1 和文本框控件 Text1（程序运行时用于输入工程号）。

运行表单时，在文本框中输入工程号，单击“查询”命令按钮后，表格控件（名称 Grid1）中显示相应工程所使用的零件的零件名、颜色和重量（通过设置有关“数据”属性实现），并将结果按“零件名”升序排序存储到 pp.dbf 文件。

单击“退出”按钮关闭表单。

具体操作步骤如下：

① 选择“文件”菜单中的“新建”命令，在文件类型选择框中选择“表单”，单击“新建文件”按钮。

② 在表单设计器中设置表单的 Name 属性值为“mysupply”，Caption 属性值为“零件供应情况”，从控件工具栏中分别选择一个表格、一个标签、一个文本框和两个命令按钮放置到表单上，分别设置标签 Label1 的 Caption 属性值为“工程号”，命令按钮 Command1 的 Caption 属性值为“查询”，Command2 的 Caption 属性值为“退出”，表格的 Name 属性值为“grid1”，RecordSourceType 属性值为“0—表”。

③ 在 Command1 按钮的 Click 事件中输入：

```
select 零件名,颜色,重量 from 零件,供应;
where 零件.零件号 = 供应.零件号 and 供应.工程号 = alltrim(Thisform.Text1.Value);
order by 零件.零件名 into table pp.dbf
Thisform.Grid1.RecordSource = "pp"
```

④ 在 Command2 按钮的 Click 事件中输入：

```
Thisform.Release
```

⑤ 保存表单并运行，在文本框中输入“J4”，并单击“查询”命令按钮。

6.7.4　页框

页框（PageFrame）是包含页面的容器对象，且页面本身也是一种容器，可以包含所需的控件。利用页框、页面和相应的控件可以构建常见的选项卡对话框。这种对话框包含若干选项卡，其中的选项卡就对应着页面。其常用属性如表 6-23 所示。

表 6-23　页框的常用属性

属性	功能
PageCount	用于指明一个页框对象所包含的页面数量。最小值为 0,最大值为 99
Pages	该属性是一个数组,用于存取页框中的某个页对象。例如: thisfrom. pageframe1. pages(2). caption="页面 2" 是将当前表单中的页框 Pageframel 中的第 2 页的 caption 属性值设置为"页面 2"
Tabs	指定页框中是否显示页面标签栏,. T. 为默认值,表示页框中包含页面标签栏,为 . F. 时,表示不显示页面标签栏
TabStretch	如果页面标题(标签)文本太长,可通过此属性指明其行为方式,0 为多重行,1 为单行(默认值)
Activepage	指定页框中的活动页面,或返回页框中活动页面的页号

6.8　自定义类

可以通过调用类设计器可视化地创建类。用类设计器创建、定义的类保存在类库文件中,便于管理和维护,其扩展名默认为". vcx"。

6.8.1　使用类设计器创建类

用户自定义类的设计是在"类设计器"中完成的。

1. 调用类设计器

在 Visual FoxPro 中,可通过以下 3 种方法调用"类设计器":

① 在"项目管理器"对话框中,选择"类"选项卡,单击"新建"按钮。

② 在"文件"菜单中选择"新建"命令,打开"新建"对话框,选择"类"文件类型,单击"新建文件"按钮。

③ 在命令窗口中,输入 CREATE CLASS 命令。

通过以上 3 种方法,都可以打开"新建类"对话框,如图 6-21 所示。

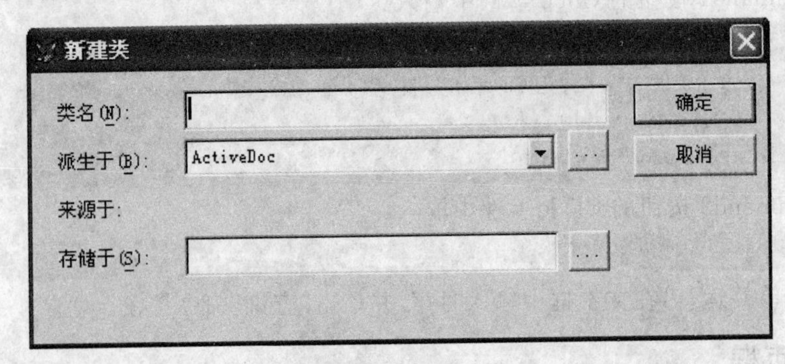

图 6-21　"新建类"对话框

在"新建类"对话框中,在"类名"文本框中输入新创建类的名称,在"派生于"组合框中,选择新创建类派生于哪个父类,在"存储于"文本框中保存新创建类到类库中。

单击"确定"按钮,进入"类设计器"对话框,如图 6-22 所示。

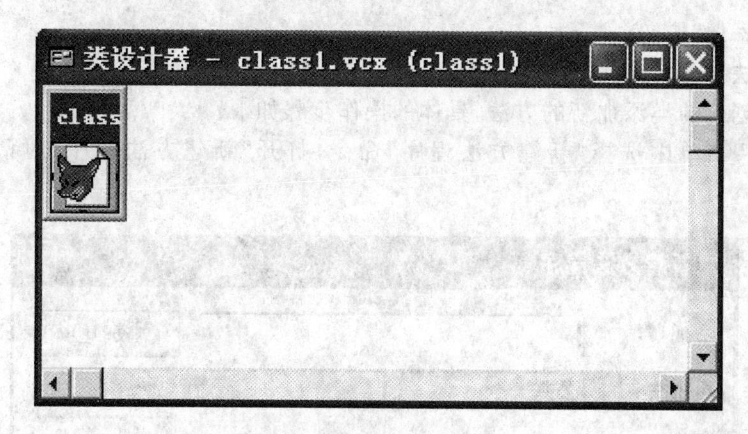

图 6-22　“类设计器”对话框

2. 添加属性

要为所创建的类添加新的属性，具体的步骤如下：

(1)在“类”菜单中选择“新建属性” 命令，打开“新建属性”对话框，如图 6-23 所示。

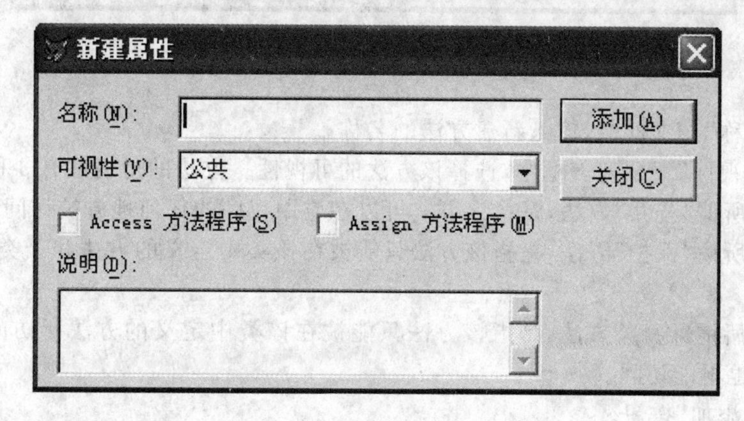

图 6-23　“新建属性”对话框

(2)在“名称”文本框中，输入新建属性的名称。

(3)在“可视性”组合框中，选择该属性的可视性。属性的可视性有 3 种类型：

① 公共：所谓“公共”属性，是指该属性可以在应用程序的任何地方被访问。

② 保护：所谓“保护”属性，是指该属性只能被在该类中定义的方法和子类中定义的方法所访问。

③ 隐藏：所谓“隐藏”属性，是指该属性只能被在该类中定义的方法所访问，即使是子类中定义的方法也不能访问。

(4)如果选中“Access 方法程序”复选框，系统会自动在类中添加一个 Access 方法，其名称与相应的 Access 属性名相同，只是多出一个后缀_Access。Access 方法代码在相应的 Access 属性被查询时自动执行。

如果选中“Assign 方法程序”复选框，系统会自动在类中添加一个 Assign 方法，其名称与相应的 Assign 属性名相同，只是多出一个后缀_Assign。Assign 方法代码在相应的 Access 属性被重新设置时自动执行。

(5)单击“添加”按钮。

3. 添加方法

可以为所创建的类添加新的方法,具体的操作步骤如下:

(1) 在“类”菜单中选择“新建方法程序”命令,打开“新建方法程序”对话框,如图 6-24 所示。

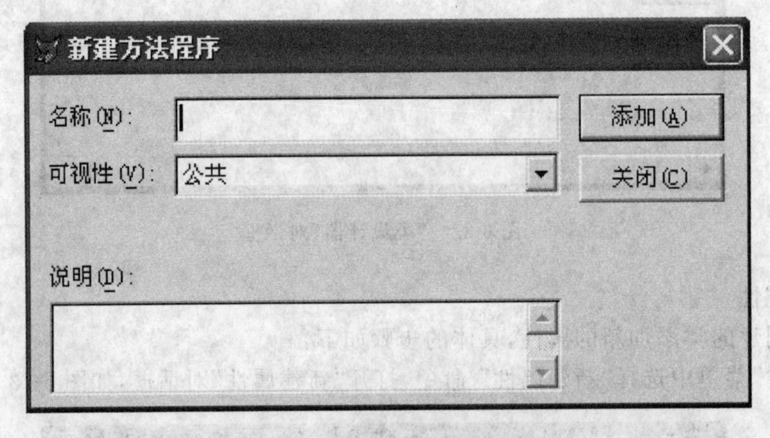

图 6-24 “新建方法程序”对话框

(2) 在“名称”文本框中,输入新建方法的名称。

(3) 在“可视性”下拉列表框中,选择该方法的可视性。方法的可视性有 3 种:

① 公共:所谓“公共”方法,是指该方法可以在应用程序的任何地方被访问。

② 保护:所谓“保护”方法,是指该方法只能被在该类中定义的方法和子类中定义的方法所访问。

③ 隐藏:所谓“隐藏”方法,是指该方法只能被在该类中定义的方法所访问,即使是子类中定义的方法也不能访问。

(4) 单击“添加”按钮。

通过上述方法,仅仅是在类中声明了一些方法,还需要定义这些方法的代码。定义的方法是:在“属性”窗口中找到该方法并双击,打开“代码”窗口,在其中输入该方法的代码。

方法代码可以访问类中的属性和方法,被访问的属性和方法名称之前加上 This 关键字。

4. 修改类定义

对已经存在的类,可以通过“类设计器”进行修改。修改类定义有以下 3 种方法:

① 在“项目管理器”对话框中,选择“类”选项卡,选中需要修改的类,然后单击“修改”按钮。

② 在“文件”菜单中选择“打开”命令,弹出“打开”对话框,从中选择“可视类库”文件类型,选中需要修改的类文件,单击“打开”按钮。

③ 在命令窗口中输入命令:

```
MODIFY CLASS <类名> OF <类库名>。
```

6.8.2 类库管理

类库文件扩展名为“. vcx”,对应的备注文件的扩展名为“. vct”。类库中包含了一系列类的定义，使用命令或者利用可视化方式对类库中的类定义进行维护和修改。

1. 创建类库

在使用“类设计器”创建类时，需要指定存放该类的类库，如果该类库不存在，则系统将自动创建该类库。

另外，还可以在命令窗口中输入以下命令创建一个类库：

```
CREATE CLASSLIB ＜类库名＞
```

可以创建一个新的类库。

2. 复制类

利用 CREATE CLASSLIB 所创建的新的类库是一个空的类库，并不包含任何类定义可以通过命令 CREATE CLASS 在类库中创建新的类。

另外，还可以在命令窗口中输入以下命令：

```
ADD CLASS ＜类名＞ [OF ＜类库名 1＞] TO ＜类库名 2＞ [OVERWRITE]
```

可将一个类库中的某个类复制到另一个类库中。其中，OVERWRITE 表示将原有的同名类覆盖。

使用“项目管理器”实现类的复制的步骤如下：

① 在“项目管理器”对话框中，选择“类”选项卡。

② 选择“类库”选项，完全将其展开。

③ 将类从源类库中拖曳到目标类库中。

3. 删除类

使用项目管理器实现类的删除的步骤如下：

① 在“项目管理器”对话框中，选择“类”选项卡。

② 选择“类库”选项，完全将其展开。

③ 选中想要删除的类，然后单击“移去”按钮。

如果在命令窗口中输入以下命令：

```
REMOVE CLASS ＜类名＞ OF ＜类库名＞
```

也可以将一个已经存在的类从类库中删除。

4. 重命名类

要想改变类库中某个类的名字，在命令窗口中输入如下命令：

```
RENAME CLASS ＜类名 1＞ OF ＜类库名＞ TO ＜类名 2＞。
```

5. 打开类库

当使用基于类创建对象时，需要首先打开类所在的类库文件。可以在命令窗口中输入以下命令：

```
SET CLASSLIB TO ＜类库名＞ [ADDITIVE][ALIAS ＜别名＞]。
```

其中，ADDITIVE 表示在打开新的类库时，不会关闭当前处于打开状态的其他类库，否则，在打开新的类库时，系统会自动关闭当前处于打开状态的其他类库；可以使用 ALIAS ＜别名＞为打开的类库指定一个别名；如果使用 SET CLASSLIB TO 而没有指定＜类库名＞，则关闭当前所有打开的类库文件。

另外，还可以使用命令：

```
RELEASE CLASSLIB ＜类库名＞|ALIAS ＜别名＞
```

来关闭当前处于打开状态的类库文件。

6.8.3 在创建表单时使用自定义类

在创建表单时，如果需要使用用户自定义的类，首先需要注册用户自定义类所在的类库，然后将用户自定义类显示在“表单控件”工具栏中。

1. 注册类库

在 Visual FoxPro 中，注册类库的具体操作步骤如下：

① 在“工具”菜单中选择“选项”命令，弹出“选项”对话框，如图 6-25 所示。

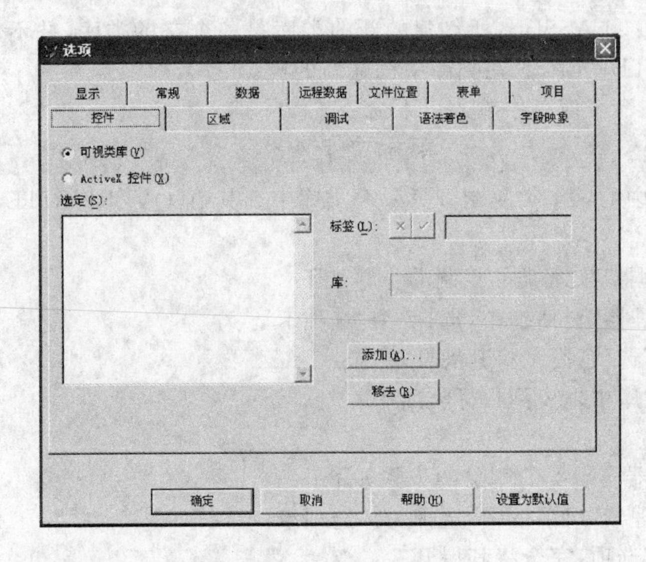

图 6-25 “选项”对话框

② 选择“控件”选项卡，选中“可视类库”选项按钮。

③ 单击“添加”按钮，弹出“打开”对话框，从中选择需要注册的类库文件，然后单击“打开”按钮，则将该类库进行注册。

2. 显示用户自定义类

在 Visual FoxPro 中，在“表单控件”工具栏中显示用户自定义类的步骤如下：

① 在“表单设计器”对话框中，单击“表单控件”工具栏中的“查看类”按钮，在弹出的快捷菜单中选择自定义类所在的类库。

② 如果没有所需要的类库，选择“添加”命令，如图 6-26所示，弹出“打开”对话框，在其中选择所需要的类库文件，单击“确定”按钮。

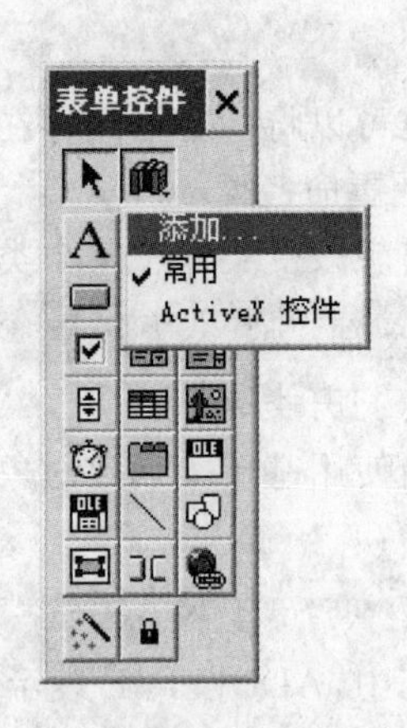

图 6-26 显示用户自定义类

本章小结

本章详细地介绍了表单设计器环境、表单的设计方法及其典型应用，同时也较具体地介绍了一些常用控件的使用，其中最重要的知识点是文本框、组合框、列表框、表格控件的使用，要理解如何将表或表中的字段与这些控件建立联系；如何设置这几个控件的数据源类型和数据源。本章的知识点较多，大家要多做练习，牢牢掌握这些知识点。

真题演练

一、选择题

(1) 在设计界面时，为提供多选功能，通常使用的控件是(　　)。(2011 年 3 月)

A. 选项按钮组　　B. 一组复选框

C. 编辑框　　D. 命令按钮组

【答案】 B

【解析】 选项按钮组控件可设置多个选项，但每次只能选一个；复选框控件可设置多个选项，每次可选取多个；编辑框可进行编辑；当一个表单需要多个命令按钮时，使用命令按钮组。故本题答案为 B。

(2) 在 Visual FoxPro 中，属于命令按钮属性的是(　　)。(2010 年 9 月)

A. Parent　　B. This　　C. ThisForm　　D. Click

【答案】 A

【解析】 Parent 是对象的一个属性，属性值为对象引用，指向该对象的直接容器对象。而 This、Thisform 是关键字，它们分别表示当前对象、当前表单。Click 为事件。

(3) 将当前表单从内存中释放的正确语句是(　　)。(2010 年 3 月)

A. ThisForm. Close　　B. ThisForm. Clear

C. ThisForm. Release　　D. ThisForm. Refresh

【答案】 C

【解析】 表单的释放语句是 ThisForm. Release(或 Release ThisForm)。其中 A 和 B 选项中的语句不存在，而 D 选项中的含义是刷新表单，并不是题目要求的释放表单。

(4) 在 Visual FoxPro 中，下面关于属性、方法和事件的叙述错误的是(　　)。(2009 年 9 月)

A. 属性用于描述对象的状态，方法用于表示对象的行为

B. 基于同一个类产生的两个对象可以分别设置自己的属性值

C. 事件代码也可以像方法一样被显式调用

D. 在创建一个表单时，可以添加新的属性、方法和事件

【答案】 D

【解析】 属性用于描述对象的状态，方法用于描述对象的行为，基于同一个类产生的两个

对象可以分别设置自己的属性，事件代码可以像方法一样被显式调用。

(5) 设置表单标题的属性是(　　)。(2008 年 9 月)

A. Title　　B. Text

C. Biaoti　　D. Caption

【答案】 D

【解析】 Caption 修改或指定表单的标题属性，Text 修改或指定标题的文本框文本属性。Title 指定在 Visual FoxPro 主窗口的标题一栏出现的标题，选项 C 的属性不存在。

(6) 名为 myForm 的表单中有一个页框 myPageFrame，将该页框的第 3 页(Page3)的标题设置为"修改"，可以使用代码(　　)。(2008 年 4 月)

A. myForm. Page3. myPageFrame. Caption＝"修改"

B. myForm. myPageFrame. Caption. Page3＝"修改"

C. Thisform. myPageFrame. Page3. Caption＝"修改"

D. Thisform. myPageFrame. Caption. Page3＝"修改"

【答案】 C

【解析】 Thisform 可以实现对当前表单的访问，而不能直接使用表单名称。修改控件的标题应使用其 Caption 属性。

(7) 假设表单上有一选项组：⊙男○女，如果选择第 2 个按钮"女"，则该选项组Value属性的值为(　　)。(2006 年 9 月)

A. .F.　　B. 女　　C. 2　　D. 女 或 2

【答案】 D

【解析】 Value 属性用于表示单选按钮组中哪个单选按钮被选中。该属性值的类型可以是数值型的，也可以是字符型的。当为数值型时，表示单选按钮组中第几个单选按钮被选中；当为字符型时，其值为被选中的单选按钮的 Caption 属性值。依据题意得，该选项组 Value 属性值为"女"或 2。

二、填空题

(1) 将一个表单定义为顶层表单，需要设置的属性是________。(2011 年 3 月)

【答案】 ShowWindow

【解析】 将表单的 ShowWindow 属性设置为"2－作为顶层表单"，可使其成为顶层表单。

(2) 在 Visual FoxPro 中，在运行表单时最先引发的表单事件是________事件。(2007 年 9 月)

【答案】 Load

【解析】 Load 事件发生在表单创建对象之前，Init 事件在创建表单对象时发生，Activate 事件在表单被激活时发生，GotFocus 事件发生在表单对象接收到焦点时。

(3) 在表单设计器中可以通过________工具栏中的工具快速对齐表单中的控件。(2006 年 9 月)

【答案】 布局

【解析】 利用"布局"工具栏中的按钮，可以方便地调整表单窗口中控件的相对大小或位置。"布局"工具栏可以通过单击表单设计器工具栏上的"布局工具栏"按钮或选择"显示"菜单中的"布局工具栏"菜单命令打开或关闭。

巩固练习

(1)为了在报表的某个区显示表达式的值,需要在设计报表时添加(　　)。

A. 标签控件　　B. 文本控件

C. 域控件　　D. 表达式控件

(2)在 Visual FoxPro 中,列表框基类的类名是(　　)。

A. CheckBox　　B. ComboBox　　C. EditBox　　D. ListBox

(3)在 Visual FoxPro 的表单设计中,为表格控件指定数据源的属性是(　　)。

A. RecordSource　　B. TableSource

C. SourceRecord　　D. SourceTable

(4)下列关于列表控件(ListBox)的说法,错误的是(　　)。

A. 当列表框的 RowSourceType 为 0 时,在程序运行中,可以通过 AddItem 方法添加列表框条目

B. 列表框可以有多个列,即一个条目可包含多个数据项

C. 不能修改列表框中 Value 属性的值

D. 列表框控件可显示一个数据项列表,用户只能从中选择一个条目

(5)在 Visual FoxPro 的一个表单中设计一个"退出"命令按钮负责关闭表单,该命令按钮的 Click 事件代码是:(　　)。

A. Thisform. Release　　B. Thisform. Close

C. Thisform. Unload　　D. Thisform. Free

(6)在 Visual FoxPro 中,属于表单方法的是(　　)。

A. DblClick　　B. Click　　C. Destroy　　D. Show

(7)表单关闭或释放时将引发事件(　　)。

A. Load　　B. Destroy　　C. Hide　　D. Release

(8)运行表单时,以下 2 个事件被引发的顺序是(　　)。

A. Load 事件是在 Init 事件之前被引发

B. Load 事件是在 Init 事件之后被引发

C. Load 事件和 Init 事件同时被引发

D. Load 事件和 Init 事件都不会引发

(9)在 Visual FoxPro 中,若要文本框控件内显示用户输入时全部以"*"号代替,需要设置属性(　　)。

A. Value　　B. Passvalue

C. Password　　D. PasswordChar

(10)下面关于类、对象、属性和方法的叙述中,错误的是(　　)。

A. 通过执行不同对象的同名方法,其结果必然是相同的

B. 属性用于描述对象的状态,方法用于表示对象的行为

C. 基于同一个类产生的两个对象可以分别设置自己的属性值

D. 类是对一类相似对象的描述,这些对象具有相同种类的属性和方法

第 7 章 菜单的设计和应用

常见的菜单有:下拉式菜单和快捷菜单两种。一个应用程序通常以下拉式菜单的形式列出其具有的所有功能供用户调用。而快捷菜单一般从属于某个界面对象,列出了有关该对象的一些操作。本章将具体介绍菜单的设计及应用。

7.1 Visual FoxPro 系统菜单

在进行菜单设计之前,应首先了解有关菜单的基本概念及 Visual FoxPro 系统菜单的结构、特点和行为。

7.1.1 菜单的基本概念

菜单所涉及的一些基本概念如下。

① 菜单(Menu)。菜单是由一系列命令或文件组成的列表清单。

② 菜单栏。菜单栏位于应用程序窗口的最上方,当用户选择菜单栏中的某一个菜单时,系统将打开一个下拉菜单,即子菜单,供用户选择其中的命令。

③ 菜单项。菜单项是下拉菜单中的一条命令,因此通常将菜单项称为命令。

④ 菜单标题。菜单标题用以表示菜单或菜单项的名称,因此也称其为菜单名称。

⑤ 条形菜单。菜单栏中的主菜单称为条形菜单。

⑥ 弹出式菜单。条形菜单以外的其他菜单,都称为弹出式菜单。

⑦ 下拉式菜单。由一个条形菜单和一组弹出式菜单组成。其中,条形菜单作为主菜单,弹出式菜单作为子菜单。典型的菜单系统一般就是一个下拉式菜单。

⑧ 快捷菜单。一般由一个或一组上下级的弹出式菜单组成,右击会弹出一个快捷菜单。

⑨ 访问键。菜单的访问键通常是一个英文字母。在菜单栏或菜单中,每一个菜单标题的右边一般均设置有访问键。同时按下 Alt 键和访问键,可以激活指定的菜单或菜单项。例如,同时按下 Alt 和 F 键,就可以打开“文件”下拉菜单。

⑩ 快捷键。快捷键是为了快速访问菜单项而设置的组合键。一般由 Ctrl 键或 Alt 键与一个字母组成。如“全选”的快捷键是 Ctrl+A。

7.1.2 菜单结构

Visual FoxPro 支持两种类型的菜单,分别为条形菜单和弹出式菜单。不管是条形菜单还是弹出式菜单,都有一个内部名字和一组菜单选项,而每个菜单选项都有一个标题和内部名字(或选项序号)。菜单项的名称显示于屏幕供用户识别,菜单及菜单项的内部名字或选项序号则在代码中引用。

每一个菜单项都可有选择地设置一个访问键和一个快捷键。

一个菜单系统中只能包括一个条形菜单。

菜单的结构如图 7-1 所示。

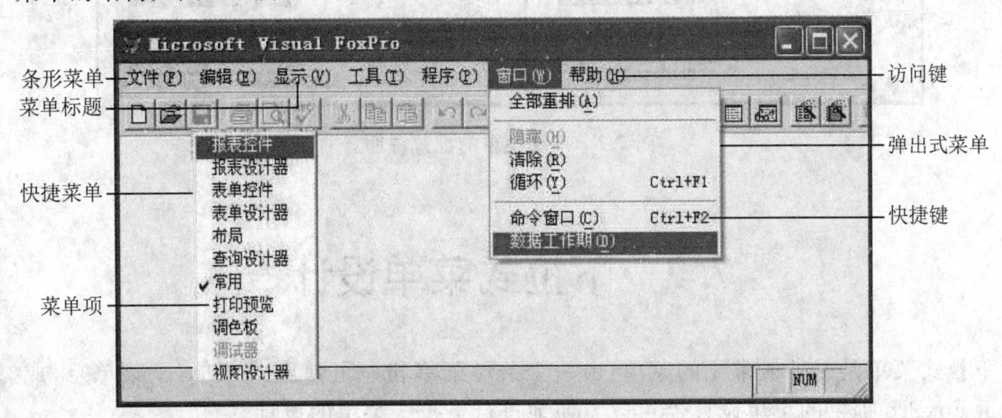

图 7-1　Visual FoxPro 系统菜单

7.1.3　系统菜单

Visual FoxPro 系统菜单是一个典型的菜单系统,其主菜单是一个条形菜单。条形菜单中包含文件、编辑、显示、工具、程序、窗口和帮助等菜单项。选择条形菜单中的每一个菜单项都会激活一个弹出式菜单。

通过 SET SYSMENU 命令可以允许或禁止在程序执行时访问系统菜单,也可以重新配置系统菜单。系统菜单配置命令如下:

```
SET SYSMENU ON|OFF|AUTOMATIC|TO [<弹出式菜单名表>]
  |TO [<条形菜单项名表>]|TO [DEFAULT]|SAVE|NOSAVE
```

其中各参数及短语的含义如下:

① ON:允许程序执行时访问系统菜单。

② OFF:禁止程序执行时访问系统菜单。

③ AUTOMATIC:可使系统菜单显示出来,可以访问系统菜单。

④ TO [<弹出式菜单名表>]:重新配置系统菜单,以内部名字列出可用的弹出式菜单。

⑤ TO [<条形菜单项名表>]:重新配置系统菜单,以条形菜单内部名表列出可用的子菜单。

⑥ TO DEFAULT:系统菜单恢复为缺省设置。

⑦ TO SAVE:系统菜单恢复为缺省设置。

⑧ TO NOSAVE:将缺省配置恢复成 VISUAL FOXPRO 系统菜单的标准配置

一般常用到将系统菜单恢复成标准配置,可先执行 SET SYSMENU NOSAVE,然后再执行 SET SYSMENU TO DEFAULT。

不带参数的 SET SYSMENU TO 命令将屏蔽系统菜单,使系统菜单不可用。

例如,在命令窗口中输入“SET SYSMENU TO”命令,按回车键执行,系统菜单将不可用。

在命令窗口中输入 SET SYSMENU TO DEFAULT 命令,按回车键执行,系统菜单恢复，如图7-2所示。

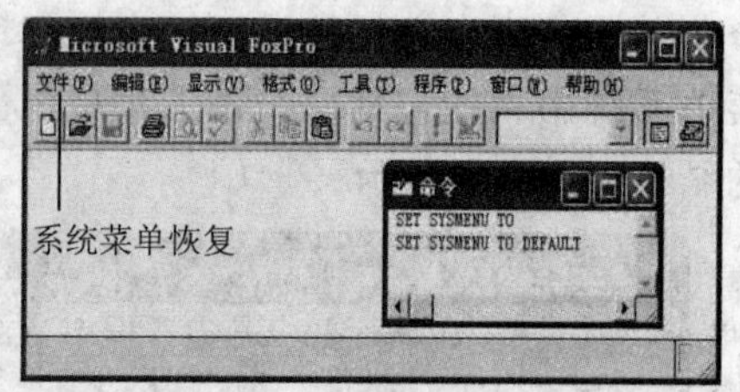

图 7-2　系统菜单的配置说明

7.2　下拉式菜单设计

下拉式菜单是一种最常见的菜单，由一个条形菜单和一组弹出式菜单（子菜单）组成。用 Visual FoxPro 提供的菜单设计器可以方便地进行下拉式菜单的设计。

7.2.1　菜单设计的基本过程

用菜单设计器设计下拉式菜单的基本过程如图 7-3 所示。

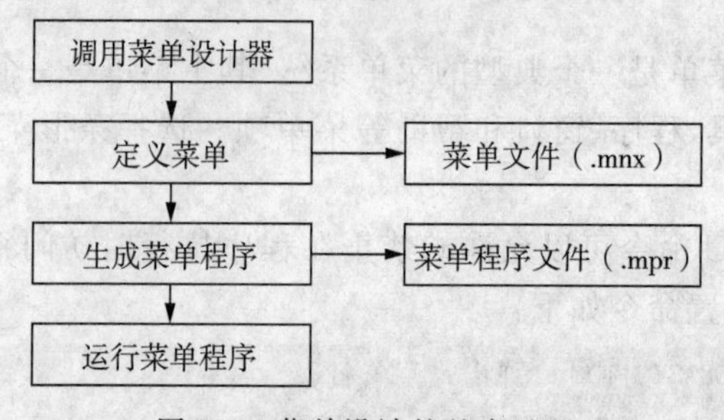

图 7-3　菜单设计的基本过程

1. 调用菜单设计器

如果要新建一个菜单，可以用以下方法调用菜单设计器。

① 选择“文件”→“新建”菜单命令，或单击常用工具栏上的“新建”按钮，在打开的“新建”对话框中的“文件类型”中选择“菜单”选项，然后单击“新建文件”按钮，在弹出的“新建菜单”对话框中单击“菜单”按钮，如图 7-4 所示，这时屏幕上会出现“菜单设计器”窗口。

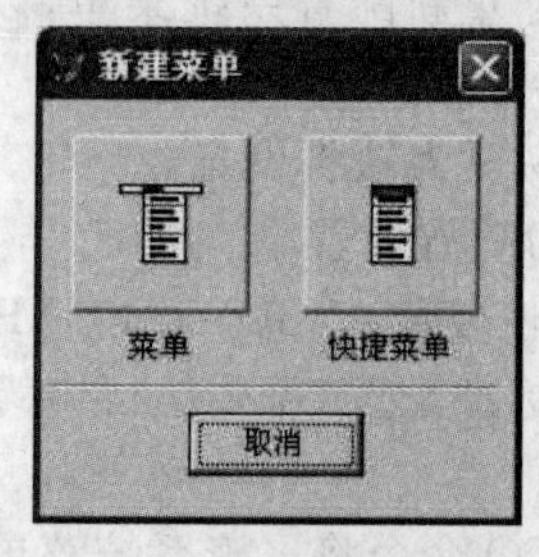

图 7-4　“新建菜单”对话框

② 可以利用命令调用菜单设计器建立和修改菜单，命令格式为：

```
MODIFY MENU <文件名>
```

其中，<文件名>的扩展名默认为 .mnx。

2. 定义菜单

在“菜单设计器”窗口中定义菜单，指定菜单的各项内容，如菜单项的名称、快捷键等。指定完成菜单的各项内容后，应将菜单文件保存到 .mnx 文件中。

3. 生成菜单程序

菜单定义文件本身是一个表文件，不能够运行，必须在菜单设计器环境中选择“菜单”→“运行”→“生成”命令，生成一个可执行的菜单程序文件(.mpr 文件)才能运行。

4. 运行菜单程序

可使用命令“DO <文件名>”运行菜单程序，文件扩展名 .mpr 不能省略。例如：

```
DO mymenu.mpr
```

运行菜单程序时，系统会自动编译.mpr 文件，产生用于运行的.mpx 文件。

7.2.2　定义菜单

这里介绍如何在“菜单设计器”窗口中定义下拉式菜单。

1. “菜单设计器”窗口的组成

下拉式菜单由一个条形菜单(菜单栏)和一组弹出式菜单(子菜单)组成。菜单设计器打开时，首先显示和定义的是条形菜单，每一行定义当前菜单的一个菜单项，包括“菜单名称”、“结果”和“选项”三列内容。另外，“菜单设计器窗口”中还有“菜单级”下拉列表框及一些命令按钮，如图7-5所示。

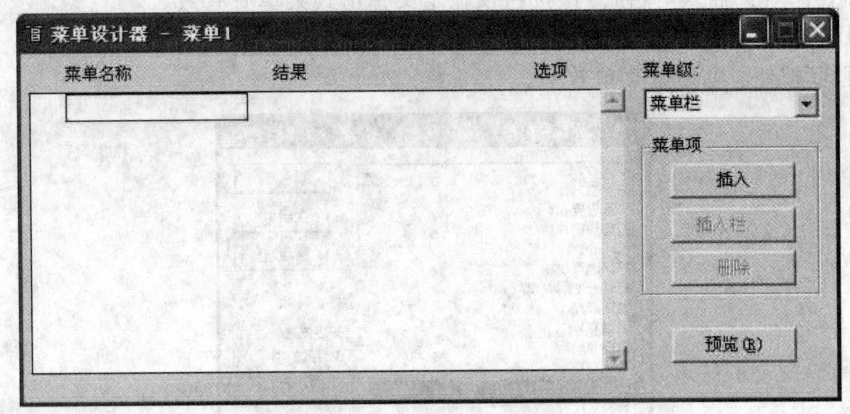

图 7-5　“菜单设计器”窗口

(1)“菜单名称”列。该列指定菜单项的名称，也称为标题，并非内部名字。也可为菜单设置访问键和分组线。

① 设置访问键：在作为访问键的字符前加上“\<”两个字符。如“文件(\<F)”，那么字母 F 即为该菜单项的访问键。

② 设置分组线：可以根据各菜单项功能的相似性或相近性，将弹出式菜单的菜单项分组。方法是在相应行的“菜单名称”列上方插入一行，并输入“\-”两个字符。

注意：分组线仅用于弹出式菜单中，如果在条形菜单中使用，运行时系统将提示错误。

(2)“结果”列。“结果”列中有命令、过程、子菜单和填充名称和菜单项＃四项选择。

① 命令：选择此项，列表框右侧会出现一个文本框。可以在文本框内输入一条具体的命令。当选择该菜单项时，将执行这条命令。

② 过程：选择此项，列表框右侧会出现“创建”命令按钮，单击此按钮将打开一个文本框编辑窗口，可以在其中输入代码。

③ 子菜单：选择此项，列表框右侧会出现“创建”或“编辑”命令按钮，单击可切换到子菜单页，可在其中定义子菜单。

④ 填充名称或菜单项＃：选择此项，列表框右侧会出现一个文本框。可以在文本框内输入菜单项的内部名字或序号。当该菜单为条形菜单时，显示“填充名称”，应指定菜单项的内部名字；为子菜单或快捷菜单时，显示“菜单项＃”，应指定菜单项的序号。

注意：默认的子菜单内部名字为上级菜单相应菜单项的标题，但可以重新指定。最上层的条形菜单不能指定内部名字。

(3)“选项”列。每个菜单项的“选项”列都有一个无符号按钮，单击该按钮就会出现“提示选项”对话框，在此对话框中经常用来设置快捷键。

单击“键标签”文本框，然后在键盘上按下快捷键即可设置快捷键。

单击“键标签”文本框，然后按空格键即可取消定义快捷键。

(4)“菜单级”下拉列表框：一般用于由子菜单返回条形菜单。

(5)“菜单设计器”中的命令按钮。

① “插入”按钮：单击该按钮，可在当前菜单项行之前插入一个新的菜单项行。

② “插入栏”按钮：在当前菜单项行之前插入一个 Visual FoxPro 系统菜单命令。单击该按钮，打开“插入系统菜单栏”对话框，如图 7-6 所示。然后在对话框中选择所需的菜单命令(可以多选)，并单击“插入”按钮。该按钮仅在定义弹出式菜单时有效。

③ “删除”按钮：单击该按钮，可删除当前菜单项行。

④ “预览”按钮：可预览菜单效果。

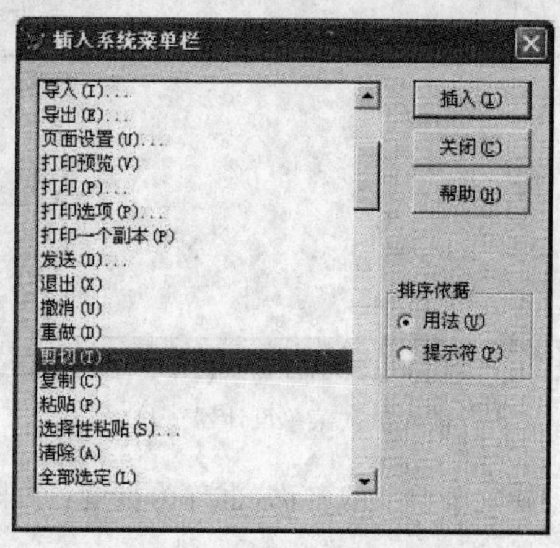

图 7-6 “插入系统菜单栏”对话框

2. “显示”菜单

在菜单设计器环境下，系统的“显示”菜单会出现两条命令：“常规选项”与“菜单选项”。

(1)“常规选项”对话框。选择“显示”菜单中“常规选项”命令，就会打开“常规选项”对话框，如图 7-7 所示。在此对话框中，可以定义整个下拉式菜单系统的总体属性。

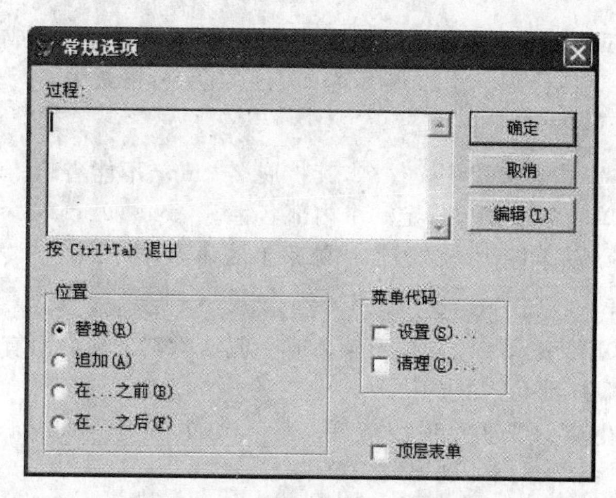

图 7-7　“常规选项”对话框

① 过程：为条形菜单中的各菜单项指定一个缺省的过程代码。

② 位置：指明正在定义的下拉式菜单与当前系统菜单的关系。

③ 菜单代码：这里有“设置”和“清理”两个复选框。无论选择哪个复选框，单击“确定”按钮后，都会打开一个相应的代码编辑窗口。“设置”代码在菜单产生之前执行；“清理”代码在菜单显示出来之后执行。

④ 顶层表单：如果选择该复选框，那么可以将正在定义的下拉式菜单添加到一个顶层表单里。

一般情况下，在这个对话框中，最常用的是“位置”及“顶层表单”。

(2)“菜单选项”对话框，选择“显示”菜单中“常规选项”命令，就会打开“菜单选项”对话框。如图 7-8 所示。

图 7-8　“菜单选项”对话框

在此对话框中，可以实现两个功能：

① 如果是条形菜单，可以定义一个默认的过程代码。

② 如果当前是弹出式菜单，那么在对话框中还可以定义该弹出式菜单的内部名字。

7.2.3　为顶层表单添加菜单

为顶层表单添加下拉式菜单的方法和过程如下：

① 在“菜单设计器”窗口中设计下拉式菜单。

② 在“常规选项”对话框中选择“顶层表单”复选框。

③ 将表单的 ShowWindow 属性值设置为“2-作为顶层表单”，使其成为顶层表单。

④ 在表单的 Init 事件代码中添加调用菜单程序的命令，格式为：

```
DO ＜文件名＞ WITH THIS［,"＜菜单名＞"］
```

其中，＜文件名＞是指菜单程序文件名，其扩展名 . mpr 不能省略；通过＜菜单名＞可以为被添加的下拉式菜单的条形菜单指定一个内部名字。

⑤ 在表单的 Destroy 事件代码中添加清除菜单的命令，格式为：

```
RELEASE MENU ＜菜单名＞［EXTENDED］
```

其中的 EXTENDED 表示在清除条形菜单时一起清除其下属的所有子菜单。

【例 7.1】将菜单添加到顶层表单中。

基于数据库“学生管理”建立顶层表单，表单文件名为 formone. scx，表单控件名为 formone，表单标题为“将菜单添加到顶层表单中”。

① 表单内含一个表格控件 Grid1（默认控件名），当表单运行时，该控件将按用户的选择（单击菜单）来显示“成绩”表中某一课程的所有成绩，RecordSourceType 的属性为 4（SQL 说明）；

② 建立如图 7-9 所示的菜单（菜单文件名为 kcmenu. mnx），其条形菜单的菜单项为“课程成绩”和“退出”，“课程成绩”的下拉菜单为“信息技术”、“物流管理”和“网络营销”，并在三门课程之间设置分组线；单击下拉菜单中任何一个菜单命令后，表格控件均会显示该门课程的课程名、学号、成绩（在过程中完成）；

③ 在表单的 Load 事件中执行菜单程序 mymenu. mpr；

④ 菜单项“退出”的功能是关闭表单并返回到系统菜单（在过程中完成）；

⑤ 运行表单的所有功能。

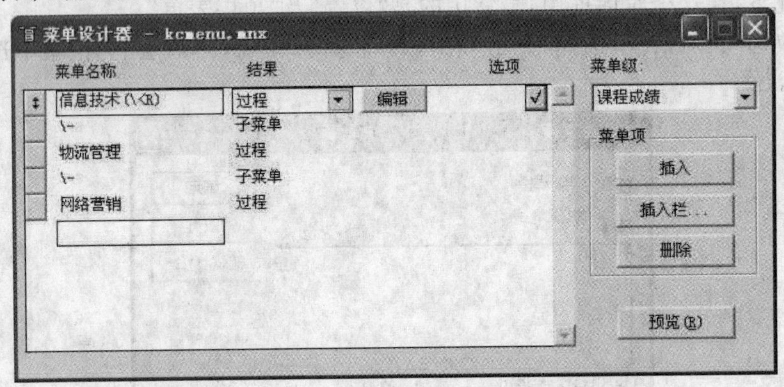

图 7-9　子菜单布局

具体操作步骤如下：

① 建立表单。可通过“文件”菜单下的“新建”命令或用命令 CREATE FORM 打开表单设计器。修改表单各属性值，Name＝"formone"，Caption＝"将菜单添加到顶层表单中"；设置表格控件 Grid1 的属性 RecordSourceType＝4。将表单以 formone. scx 为文件名保存。

② 建立菜单。可通过“文件”菜单下的“新建”命令或用命令 CREATE MEMU 打开菜单设计器。单击“显示”菜单下的“常规选项”命令，打开“常规选项”对话框，选中“顶层表单”复选框。

在菜单设计器中建立各菜单项，在菜单名称为“课程成绩”的菜单项的结果列中选择“子菜单”，并通过“编辑”按钮打开下一级菜单项，在其中建立 3 个菜单项。并在 3 个子菜单之间设置分组线，并为“信息技术”设置访问键 R 和快捷键 Ctrl＋T，如图 7-10 所示。

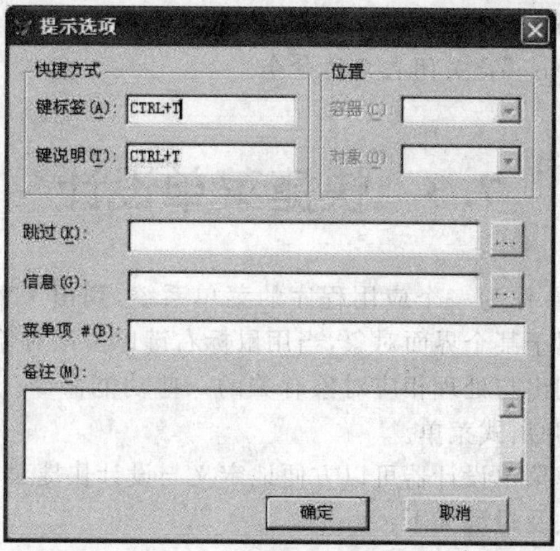

图 7-10　设置快捷键

在“信息技术”菜单项的结果列中选择“过程”,并通过单击“编辑”按钮,打开的窗口中来添加“信息技术”菜单项要执行的命令 formone. grid1. recordsource＝"select 课程名,学号,成绩 from 课程,成绩 where 课程．课程号＝成绩．课程号 and 课程名＝'信息技术'"。

用同样的方法建立“物流管理”和“网络营销”菜单项,并分别添加执行的命令:

```
formone. grid1. recordsource = "select 课程名,学号,成绩 from 课程,成绩 where 课程．课程号 =
成绩．课程号 and 课程名 = '物流管理'"
formone. grid1. recordsource = "select 课程名,学号,成绩 from 课程,成绩 where 课程．课程号 =
成绩．课程号 and 课程名 = '网络营销'"
```

单击“菜单级”列表框中的“菜单栏”,返回上一级菜单,设置“退出”菜单项的结果列为“过程”,单击“编辑”按钮,在打开的窗口中,添加“退出”菜单项要执行的命令 myform. release 来关闭表单并返回到系统菜单。以 kcmenu 为文件名保存菜单,最后单击“菜单”下的“生成”命令,生成 kcmenu. mpr 程序。

③ 将表单 myform. scx 中的 ShowWindows 属性设置为“2—作为顶层表单”,并在表单的 Load 事件中输入“do mymenu. mpr with this,"xxx"”,在 Destroy 事件中输入“release menu xxx extended”,并执行菜单程序。

④ 保存表单,并运行各项功能。运行结果如图 7-11 所示。

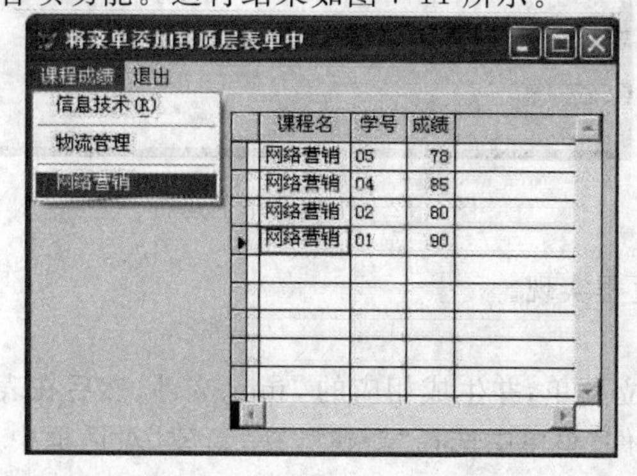

图 7-11　表单运行后的效果

注意：在 Destroy 中输入的“release menu xxx extended”是清除菜单的命令。在“退出”菜单中输入的“myform. release”是关闭表单的命令。

7.3 快捷菜单设计

一般来说，下拉式菜单作为一个应用程序的菜单系统，列出了整个应用程序所具有的功能。而快捷菜单一般从属于某个界面对象，当用鼠标右键单击该对象时，就会在右击处弹出快捷菜单。快捷菜单通常列出与处理相应对象有关的一些功能命令。与下拉式菜单相比，快捷菜单没有条形菜单，只有弹出式菜单。

利用系统提供的快捷菜单设计器可以方便地定义与设计快捷菜单。

建立快捷菜单的方法及过程如下：

① 选择“文件”菜单中的“新建”命令。

② 在新建对话框中选择“菜单”后单击“新建文件”按钮。

③ 在新建菜单对话框中单击“快捷菜单”按钮。

④ 设计快捷菜单各项，最后在快捷菜单的“清理”代码中添加清除菜单的命令。格式为：

```
RELEASE POPUPS <快捷菜单名> [EXTENDED]
```

⑤ 在表单设计器环境下，选定需要添加快捷菜单的对象，在此对象的 RightClick 事件中添加调用快捷菜单的命令：

```
DO <快捷菜单程序文件名> WITH THIS
```

其中，文件名的扩展名 .mpr 不能省略。

【例 7.2】快捷菜单的创建。

建立表单，表单文件名和表单控件名均为 myform_da。为表单建立快捷菜单 scmenu_d，快捷菜单有选项“时间”和“日期”；运行表单时，在表单上单击鼠标右键弹出快捷菜单，选择快捷菜单的“时间”项，表单标题将显示当前系统时间，选择快捷菜单“日期”项，表单标题将显示当前系统日期。如图 7-12 所示。

图 7-12　快捷菜单的运行

显示时间和日期用过程实现。

具体操作步骤如下：

首先建立表单，再建立菜单，并生成相应的 .mpr 文件，然后在表单中调用。具体方法是：

① 建立表单：在“文件”菜单中选择“新建”，在“新建”对话框中选择“表单”，单击“新建文件”按钮，将表单的 name 属性改为“myform_da”，以 myform_da 为文件名保存表单。

② 建立快捷菜单：在“文件”菜单中选择“新建”，在“新建”对话框中选择“菜单”，单击“新建文件”按钮，选择“快捷菜单”，在菜单设计器中输入两个菜单项“时间”和“日期”，并分别在其“过程”选项中输入以下代码：

```
myform_da.caption = time(date())
myform_da.caption = dtoc(date())
```

单击“菜单”下拉菜单中的“生成”命令，按提示保存为 scmenu_d，并生成菜单程序文件。

③ 在表单中调用快捷菜单：双击表单 myform_da 的空白处，打开代码窗口，在对象中选择 myform_da，在过程中选择 RightClick，输入代码：do scmenu_d.mpr，保存表单为 myform_da。

注意： 在使用命令运行下拉式菜单或者快捷菜单时，菜单文件名必须是全名，扩展名不能省略。

本章小结

本章首先介绍了 Visual FoxPro 系统菜单的基本情况，然后介绍如何配置与定制系统菜单、如何设计下拉式菜单和快捷菜单。

其中重要的知识点是建立下拉式菜单和快捷菜单；访问键、快捷键及分组线的设置；恢复系统菜单的命令 SET SYSMENU TO DEFAULT；如何将菜单添加到顶层表单中。对这些知识点要重点掌握。

真题演练

选择题

(1) 在菜单设计中，可以在定义菜单名称时为菜单项指定一个访问键。指定访问键为“x”的菜单项名称定义是(　　)。(2010 年 9 月)

A. 综合查询(\>x)

B. 综合查询(/>x)

C. 综合查询(\<x)

D. 综合查询(/<x)

【答案】 C

【解析】 在指定菜单项的名称时，可以设置菜单项的访问键，方法是在要作为访问键的字符前加上“\<”两个字符。

(2) 在 Visual FoxPro 中，扩展名为 .mnx 的文件是(　　)。(2008 年 4 月)

A. 备注文件

B. 项目文件

C. 表单文件

D. 菜单文件

【答案】 D

【解析】在 Visual FoxPro 中，项目文件的后缀为 .pjx；表单文件的后缀为 .scx；菜单文件的后缀为 .mnx；不同类型的备注文件后缀不同，例如，.dct 表示数据库备注文件，.fpt 表示数据表备注文件。

(3) 在 Visual FoxPro 中，要运行菜单文件 menu1.mpr，可以使用命令(　　)。(2006 年 4 月)

A. DO menu1

B. DO menu1.mpr

C. DO MENU menu1

D. RUN menu1

【答案】B

【解析】mpr 文件是生成的菜单程序，这类文件可以使用命令"DO 文件名"运行，但是扩展名不能省略。

巩固练习

(1) 释放或清除快捷菜单的命令是(　　)。

A. RELEASE MENU　　B. RELEASE POPUPS

C. CLEAR MENU　　D. CLEAR POPUPS

(2) 假设已经为某控件设计好了快捷菜单 mymenu，那么要为该控件设置的 RightClick 事件代码应该为(　　)。

A. DO mymenu　　B. DO MENU mymenu

C. DO mymenu.mnx　　D. DO mymenu.mpr

(3) 如果希望屏蔽系统菜单，使系统菜单不可用，应该使用的命令是(　　)。

A. SET SYSMENU OFF　　B. SET SYSMENU TO

C. SET SYSMENU TO CLOSE　　D. SET SYSMENU TO OFF

第8章 报表的设计和应用

在 Visual FoxPro 中，报表是最实用的打印文档，它为显示并总结数据提供了灵活的途径。报表设计也是应用程序开发的一个重要组成部分。本章将具体介绍报表的创建和设计方法。

8.1 创建报表

报表通常包括两部分内容：数据源和布局。数据源是报表的数据来源，通常是数据库中的表或自由表，也可以是视图、查询或临时表。报表文件的扩展名是 .frx 。

Visual FoxPro 提供了 3 种创建报表的方法：

- 使用报表向导创建报表；
- 使用快速报表创建报表；
- 使用报表设计器创建定制的报表。

8.1.1 创建报表文件

报表布局定义了报表的打印格式。设计报表就是根据报表的数据源和应用需要来设计报表的布局。

1. 报表的布局

在创建报表之前，应该确定所需报表的常规格式。根据应用需要，报表可简单，也可复杂。简单的如基于单表的电话号码列表，较复杂的如基于多表的发票。报表的布局必须满足专用纸张的要求。

报表常规布局的类型见表 8-1。

表 8-1 报表常规布局类型

布局类型	说明	示例
列报表	每个字段一列，字段名在页面上方，字段与其数据在同一列，每行一条记录	分组/总计报表、财务报表、存货清单、销售总结
行报表	每个字段一行，字段名在数据左侧，字段与其数据在同一行	列表、清单
一对多报表	一条记录或一对多关系，其内容包括父表的记录及其相关子表的记录	发票、会计报表
多栏报表	每条记录的字段沿分栏的左边竖直放置	电话号码簿、名片

报表布局的格式如图 8-1 所示。

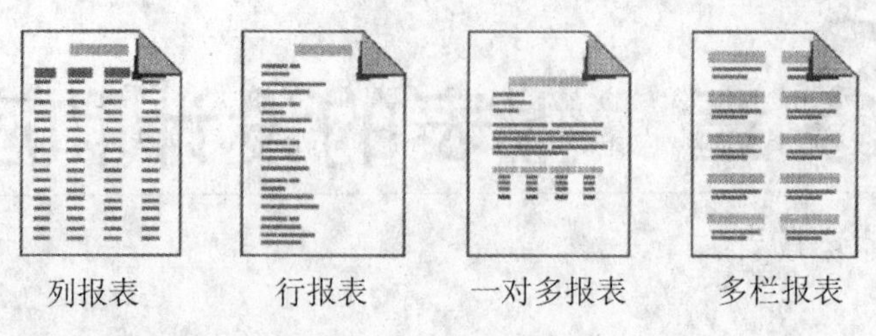

图 8-1 报表布局的格式

2. 使用报表向导创建报表

使用报表向导首先应打开报表的数据源,数据源可以是数据库表或自由表,也可以是视图或临时表。

启动报表向导有 4 种途径:

(1) 在"项目管理器"中打开"文档"选项,从中选择"报表",然后单击"新建"按钮,在弹出的"新建报表"对话框中单击"报表向导"按钮,如图 8-2 所示。

(2) 从"文件"菜单中选择"新建",或单击常用工具栏上的"新建"按钮,打开"新建"对话框,在新建对话框的"文件类型"中选择"报表"选项,然后单击"向导"按钮,如图 8-3 所示。

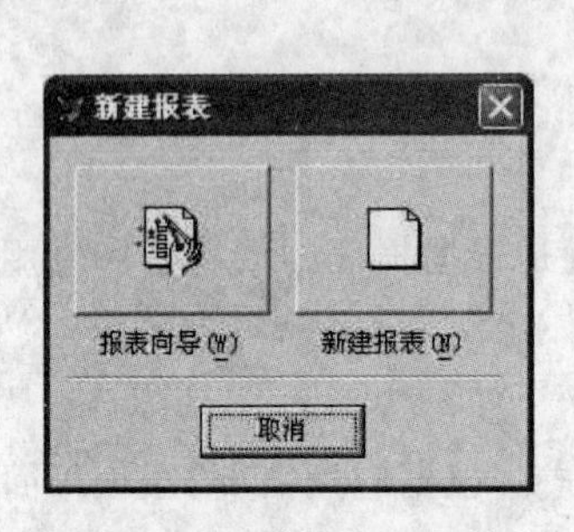

图 8-2 "新建报表"对话框

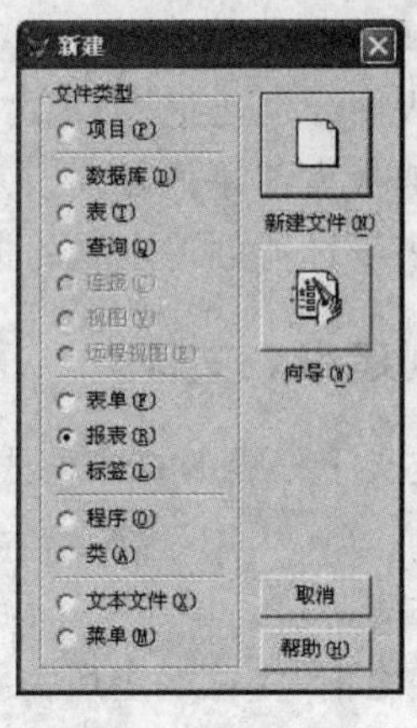

图 8-3 "新建"对话框

(3) 在"工具"菜单中选择"向导"子菜单,选择"报表"启动。

(4) 单击常用工具栏上的"报表"按钮启动。

报表向导启动时,首先弹出"向导选取"对话框,如图 8-4 所示。

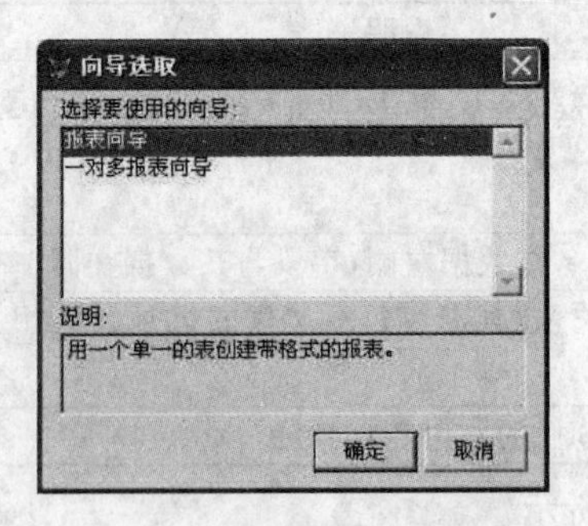

图 8-4 "向导选取"对话框

在此对话框中根据数据源的不同选择不同的报表向导。

- 如果数据源只来自一个表,应选取“报表向导”。
- 如果数据源包括父表和子表,则应选取“一对多报表向导”。

下面通过一个实例来说明使用报表向导的操作步骤。

【例 8.1】单击常用工具栏上的“报表”按钮,用“报表向导”为“教师”表创建报表。

具体操作步骤如下:

首先打开“教师”表,单击常用工具栏上的“报表”按钮,打开“向导选取”对话框。因数据源为一个表,所以要选择“报表向导”,单击“报表向导”打开“报表向导”对话框。

报表向导共有 6 个步骤,先后出现 6 个对话框。

(1) 字段选取,如图 8-5 所示。

此步骤指定将出现在报表中的字段。首先在“报表向导”对话框中的“数据库和表”列表框中选择表,在这里选择“教师”表,“可用字段”列表框中会自动出现表中的所有字段。选中字段名后单击左箭头按钮,或者直接双击字段名,该字段就移动到“选定字段”列表框中。单击双箭头,则全部移动。此例选定了“教师”表中的教师号、姓名、性别和职称 4 个字段。

(2) 分组记录,如图 8-6 所示。

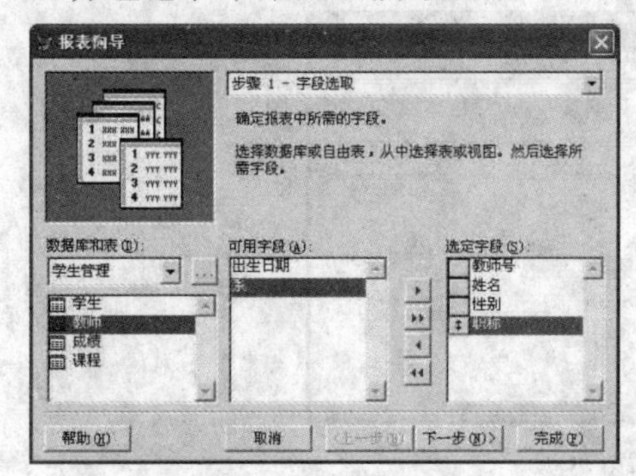

图 8-5　字段选取

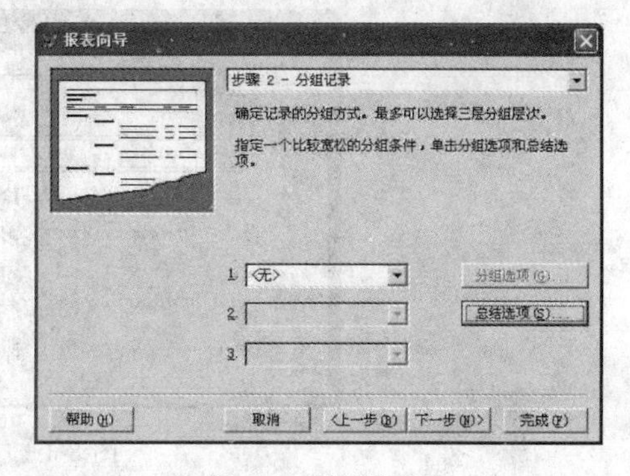

图 8-6　分组记录

此步骤确定数据分组方式。必须注意,只有按照分组字段建立索引之后才能正确分组,最多可建立三层分组。此例中不要求指定分组。

(3) 选择报表样式,如图 8-7 所示。此例选择“经营式”。

(4) 定义报表布局,如图 8-8 所示。该步骤确定报表的布局,本例选择纵向单列的列表布局。

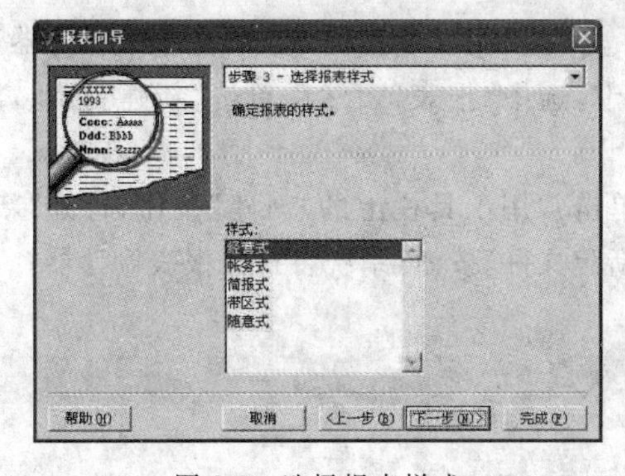

图 8-7　选择报表样式

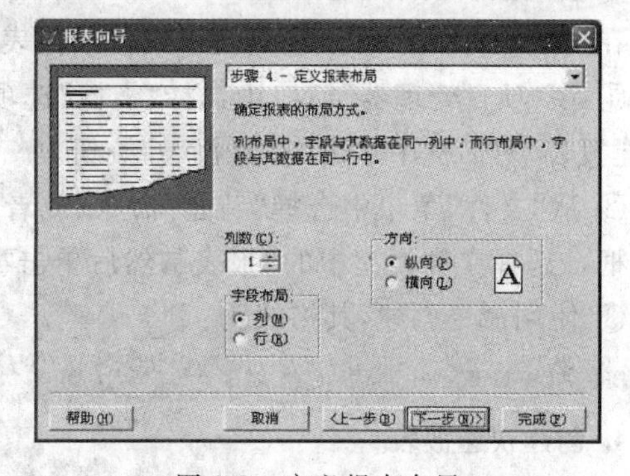

图 8-8　定义报表布局

(5) 排序记录,如图 8-9 所示。确定记录在报表中出现的顺序,排序字段必须已经建立索引。此例指定按“教师号”升序排序。

(6) 完成,如图 8-10 所示。在“报表标题”处输入“教师情况”,然后选择适当选项。

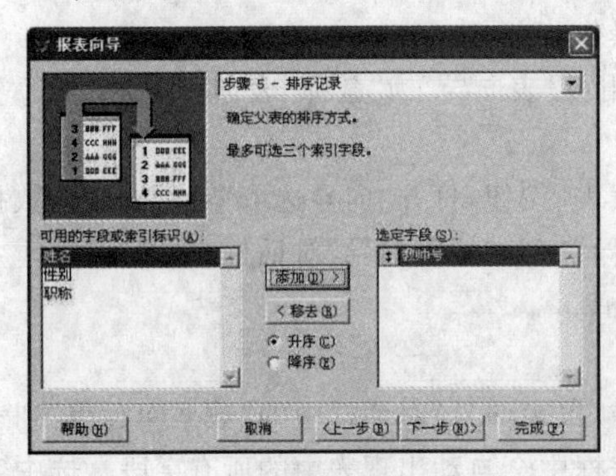

图 8-9　排序记录

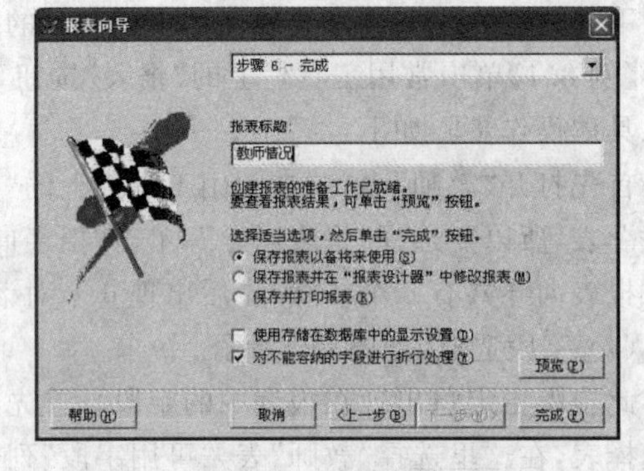

图 8-10　完成报表

为了查看所生成的报表情况,通常先单击“预览”按钮,查看一下效果。此例的预览效果如图 8-11 所示。

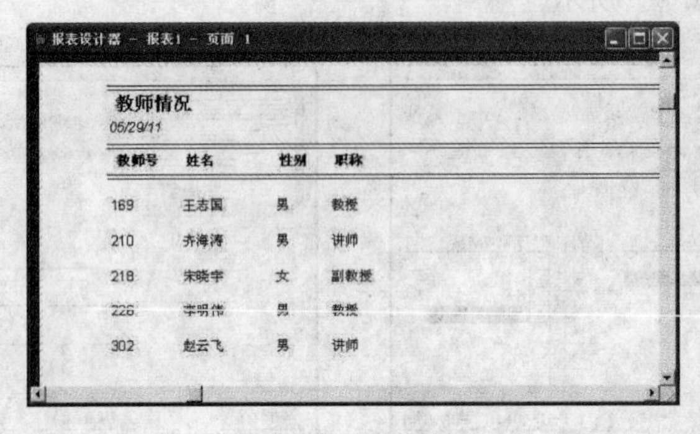

图 8-11　预览报表

最后单击报表向导上的“完成”按钮,弹出“另存为”对话框,指定保存位置,输入报表名称“教师情况”,将报表保存为扩展名为 .frx 的报表文件。

通常情况下,直接使用向导所获得的结果并不一定能满足要求,往往需要使用设计器来进一步修改。

3. 使用报表设计器创建报表

在报表设计器中可以直接设计或修改报表。可以使用以下三种方法调用报表设计器:

① 在“项目管理器”窗口中选择“文档”选项卡,选中“报表”。然后单击“新建”按钮,再从“新建报表”对话框中单击“新建报表”按钮。

② 从“文件”菜单中选择“新建”命令,或者单击常用工具栏上的“新建”按钮,打开“新建”对话框。选择文件类型中的“报表”,然后单击“新建文件”按钮,系统将打开报表设计器;

③ 使用命令创建,其格式为:

```
CREATE REPORT [<报表文件名>]
```

4. 创建快速报表

先通过报表设计器建立一个简单报表,然后在此基础上进行修改,达到快速构造满意报表的目的。下面通过一个实例来说明创建快速报表的操作步骤。

【例 8.2】以"学生"表为例来创建快速报表。

具体操作步骤如下：

(1) 首先打开"学生管理"数据库，单击常用工具栏上的"新建"按钮，在打开的"新建"对话框中选择"报表"选项，单击"新建文件"按钮，打开报表设计器，出现一个空白报表，如图 8-12 所示。

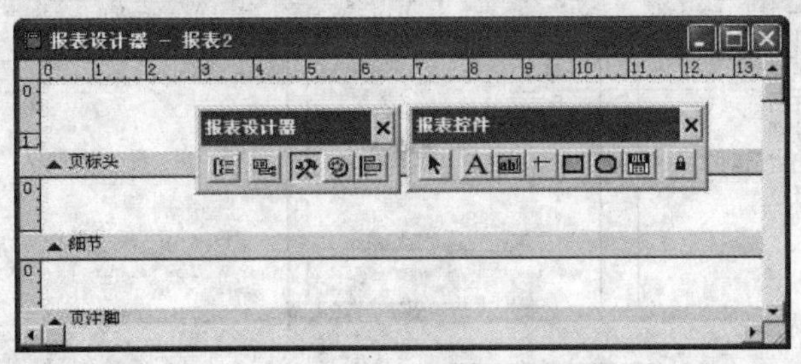

图 8-12　"报表设计器"窗口

(2) 单击"报表"下拉菜单中的"快速报表"命令，如图 8-13 所示。打开"打开"对话框，如图 8-14 所示。选择"学生"表，单击"确定"按钮，打开"快速报表"对话框，如图 8-15 所示。"快速报表"对话框中主要按钮和选项的功能如下：

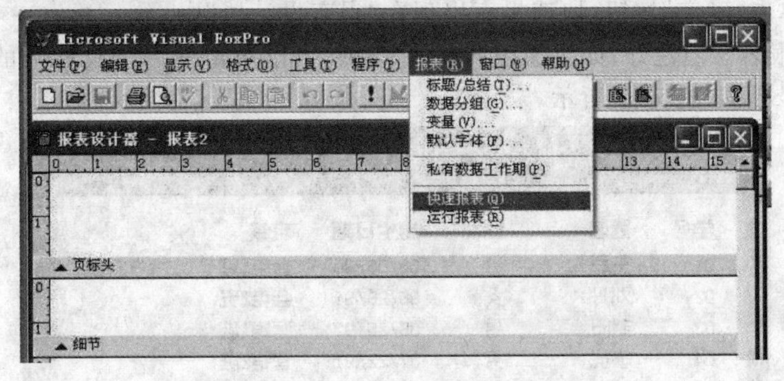

图 8-13　在"报表"菜单中选择"快速报表"命令

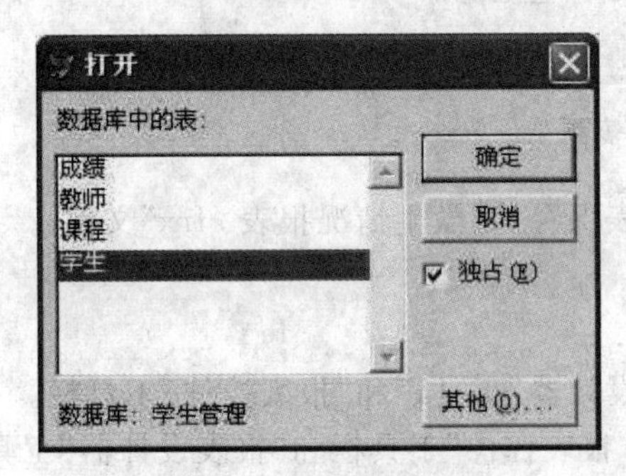

图 8-14　"打开"对话框

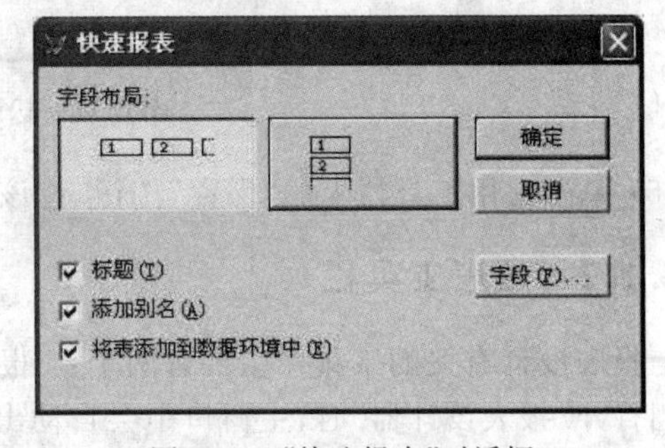

图 8-15　"快速报表"对话框

① 选择"字段布局"中两个较大的按钮用于设计报表的字段布局，单击左侧按钮产生列报表，如果单击右侧的按钮，则产生字段在报表中竖向排列的行报表。

② 选中"标题"复选框，表示在报表中为每个字段添加一个字段名标题。

③ 取消勾选"添加别名"复选框，表示在报表中不在字段前面添加表的别名。如果数据源

是一个表,别名无实际意义。

④ 选中"将表添加到数据环境中"复选框,表示把打开的表文件添加到报表的数据环境中作为报表的数据源。

(3) 单击"字段"按钮,打开"字段选择器"对话框,如图 8-16 所示。

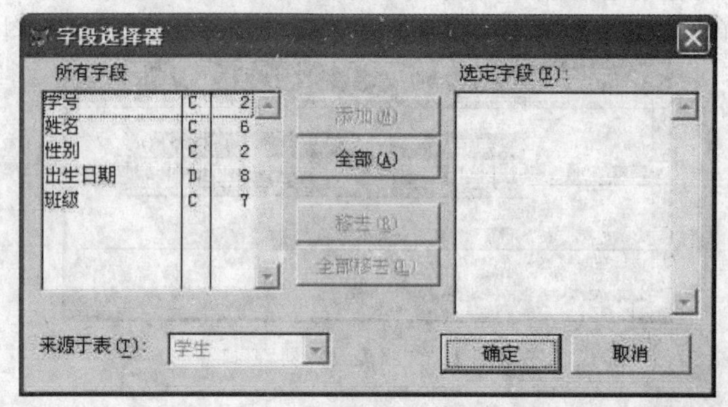

图 8-16 "字段选择器"对话框

将"所有字段"中的全部字段,添加到右边的"选定字段"中,单击"确定"按钮,回到"快速报表"对话框,再单击"确定"按钮,快速报表出现在"报表设计器"中。

(4) 此时,报表已经建好,如果想看报表的效果,可以单击常用工具栏上的"打印预览"按钮,最后的预览效果如图 8-17 所示。

图 8-17 快速报表预览

(5) 单击常用工具栏上的"保存"按钮,将该报表保存为"学生情况报表 . frx"文件。

8.1.2 报表工具栏

与报表设计有关的工具栏主要有两个:"报表设计器"工具栏和"报表控件"工具栏。

当打开"报表设计器"时,主窗口中会自动出现"报表控件"工具栏和"报表设计器"工具栏。"报表设计器"工具栏和"报表控件"工具栏,分别如图 8-18 和图 8-19 所示。

图 8-18 "报表设计器"工具栏

图 8-19 "报表控件"工具栏

1. “报表设计器”工具栏

在设计报表时,利用“报表设计器”工具栏中的按钮可以方便操作。此工具栏上的图标按钮的功能如下:

①“数据分组”按钮:显示“数据分组”对话框,用于创建数据分组及指定其属性。

②“数据环境”按钮:显示报表的“数据环境设计器”窗口。

③“报表控件工具栏”按钮:显示或关闭“报表控件”工具栏。

④“调色板工具栏”按钮:显示或关闭“调色板”工具栏。

⑤“布局工具栏”按钮:显示或关闭“布局”工具栏。

2. “报表控件”工具栏

此工具栏中图标按钮的功能如下:

①“选定对象”按钮:移动或更改对象大小。

②“标签”按钮:在报表上创建一个标签控件,用于输入数据记录之外的信息。

③“域控件”按钮:在报表上创建一个字段控件,用于显示字段、内存变量或其他表达式的内容。

④“线条”、“矩形”和“圆角”按钮:用于绘制相应的图形内容。

⑤“图片/ActiveX 绑定控件”按钮:用于显示图片或通用型字段的内容。

⑥“按钮锁定”按钮:允许添加多个相同类型的控件而不需要多次选中该控件按钮。

单击“报表设计器”工具栏上的“报表控件工具栏”按钮可以随时显示或关闭该工具栏。

8.2　设计报表

快速报表文件生成之后,往往不能满足实际需求,这时还可以通过打开报表设计器进一步修改。在报表设计器中可以设置报表数据源、更改报表的布局、添加报表的控件和设计数据分组等。

8.2.1　报表的数据源和布局

数据库的报表总是与一定的数据源相联系的,在设计报表时,首先要确定报表的数据源。报表的数据源通常是数据库中的表或自由表,也可以是视图、查询或临时表。当数据源中的数据更新之后,使用同一报表文件打印的报表将反映新的数据内容,但报表的格式不变。

1. 设置报表数据源

“数据环境设计器”窗口中已有的数据源将在每一次运行报表时被打开,而不必以手工方式打开所使用的数据源。使用报表设计器创建空白报表时,需要手工指定数据源。下面举例介绍如何为一个空白报表添加数据源。

【例 8.3】为一个空白报表添加数据源。

具体操作步骤如下:

打开“报表设计器”生成一个空白报表,从“报表设计器”工具栏上单击“数据环境”按钮或者从“显示”菜单下选择“数据环境”命令,也可以在“报表设计器”窗口的任何位置右击鼠标,从弹出的快捷菜单中选择“数据环境”命令,如图 8-20 所示,系统会打开“数据环境设计器”窗口。

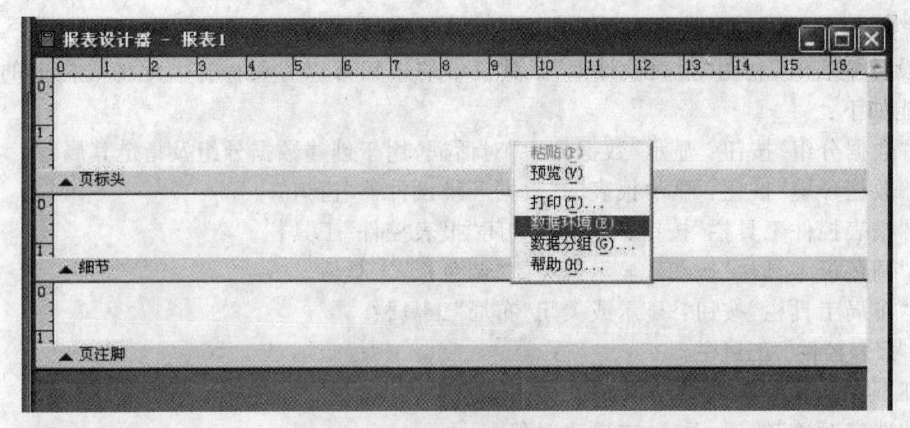

图 8-20　选择“数据环境”命令

在“数据环境设计器”中，右击选择“添加”命令，如图 8-21 所示。打开“添加表或视图”对话框，如图 8-22 所示，从中选择“学生”表，再依次单击“添加”按钮和“关闭”按钮，添加后的结果如图 8-23 所示。

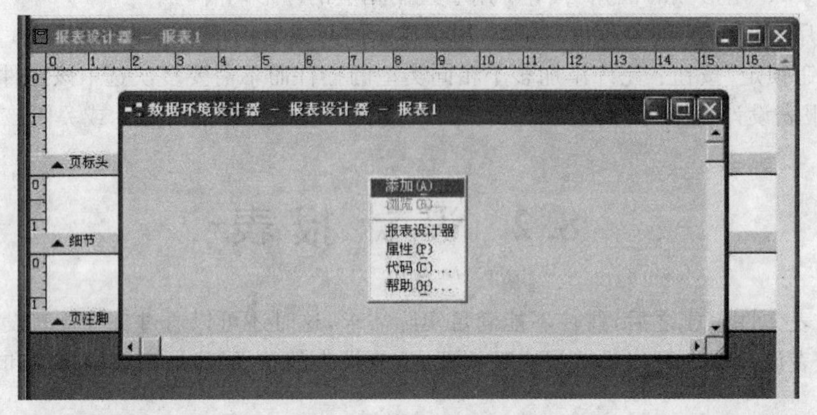

图 8-21　选择“添加”命令

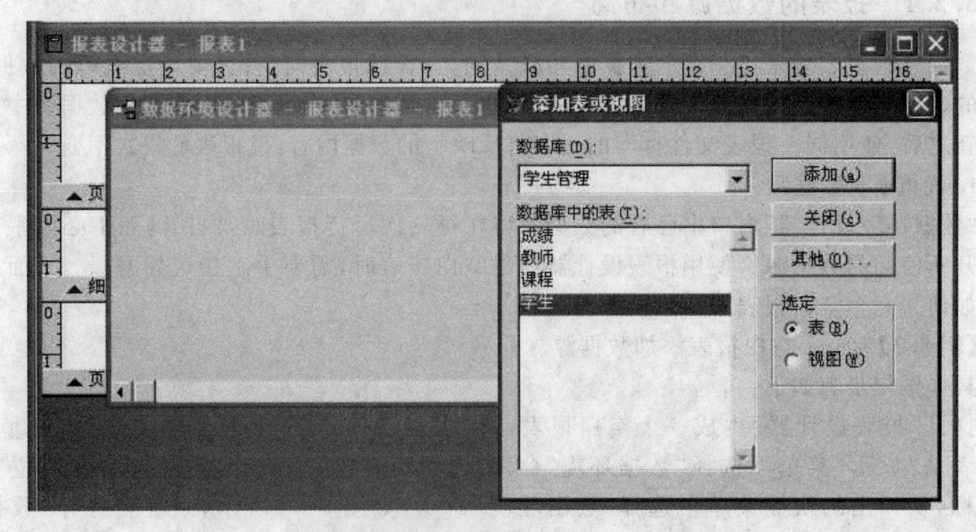

图 8-22　选择要添加的表

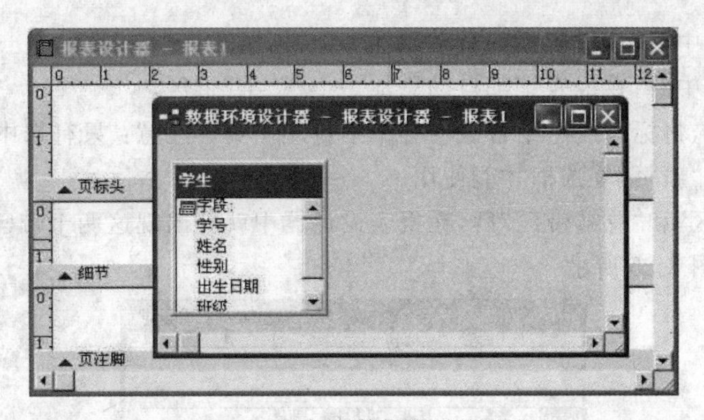

图 8-23　添加了数据源后的界面

2. 设计报表布局

一个设计良好的报表,会把数据放在报表的合适位置上。报表设计器将报表布局划分为若干个不同的区域,称为带区。带区的主要作用是控制数据在页面上的打印位置。在打印或预览报表时,系统会以不同的方式来处理各个带区中的数据。各带区的说明如表 8-2 所示。

表 8-2　报表带区及作用

带区名称	作用
标题	在每张报表的开头打印一次或单独占用一页,如报表名称
页标头	在每一页上打印一次
细节	为每条记录打印一次,如各记录的字段值
页注脚	在每一页的下面打印一次,如页码和日期
总结	在每张报表的最后一页打印一次或单独占用一页
组标头	有数据分组时,每组打印一次
组注脚	有数据分组时,每组打印一次
列标头	在分栏报表中每列打印一次
列注脚	在分栏报表中每列打印一次

"页标头"、"细节"和"页注脚"这三个带区是快速报表默认的基本带区。如果要使用其他带区,可以由用户自己设置。

(1) 设置"标题"或"总结"带区。打开【例 8.2】中建立的快速报表,选择菜单命令"报表"→"标题/总结",将显示"标题/总结"对话框,如图 8-24 所示。

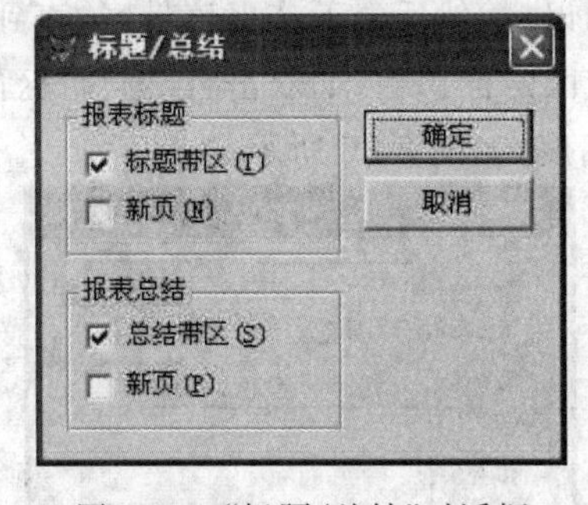

图 8-24　"标题/总结"对话框

“标题带区”选中后，在报表顶部自动添加一个“标题”带区。

“总结带区”选中后，在报表尾部自动添加一个“总结”带区。

“新页”选中后，将标题或总结带区内容单独打印一页。注意：只有选中“标题带区”或“总结带区”复选框后，“新页”复选框才能使用。

选中“标题带区”和“总结带区”后，在报表设计器中就会出现这两个带区，新添加的这两个带区是空白的，如图 8-25 所示。

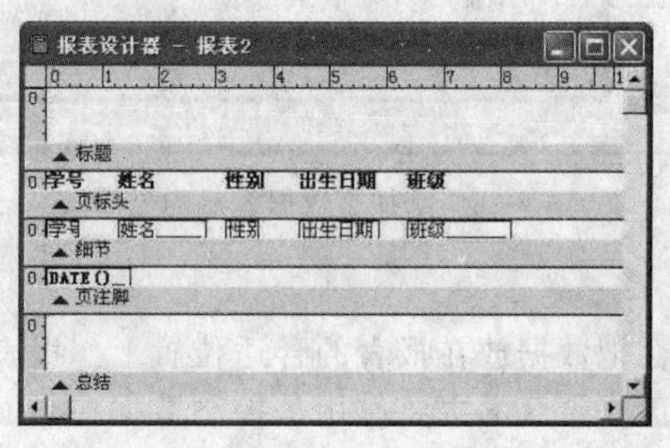

图 8-25　添加了“标题”带区和“总结”带区后的效果

(2) 设置“列标头”和“列注脚”带区。设置“列标头”和“列注脚”带区可用于创建多栏报表。从“文件”菜单中选择“页面设置”命令，弹出“页面设置”对话框。把“列数”微调器的值调整为大于 1，报表将添加一个“列标头”带区和一个“列注脚”带区。

(3) 设置“组标头”或“组注脚”带区。如果报表的数据源含有索引字段的数据表，则可以按照索引字段为报表设置分组，这样就可以将索引关键字相同的记录集中在一起输出。

选择“报表”→“数据分组”菜单命令，或者单击“报表设计器”工具栏上的数据分组按钮，弹出“数据分组”对话框，在该对话框中单击“分组表达式”列表中的对话框按钮…，会弹出“表达式生成器”对话框，在此对话框中输入或设置分组表达式。

可以在报表设计器中添加一个或多个“组标头”和“组注脚”带区，带区的数目与分组表达式的数目有关。关于报表的数据分组，将在 8.3.1 节中详细叙述。

(4) 调整带区高度。添加了所需的带区之后，就可以在带区中添加控件了。如果新添加的带区高度不够，可调整高度。调整时不能使带区高度小于布局中控件的高度。可以把控件移进带区内，然后减少其高度。

调整带区高度常用以下两种方法：

① 用鼠标选中某一带区标识栏，然后上下拖曳该带区，直到得到满意的高度为止。

② 双击需要调整高度的带区的标识栏（如双击“标题”带区的标识栏），系统将显示一个对话框，然后在该对话框中设置高度，如图 8-26 所示。

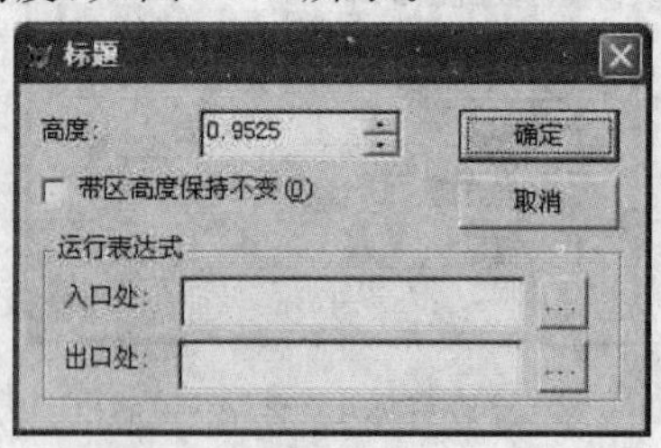

图 8-26　设置带区高度

8.2.2 在报表中使用控件

在“报表设计器”中，为报表新设置的带区是空白的，只有在报表中添加相应的控件，才能把所要打印的内容安排进去。

1. 标签控件

标签控件在报表中广泛应用，用于显示说明性文字或标题文本等。报表中对标签控件常用的操作主要有以下两种：

插入标签控件。在“报表控件”工具栏中单击“标签”按钮，然后在报表的指定位置上单击鼠标，便出现一个插入点，即可在当前位置上输入文本。

更改字体。选定要更改的控件。从“格式”菜单中选定“字体”，此时显示“字体”对话框，选定适当的字体和磅值，然后单击“确定”按钮。

2. 线条、矩形和圆角矩形

使用“报表控件”工具栏中所提供的线条、矩形或圆角矩形按钮，在报表适当位置添加相应的图形线条控件使其效果更好。对该控件还可进行更改样式、调整控件大小等操作。

3. 域控件

域控件用于打印表或视图中的字段、变量和表达式的计算结果。例如，通过设置域控件，可以自动给报表添加页码，或通过域控件实时显示当前日期和时间等。

(1) 添加域控件。向报表中添加域控件有两种方法：

一种方法是从报表设计器中选择“数据环境”，在打开的“数据环境设计器”窗口中选择所需要的表或视图，然后把相应的字段拖曳到报表指定位置。

另一种方法是使用“报表控件”工具栏上的“域控件”按钮，单击该按钮，然后在报表设计器中的某个带区内单击鼠标，系统将显示一个“报表表达式”对话框，如图 8-27 所示。

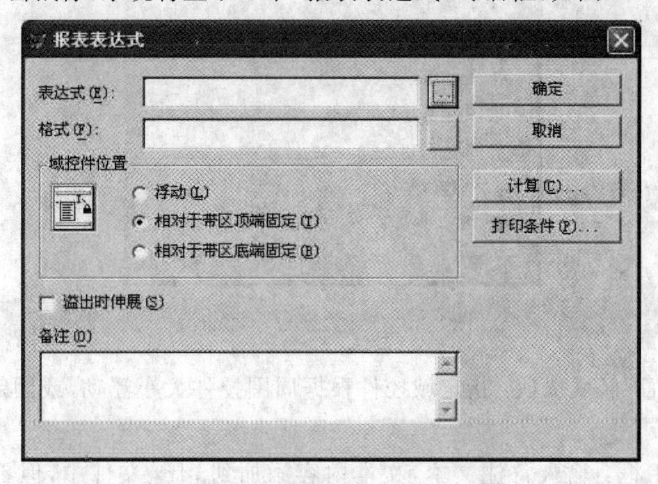

图 8-27　“报表表达式”对话框

“报表表达式”对话框中主要选项和按钮的功能如下：

① 表达式：在“表达式”文本框中输入字段名，或单击右侧 ... 按钮，可打开“表达式生成器”对话框，如图 8-28 所示。

②“计算”按钮：打开“计算字段”对话框，对添加的可计算字段创建一个计算结果。在“计

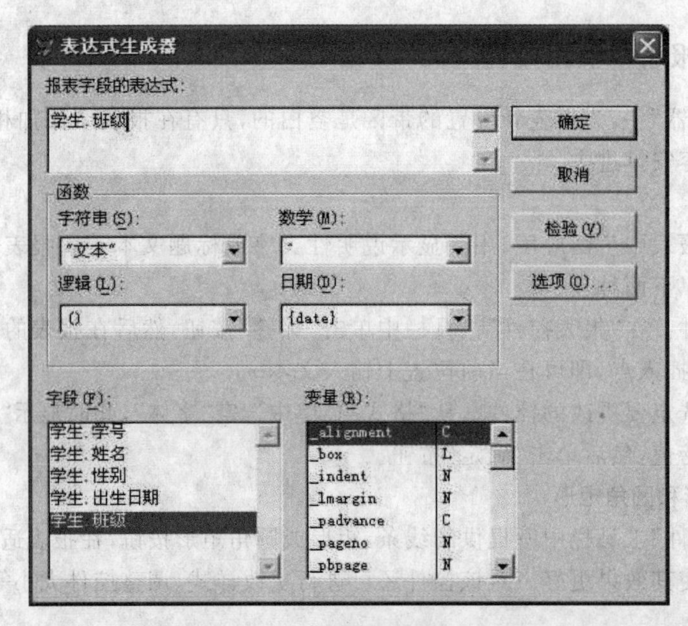

图 8-28 “表达式生成器”对话框

算字段”对话框中,指定字段需要执行的计算,如图 8-29 所示。

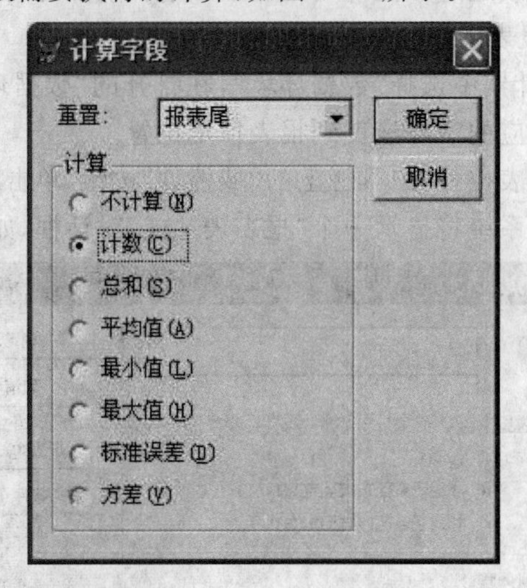

图 8-29 “计算字段”对话框

③“域控件位置”区域选项:指定域控件根据周围控件大小浮动,或固定域控件在报表中的位置。

④“备注”编辑框:输入备注文本,文本内容添加到 .frx 文件中,但不会在当前报表中显示。

(2)域控件格式设置。插入域控件后,需要设置该控件的数据类型和打印格式。具体方法是在“报表表达式”对话框中,单击“格式”文本框后的省略号按钮,打开“格式”对话框,如图 8-30 所示。选择其中的一种数据类型,在“编辑选项”中设置所需要的格式,最后单击“确定”按钮。

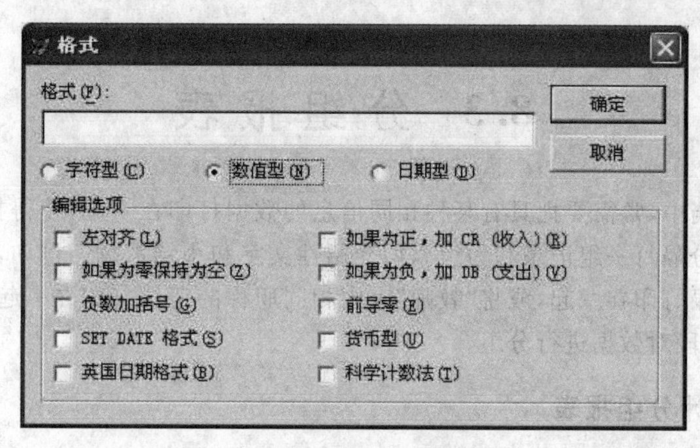

图 8-30　“格式”对话框

4. OLE 对象

在开发应用程序时，常用到对象链接与嵌入(OLE)技术。一个 OLE 对象可以是图片、声音、文档等。在这里主要讲解在报表中如何插入图片。例如，在报表中加入员工的照片、单位的徽标等，不仅能使报表更加美观，还可以直观地反映报表表示的意义。

插入图片的方法如下：

在“报表控件”工具栏中单击“图片/ActiveX 绑定控件”按钮，然后在报表的某个带区内单击鼠标，会添加一个图文框，同时可以在弹出的“报表图片”对话框(图 8-31)中进行设置。

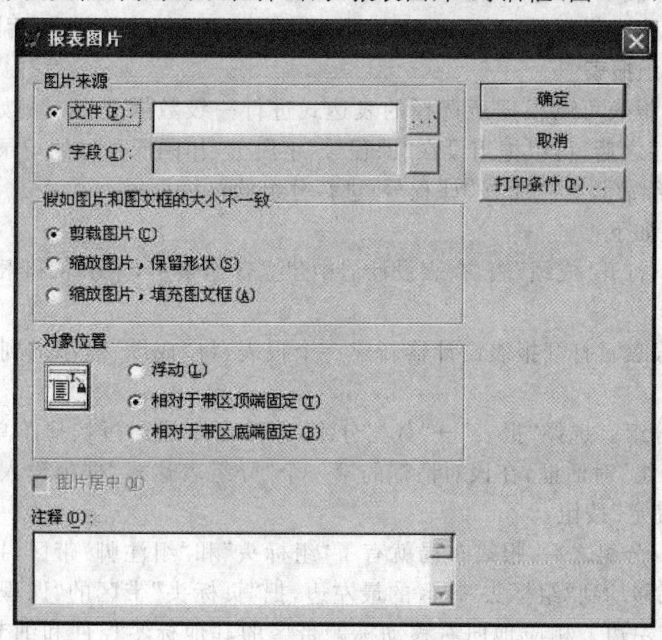

图 8-31　“报表图片”对话框

8.3 分组报表

在实际应用当中,常需要把具有某种相同信息的数据打印在一起,使得报表更易于阅读。分组能够分明地分隔每一组记录和为组添加介绍性文字和小结数据。例如,要将“成绩”表中相同课程号的记录打印在一起,或将“教师”表中相同职称的记录打印在一起,就应当根据“课程号”或“职称”字段对数据进行分组。

8.3.1 设计分组报表

在一个报表中可以设置一个或多个数据分组,组的分隔基于分组表达式,这个表达式通常由一个字段或者一个以上的字段组成。对报表进行数据分组时,报表会自动包含“组标头”和“组注脚”带区。

1. 设置报表的记录顺序

为了使数据源适合于分组处理记录,必须对数据源进行适当的索引或排序。可以事先在报表设计器中为表建立索引,一个表可以有多个索引,然后在数据环境设计器之外指定当前索引。例如,在命令窗口输入指定当前索引的命令:

```
SET ORDER TO <索引关键字>
```

除了通过命令指定索引外,还可以在“数据环境设计器”中指定当前索引。

2. 设计单级分组报表

一个单级分组报表可以根据所选择的表达式进行一级数据分组。例如,数据源按“课程号”字段索引或排序之后,可以把组设在“课程号”字段上,相同课程号的记录在一起打印。

【例 8.4】为成绩表设计一个按“课程号”进行分组的单级报表。

具体操作步骤如下:

① 建立索引。打开“成绩”表,在表设计器中建立普通索引,索引名和索引表达式都为“课程号”。

② 建立快速报表。打开报表设计器新建一个报表,将“成绩”表添加到报表数据环境中,并建立快速报表。

③ 添加数据分组。选择“报表”→“数据分组”菜单命令或通过快捷菜单中的“数据分组”命令,打开“数据分组”对话框,在该对话框的第一个“分组表达式”框内输入分组表达式“成绩.课程号”,单击“确定”按钮。

④ 添加控件。分组之后,报表布局就有了“组标头”和“组注脚”带区,把“课程号”字段域控件从“细节”带区移动到“组标头”带区的最左边,把“页标头”带区的“课程号”字段名标签控件移到本带区的最左边。相应地向右移动标题带区的其他标签控件和细节带区的其他域控件,使它们分别上下对齐,并具有相同的高度。

分别在“组标头 1:课程号”带区的“课程号”字段的上方和下方添加一条实线和一条虚线(用“报表控件”工具栏上的“线条”按钮及“格式”下拉菜单的“绘图笔”操作)。

不在“组注脚 1:课程号”位置放置任何内容,将它向上移动到靠近“组标头”带区,避免占用页面空间。

⑤ 添加"标题"带区。标题为"学生成绩一览表",并在标题的下方添加一条粗实线。

⑥ 调整布局。使用"布局"工具栏调整报表中标签文字的大小、样式和位置,及各个带区的高度,布局情况如图 8-32 所示。

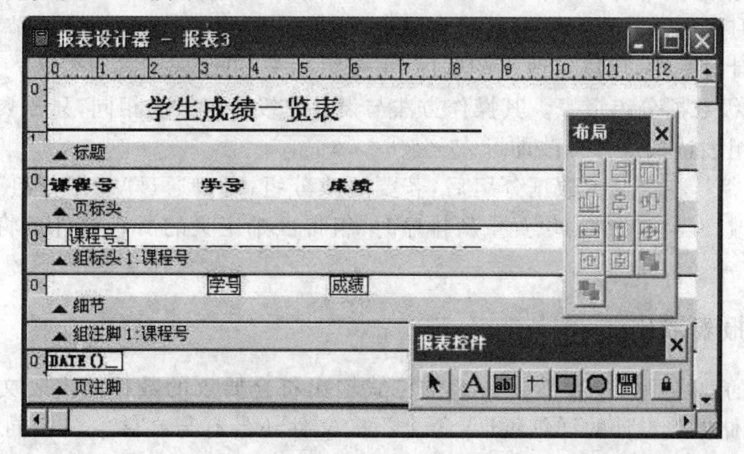

图 8-32　分组报表布局

⑦ 设置当前索引。单击"报表设计器"工具栏上的"数据环境"按钮,打开数据环境设计器,右击鼠标,从快捷菜单中选择"属性",打开"属性"窗口。确认对象框中为"成绩",在"数据"选项卡中选定"Order"属性,从索引列表中选定"课程号"。

⑧ 单击常用工具栏上的"打印预览"按钮,预览效果如图 8-33 所示。

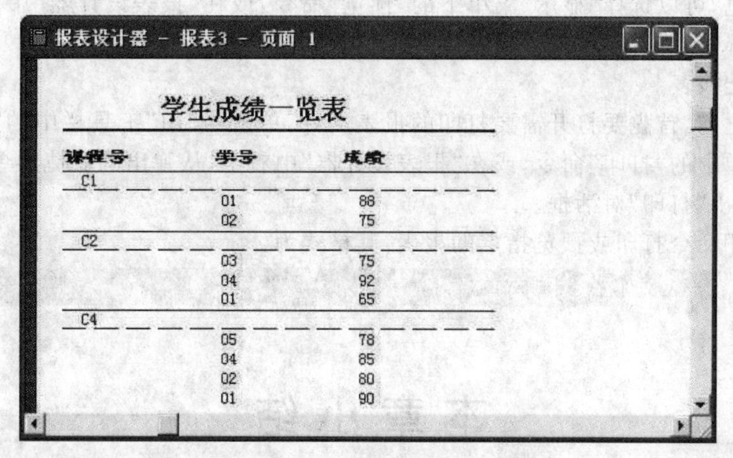

图 8-33　预览分组报表

⑨ 关闭预览,单击常用工具栏上的"保存"按钮,保存为 .frx 文件,文件名为"学生成绩一览表"。

8.3.2　设计多级数据分组报表

在报表内最多可以定义 20 级的数据分组。根据需要可以对报表进行嵌套分组,嵌套分组有助于组织不同层次的数据和总计表达式。

① 多个数据分组基于多重索引。多级数据分组报表的数据源必须分出级别,例如,将课程号相同的记录集中在一起显示或打印,只需建立以"课程号"为关键字的索引,此时只能设计

单级分组报表，如果要将同一课程号中同一班级的记录也连续显示，必须建立基于关键字表达式的复合索引，如“课程号＋班级”。

② 一个数据分组对应于一组“组标头”和“组注脚”带区。数据分组将按照在“报表设计器”中创建的顺序在报表中编号，分组级别越细，编号越大，数据分组也离“细节”带区越近。

在报表设计过程中，可以更改组的顺序，重复组标头，更改或删除组带区。

③ 设计多级数据分组报表。其操作方法与设计单级分组报表相同，只需要在“数据分组”对话框中对分组表达式进行修改即可。

④ 更改分组。在定义了数据分组后，若要更改分组，可以通过“数据分组”对话框对分组表达式再次修改。当移动组的位置重新排序时，组带区中定义的所有控件都将自动移动到新的位置。

8.3.3 报表输出

设计报表的最终目的是要按照一定的格式输出符合要求的数据。报表文件的扩展名为.frx，该文件存储报表设计的详细说明，每个报表文件还带有与文件主名相同、扩展名为.frt的相关文件。在报表文件中并不存储每个数据字段的值，仅存储数据源的位置和格式信息。

1. 设置报表的页面

打印报表之前，应考虑页面的外观，例如页边距、纸张类型和所需的布局等，可以在“文件”菜单中选择“页面设置”命令，打开“页面设置”对话框进行设置。

2. 预览报表

报表的预览，可以选择“显示”菜单下的“预览”命令，或在“报表设计器”中右击，在弹出的快捷菜单中选择“预览”命令，或直接单击“常用”工具栏中的“打印预览”按钮。

3. 打印输出报表

打印报表之前，首先要打开需要打印的报表文件，单击“常用”工具栏中的“运行”按钮，或选择“文件”菜单中的“打印”命令，或在“报表设计器”中右击，从弹出的快捷菜单中选择“打印”命令，系统将弹出“打印”对话框。

也可以使用命令打印或预览指定的报表，其格式为：

```
REPORT FORM <报表文件名> [PREVIEW]
```

本章小结

本章重点讲解了利用报表向导创建报表和创建快速报表的方法。其中，重要的知识点有：为报表添加数据源、建立一对多报表时父表与子表字段的选取、为报表添加标题、标签控件的使用和域控件的使用等，对这些知识点要重点掌握。

真题演练

一、选择题

在 Visual FoxPro 中，在屏幕上预览报表的命令是（　　）。（2007 年 4 月）

A. PREVIEW REPORT

B. REPORT FORM... PREVIEW

C. DO REPORT... PREVIEW

D. RUN REPORT... PREVIEW

【答案】B

【解析】在屏幕上预览报表的命令是 REPORT FORM…PREVIEW。

二、填空题

(1) 预览报表 myreport 的命令是 REPORT FORM myreport ________。(2010 年 9 月)

【答案】PREVIEW

【解析】在命令窗口或程序中使用 REPORT FROM ＜报表文件名＞ [PREVIEW]命令可以打印或预览指定的报表。

(2) 为了在报表中插入一个文字说明，应该插入一个________控件。(2006 年 9 月)

【答案】标签

【解析】标签控件在报表中的使用相当广泛。例如，每个字段前的说明性文字、报表标题等。这些说明性文字和标题都是用标签控件来完成的。

巩固练习

(1)如果要显示的记录和字段较多，并且希望可以同时浏览多条记录和方便比较同一字段的值，则应创建(　　)。

A. 列报表　　B. 行报表

C. 一对多报表　　D. 多栏报表

(2)为了在报表中打印当前时间，应该插入一个(　　)。

A. 表达式空间　　B. 域控件

C. 标签控件　　D. 文本控件

(3)在 Visual FoxPro 中，报表的数据源不包括(　　)。

A. 视图　　B. 自由表

C. 查询　　D. 文本控件

第9章 应用程序的开发和生成

学习 Visual FoxPro 的一个重要目的是开发并生成实用的数据库应用软件。本章就学习如何根据开发数据库应用程序的方法和步骤，把前面学习的数据库、表单、报表、菜单等知识，有机地结合到一起，在项目管理器中连编成一个完整的应用程序文件或可执行文件。

9.1 应用程序项目综合实践

在 Visual FoxPro 中，可以使用"项目管理器"方便地将数据库应用系统所涉及的文件用集成的方法建立应用系统项目，最终生成一个扩展名为 . app 的应用文件或 . exe 的可执行文件。

9.1.1 系统开发基本步骤

一个数据库应用系统通常分为输入密集型、输出密集型和处理密集型 3 种。一般都包括以下几个基本组成部分：

① 一个或多个数据库。

② 用户界面，如欢迎屏、输入表单、显示表单、工具栏和菜单等。

③ 事务处理，如查询、统计和计算等。

④ 输出形式与界面，如浏览、排序、报表、标签等。

⑤ 主程序，设置应用程序系统环境和起始点。

1. 建立应用程序目录结构

一个完整的应用程序，即使规模不大，也会包含多种类型的文件，如 . dbc 数据库、. dbf 表以及菜单、表单、报表、位图等。对于这些不同类型的文件，我们可以建立一个层次清晰的目录，方便以后修改和维护。

2. 用项目管理器组织应用系统

一个典型的数据库应用程序由数据库结构、用户界面、查询选项和报表等组成。在设计应用程序时，应合理设计每个组件应提供的功能以及与其他组件之间的关系。一个组织良好的应用程序一般需要为用户提供一个菜单、一个或多个表单以供数据输入和显示输出之用。同时还需要添加一些事件响应代码，来提供特定功能，保证数据的完整性和安全性。此外，还需要提供查询和报表输出功能，允许用户从数据库中选取信息。

数据库应用系统所涉及的文件准备好后就可以用"项目管理器"组织这些文件了。具体操作步骤如下：

① 新建或打开指定的项目文件。

② 将已设计好的数据库、表单、菜单、报表、程序等模块和部件添加到项目文件中。

③ 在“项目管理器”中自下而上地调试各个模块，即从包含层次最低的模块开始调试。

对各个模块进行分模块调试有助于对错误代码的正确定位与修改。这些工作是为应用程序最后的连编所做的必要准备。

3. 加入项目信息

选择“项目”→“项目信息”菜单命令，或在项目管理器上右击鼠标，从弹出的快捷菜单中选择“项目信息”选项，打开“项目信息”对话框。在“项目”选项卡中可以输入以下信息：

① 开发者信息，如姓名、地址等。

② 定位项目的主目录。

③ 通过复选框选择在应用程序文件中是否包含调试信息。包含调试信息对程序的调试有很大帮助，但是会增加程序的大小。因此，在交付用户之前进行最后的连编时应清除此复选框。

④ 是否对应用程序进行加密。Visual FoxPro 可以对应用程序加密，如果加了密，要想对应用程序反求源代码是非常困难的。

⑤ 通过附加图标复选框指定是否为所生成的文件选择自己的图标。

9.1.2　连编项目

各个模块调试无误之后，还需对整个项目进行联合调试并编译，称为连编项目。

1. 设置文件的“排除”与“包含”

(1) 文件的“排除”与“包含”。

在刚刚添加的数据库文件的左侧有一个排除符号∅，表示此项从项目中排除。如图 9-1 所示。

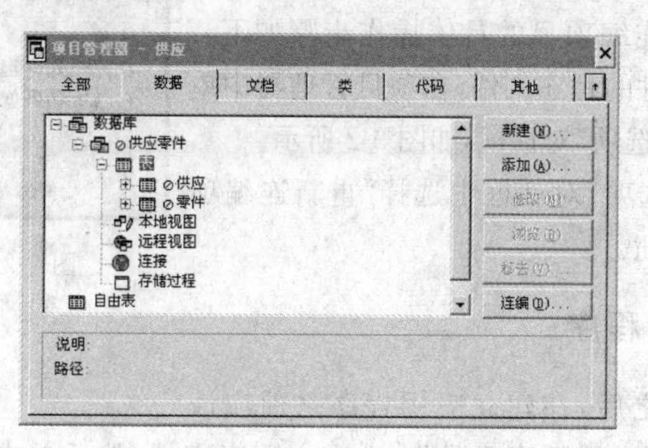

图 9-1　被设置为“排除”的文件

“排除”与“包含”相对应。将一个项目编译成一个应用程序时，所有在项目中被包含的文件将组合为一个单一的应用程序文件。在项目连编之后，那些在项目中标记为“包含”的文件将变为只读文件，不能再修改。如果应用程序中包含需要用户修改的文件，必须将该文件标记为“排除”。

例如，我们经常修改表中的数据，就应将表设置为“排除”。

(2) 文件的“包含”和“排除”操作。

在项目管理器中，设置成“排除”的文件和设置成“包含”的文件可以相互转换，最简单的方法是在选定的文件上右击，从快捷菜单中选择“包含”或“排除”选项。

2. 设置主程序

主程序是整个应用程序的入口点，任何应用程序都必须包含一个主程序文件。当用户运行应用程序时，首先启动主程序文件，然后主程序文件再依次调用所需的应用程序其他组件。关于主程序的设计将在 9.1.5 节中讲解。

在 Visual FoxPro 中，主程序文件可以是程序文件、菜单、表单或查询。在“项目管理器”中可将主程序文件设置为主文件。设置成主文件的主程序文件在项目管理器中以黑体显示。

使用“项目管理器”设置主文件，应按下列步骤操作：

① 在项目管理器中选中要设置为主文件的文件；

② 从主菜单的“项目”菜单选择“设置主文件”选项或在文件上右击，在快捷菜单中选择“设置主文件”选项。

设置好主文件后，项目管理器会主动将主文件设置为“包含”，在编译完应用程序之后，该文件作为只读文件处理。

3. 连编项目

对项目进行连编的目的是为了对程序中的引用进行校验，同时检查所有的程序组件是否可用。通过重新连编项目，Visual FoxPro 会分析文件的引用，然后重新编译过期的文件。

对项目进行连编，首先是让 Visual FoxPro 系统对项目的整体性进行测试，此过程的最终结果是将所有在项目中引用的文件（除了那些标记为“排除”的文件）合成为一个应用程序软件，最后将应用程序软件、数据文件以及被排除的项目文件一起交给最终用户使用。

在“项目管理器”中连编项目的具体操作步骤如下：

① 选中设置为主文件的程序文件，在项目管理器中单击“连编”按钮，弹出“连编选项”对话框，如图 9-2 所示。

② 在弹出的“连编选项”对话框中选择“重新连编项目”，然后单击“确定”按钮。

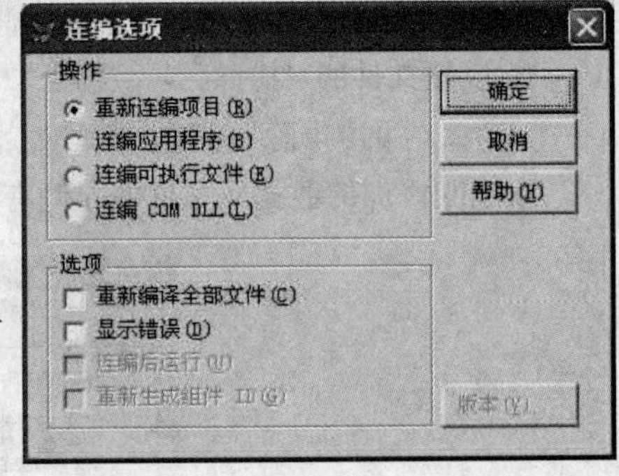

图 9-2 “连编选项”对话框

9.1.3 连编应用程序

连编项目获得成功之后，在建立应用程序之前应该试着运行该项目。可以在“项目管理器”中选中主程序文件，然后单击“运行”按钮。或者在“命令”窗口中，执行带有主程序文件名字的一个 DO 命令，如 DO main. prg。

如果程序运行正确，就可以连编成一个应用程序文件了。应用程序文件包括项目中所有“包含”文件。应用程序连编结果有两种文件形式：

① 应用程序文件(. app)：需要在 Visual FoxPro 中运行。

② 可执行文件(. exe)：可以在 Windows 下运行。

连编应用程序的操作步骤如下：

① 在“项目管理器”中单击“连编”按钮，系统会弹出“连编选项”对话框。

② 在“连编选项”对话框中，如果选择“连编应用程序”复选框，则生成一个 . app 文件；如果选择“连编可执行文件”复选框，则生成一个 . exe 文件。

连编应用程序的命令是 BUILD APP 或 BUILD EXE。

9.1.4 运行应用程序

当为项目建立了一个最终的应用程序文件之后，就可以运行它了。

(1) 运行 .app 应用程序。

.app 应用程序需要在 Visual FoxPro 中运行。因此，运行 .app 文件需要首先启动 Visual FoxPro，可选择“程序”→“运行”菜单命令，选择要执行的应用程序，或者在“命令”窗口中键入 DO 命令和应用程序文件名运行。

(2) 运行 .exe 文件。

生成的 .exe 应用程序文件既可以在 Visual FoxPro 中运行，也可以在 Windows 中直接双击该文件的图标来运行它。

9.1.5 主程序设计

主程序是整个应用程序的入口点，主程序的任务包括：

- 设置应用程序的起始点；
- 初始化环境；
- 显示初始的用户界面；
- 控制事件循环；
- 当退出应用程序时，恢复原始的开发环境。

下面依次介绍相关的功能和组织主程序文件的方法。

1. 初始化环境

主程序或者主应用程序对象要做的第一件事就是对应用程序的环境进行初始化。在打开 Visual FoxPro 时，开发者设置的环境体现在建立 SET 命令和设置系统变量的值。对于应用程序来说，初始化环境的理想方法是将开发系统的初始环境设置保存起来，在启动代码中为程序建立特定的环境设置。

可通过从当前环境中截取命令的方法进行环境设置，其步骤如下：

① 选择“工具”→“选项”菜单命令，系统弹出“选项”对话框。

② 在按下 Shift 键的同时单击对话框中的“确定”按钮，则可以在“命令”窗口中显示环境的 SET 命令。

③ 从“命令”窗口中复制 SET 命令，并粘贴到程序中。例如，粘贴到 setup.prg 文件中。

除了环境外，在应用程序中通常还需要编写程序代码来执行初始化变量，建立默认的路径，打开需要的数据库、表及索引等功能。例如 setup.prg 文件还可以包括如下语句：

```
Set default to e:\学生管理
Set century on
Clear windows
Clear all
Open database 学生管理 exclusive
Use 学生
```

2. 显示初始的用户界面

用户的初始界面可以是一个菜单，也可以是一个表单或其他的用户组件。通常，在显示已打开的菜单或表单之前，应用程序会出现一个启动屏幕或注册对话框。

在主程序中，可以使用DO命令运行一个菜单，或者使用DO FORM命令运行一个表单以初始化用户界面。例如：

```
DO mymenu. mpr
DO FORM myform. scx
```

3. 控制事件循环

建立应用程序环境，显示出初始的用户界面之后，还需要建立一个事件循环来等待用户的交互动作。控制事件循环的方法是执行READ EVENTS命令，该命令可处理如单击鼠标、键入等用户事件。

从READ EVENTS命令开始，到相应的CLEAR EVENTS命令执行期间，主程序中的所有处理过程全部挂起，所以将READ EVENTS命令正确地放在主程序的适当位置十分重要。可以将READ EVENTS作为初始化过程的最后一条命令，在初始化环境并显示了用户界面后执行。

如果在初始化过程中没有READ EVENTS命令，应用程序运行后只能显示片刻就返回到操作系统中。

4. 组织主程序文件

如果在应用程序中使用一个程序文件(.prg)作为主程序文件，必须保证该程序能够控制应用程序的主要任务。

在主程序文件中，没有必要直接包含执行所有任务的命令。常用的方法是调用过程或者函数来控制某些任务。例如，环境初始化和清除等。

例如，一个简单的主程序如下：

```
******main.prg******
DO setup.prg                && 调用建立环境设置的程序
DO FORM start.scx           && 显示初始的用户界面
READ EVENTS                 && 建立事件循环
******另一个程序必须能执行 CLEAR EVENTS******
DO clearup.prg              && 运行此程序可在退出之前,恢复环境设置
******clearup.prg******
SET SYSMENU TO DEFAULT
SET TALK ON
SET SAFETY ON
CLOSE ALL
CLEAR ALL
CLEAR WINDOWS
CLEAR EVENT
CANCEL
```

9.2 使用应用程序生成器

在 Visual FoxPro 6.0 中,开发人员可以利用应用程序向导生成一个项目和一个 Visual FoxPro 应用程序的初始框架,然后再打开应用程序生成器添加已经生成的数据库、表、表单和报表等组件。

在"项目管理器"和"应用程序生成器"的帮助下,系统开发人员无须编写代码便可创建一个完整的应用程序。当然对于稍微复杂一点的应用程序来说还是远远不够的,但是使用"应用程序向导"和"应用程序生成器"可以大大减轻开发人员的工作量。

9.2.1 使用应用程序向导

利用应用程序创建一个新项目有两种途径:

- 仅创建一个项目文件,用来分类管理其他文件。
- 使用应用程序向导生成一个项目和一个 Visual FoxPro 应用程序的框架。

1. 使用应用程序向导创建项目和应用程序框架

启动"应用程序向导"的具体操作步骤如下:

① 从"文件"菜单中选择"新建"命令,或单击常用工具栏上的"新建"图标按钮,选中"项目"单选按钮。

② 单击"向导"图标按钮,弹出"应用程序向导"对话框,如图 9-3 所示。选中"创建项目目录结构"复选框。

③ 在对话框的"项目名称"中直接输入一个新的项目名称,最好给出一个独立的子目录。如果指定的文件夹不存在,系统将自动创建。也可以单击"浏览"按钮,打开"选择目录"对话框,查找一个已经存在的项目文件,准备在应用程序生成器中使用。

④ 单击"应用程序向导"对话框上的"确定"按钮。

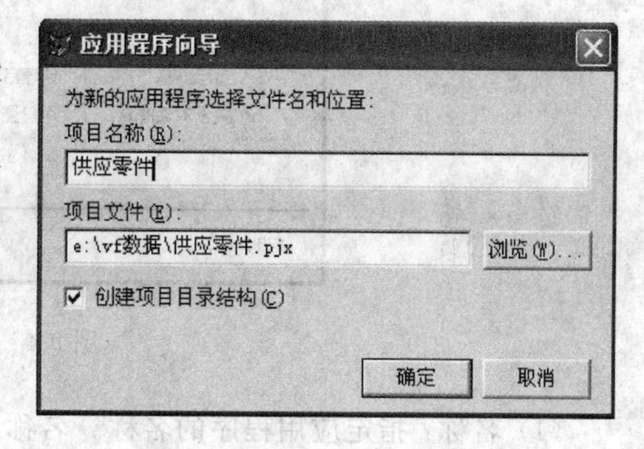

图 9-3 "应用程序向导"对话框

2. 应用程序框架

应用程序框架中包含了所有必需的以及许多可选的元素,目的是使所开发的应用程序更加有效,使用起来得心应手。应用程序框架具有极好的灵活性和创建最佳应用程序的能力。

在运行了"应用程序向导"之后,得到一个含有一些文件的已打开项目,这些文件组成了应用程序框架。应用程序框架可以自动完成以下各项任务:

- 提供启动和清理程序,其中包括负责保存和恢复环境状态的程序。
- 显示菜单和工具栏。
- 帮助开发者确定应用程序的功能、用户输入数据的方式、应用程序的外观以及其他强大功能。

3. 应用程序生成器的功能

通过"应用程序向导"创建并在"项目管理器"中打开一个项目的同时便打开了应用程序生成器。生成器与应用程序框架结合在一起提供以下功能：

- 添加、编辑或删除与应用程序相关的组件，如表、表单和报表等。
- 设定表单和报表的外观样式。
- 加入常用的应用程序元素，包括启动画面、"关于"对话框、"收藏夹"菜单、"用户登录"对话框和"标准"工具栏。
- 提供应用程序的作者和版本等信息。

9.2.2 应用程序生成器

应用程序生成器包括"常规"、"数据"、"表单"、"报表"、"信息"和"高级"6 个选项卡。通过熟悉这些选项卡的界面可以了解到它的强大功能。

1. "常规"选项卡

如图 9-4 所示，"常规"选项卡用于设置以下内容。

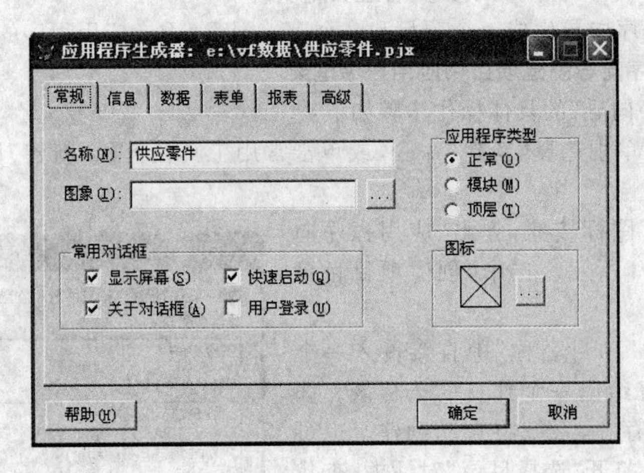

图 9-4 "常规"选项卡

(1) 名称：指定应用程序的名称。名称将显示在标题栏和"关于"对话框中，并在整个应用程序中使用。

(2) 图像：指定显示在启动画面和"关于"对话框中的图像文件的文件名。

(3) 应用程序类型：这一组单选钮用于指定应用程序的运行方式，包括以下几种类型。

① 正常：将生成在 Visual FoxPro 主窗口中运行的 .app 应用程序。

② 模块：应用程序准备被添加到已有的项目当中，或者被其他程序调用。该应用程序将在当前的菜单系统中添加一个主菜单选项，并作为另一个应用程序的组件来运行。

③ 顶层：生成可以在 Windows 桌面上运行的 .exe 可执行程序，不必启动 Visual FoxPro。

(4) 常用对话框区：通过复选框选择在应用程序中是否包括下列内容：

① 显示屏幕：显示启动画面。

② 快速启动：用"快速启动"表单提供对应用程序文档和其他磁盘文件夹的访问。

③ 关于对话框：是否需要"关于"对话框。

④ 用户登录：是否提示用户进行口令登录，并管理各个用户的参数选择信息。

(5) 图标按钮：指定图标的来源。图标显示在正常应用程序的主桌面上、顶层应用程序的顶层表单框架上以及没有指定特定图标的表单标题栏上。

2. "信息"选项卡

如图 9-5 所示，使用此选项卡可以指定应用程序的生产信息。

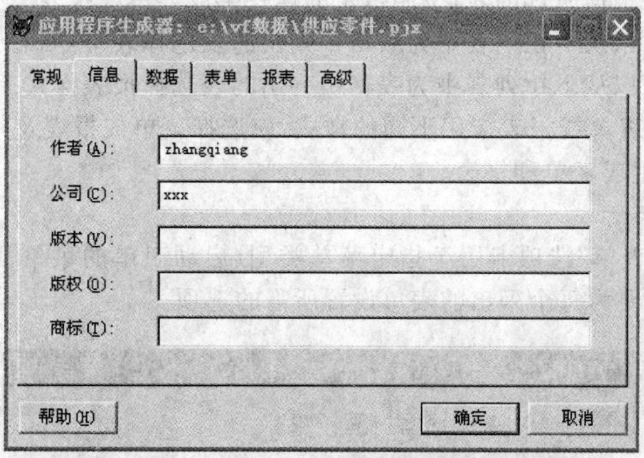

图 9-5 "信息"选项卡

- 作者：指定应用程序作者的名字。
- 公司：给出编写或使用应用程序的公司名称。
- 版本：指定应用程序的版本。
- 版权：给出版权信息。
- 商标：指定商业或服务标志。

这些输入选项都是用文本保存的，不受选项标签提示内容的限制，可以输入任何所需的信息。

3. "数据"选项卡

如图 9-6 所示，"数据"选项卡用于指定应用程序的数据源以及表单和报表的详式。该选项卡的表格中显示了在应用程序中使用的数据源、表单和报表。

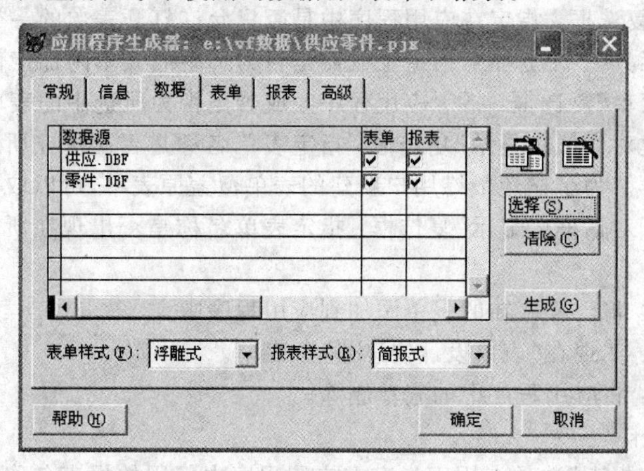

图 9-6 "数据"选项卡

- 数据库向导：帮助创建应用程序所需要的数据库。关闭向导后，表格中将列出新建数据库中的表。
- 表向导：帮助创建应用程序所需要的表。
- “选择”按钮：指定应用程序上使用的已有数据库或表。
- “清除”按钮：删除表格中已经列出的数据库和表数据源。
- “生成”按钮：根据所选的表，按照指定的样式生成表单或报表。
- 表单样式：可以从下拉列表中为表格中列出的表选择表单样式。
- 报表样式：可以从下拉列表中为表格中列出的表选择报表样式。

如果要对不同的表单或报表应用不同的样式，应选择菜单或报表及其所需样式，然后单击“确定”按钮，将自动生成表单和报表。

4. “表单”选项卡

如图 9-7 所示，“表单”选项卡用于指定菜单类型、启动表单的菜单、工具栏以及表单是否可有多个实例等。需要为每个列出的表单设置所需的选项。

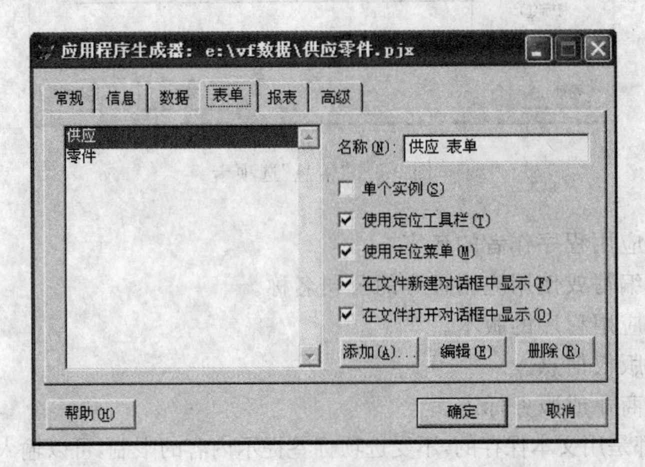

图 9-7 “表单”选项卡

- “名称”文本框：用于指定表单的名称。
- “单个实例”复选框：指定在应用程序中是否只允许打开表单的一个实例。
- “使用定位工具栏”复选框：指定生成器是否为选中的表单附加定位工具栏。
- “使用定位菜单”复选框：指定应用程序生成器是否为所选中的表单附加定位菜单。
- “在文件新建对话框中显示”复选框：指定表单名称是否出现在所生成应用程序的“新建”对话框中。为了避免最终用户新建的表单覆盖原表单，可以取消勾选该复选框。
- “在文件打开对话框中显示”复选框：指定表单名称是否出现在所生成应用程序的“打开”对话框中。
- “添加”按钮：将已经存在的表单添加到应用程序中。
- “编辑”按钮：实现在“表单设计器”中修改表单。
- “删除”按钮：将应用程序中的表单删除。

5. “报表”选项卡

如图 9-8 所示，“报表”选项卡用于指定在应用程序中使用的报表名称。

- 名称：指定选定报表的名称。

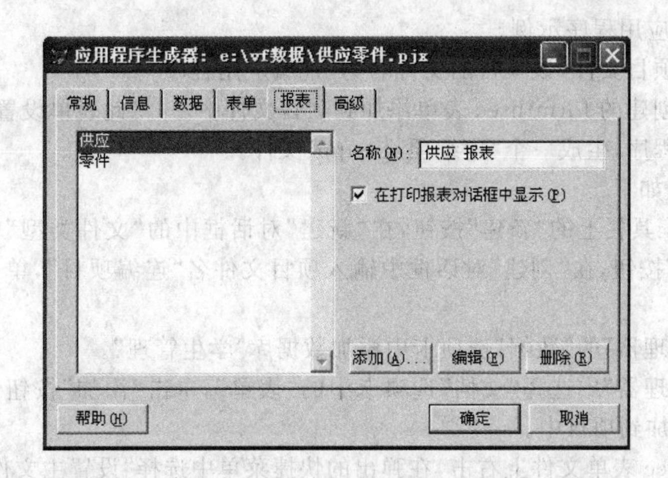

图 9-8　“报表”选项卡

- “在打印报表对话框中显示”复选框：指定选定报表名称是否出现在应用程序的“打印报表”对话框中。
- “添加”按钮：将已经存在的报表添加到应用程序中。
- “编辑”按钮：在“报表设计器”中修改选定的报表。
- “删除”按钮：从应用程序中删除选定的报表。

6. “高级”选项卡

如图 9-9 所示，“高级”选项卡用于指定帮助文件和应用程序的默认目录，还可以指定应用程序是否包含常用工具栏和“收藏夹”菜单。

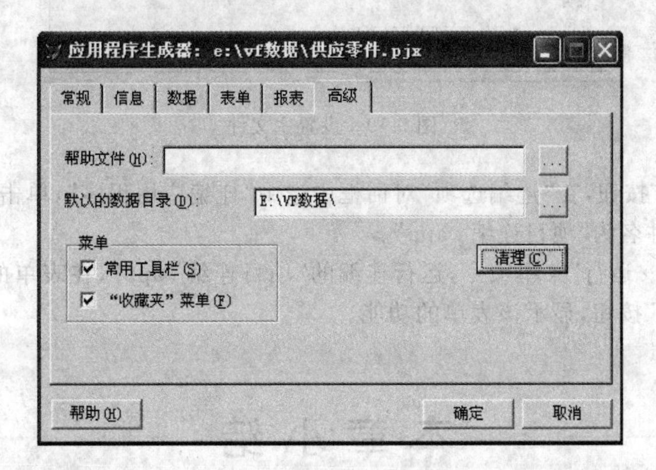

图 9-9　“高级”选项卡

- “帮助文件”文本框：可以指定应用程序帮助文件的名称和路径。
- “默认的数据目录”文本框：指定应用程序数据文件的默认目录。单击右边的定位按钮可以打开“选择目录”对话框实现指定文件夹的操作。
- “常用工具栏”复选框：用于指定应用程序是否显示常用工具栏。
- “收藏夹”菜单复选框：指定应用程序是否显示“收藏夹”菜单。

【例 9.1】连编应用程序示例。

(1)新建一个项目文件,该项目的文件名为“连编应用程序”。

(2)将第 6 章创建的 formthree 表单添加到项目文件中,并将此表单设置为主文件。

(3)连编应用程序,生成一个“连编项目 . app”文件。

具体操作过程如下:

① 单击常用工具栏上的“新建”按钮,在“新建”对话框中的“文件类型”中选择“项目”,然后单击“新建文件”按钮,在“创建”对话框中输入项目文件名“连编项目”,单击“保存”按钮,打开“项目管理器”。

② 在“项目管理器”的“数据”选项卡中添加数据库“学生管理”。

③ 在“项目管理器”中选择“文档”选项卡中的“表单”,单击“添加”按钮,将第 6 章建立的表单 formthree 添加到项目中。

④ 在 formthree 表单文件上右击,在弹出的快捷菜单中选择“设置主文件”选项,如图 9-10 所示。

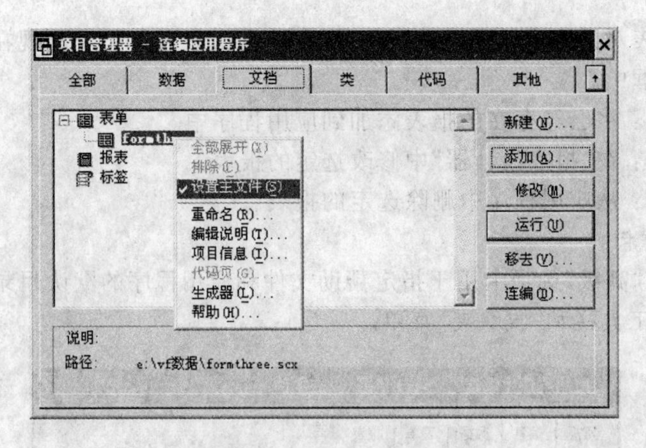

图 9-10　设置主文件

⑤ 单击“连编”按钮,在“连编选项”对话框中选中“连编应用程序”,单击“确定”按钮,保存文件,应用程序文件名为“项目连编 . app”。

⑥ 选择“程序→运行”菜单命令,运行连编的“项目连编 . app”,在表单的列表框中进行多重选择,单击“显示”按钮,显示该表单的功能。

本章小结

本章介绍了利用 Visual FoxPro 开发数据库应用程序的方法和步骤。本章在上机考核中的知识点主要是连编应用程序,在上机选择题中主要考核两个重要的概念,即“排除”与“包含”。另外,还有主程序的任务、应用程序连编后的两种文件形式等,对这些知识点要重点掌握。

真题演练

填空题

将一个项目编译成一个应用程序时，如果应用程序中包含需要用户修改的文件，必须将该文件标为________。(2008 年 9 月)

【答案】排除

【解析】把项目中的某个文件标为“包含”或“排除”的方法是选中文件后单击右键即可。在项目连编成应用程序的过程中，如果某个文件标为“包含”，那么连编成为 .exe 文件后，再修改那个文件，运行程序时将会无效，必须重新连编一次才可以；如果在连编前就把这个文件标为“排除”，那么修改这个文件后，不需要再次连编，运行程序也会正常实现所需要的功能。

巩固练习

(1)在连编生成的应用程序中，显示初始界面之后需要建立一个事件循环来等待用户的交互操作，相应的命令是(　　)。

A. WAIT EVENTS

B. READ EVENTS

C. CONTROL EVENTS

D. CIRCLE EVENTS

(2)连编生成的应用系统的主程序至少应具有以下功能(　　)。

A. 初始化环境

B. 初始化环境、显示初始用户界面

C. 初始化环境、显示初始用户界面、控制事件循环

D. 初始化环境、显示初始的用户界面、控制事件循环、退出时恢复环境

(3)在项目管理器中，将一程序设置为主程序的方法是(　　)。

A. 将程序命名为 main

B. 通过属性窗口设置

C. 右键单击该程序，从快捷菜单中选择相关项

D. 单击修改按钮设置

附录 1

文件类型

Visual FoxPro 使用的文件扩展名及其关联的文件类型。

扩展名	文件类型	扩展名	文件类型
.act	向导操作图的文档	.lbx	标签
.app	生成的应用程序或 Active Document	.idx	索引,压缩索引
.cdx	复合索引文件	.log	代码范围日志
.chm	编译的 HTML Help	.lst	向导列表的文档
.dbc	数据库文件	.mem	内存变量保存
.dct	数据库备注文件	.mnt	菜单备注
.dcx	数据库索引文件	.mnx	菜单
.dbf	数据表文件	.mpr	生成的菜单程序
.dbg	调试器配置	.mpx	编译后的菜单程序
.dep	相关文件(由"安装向导"创建)	.ocx	ActiveX 控件
.dll	Windows 动态链接库	.pjt	项目备注
.err	编辑错误	.pjx	项目
.esl	Visual FoxPro 支持的库	.prg	程序
.exe	可执行文件	.qpr	生成的查询程序
.fky	宏	.qpx	编译后的查询程序
.fll	FoxPro 动态链接库	.sct	表单备注
.fmt	格式文件	.scx	表单
.fpt	表备注	.spr	生成的屏幕程序 *
.frt	报表备注	.spx	编译后的屏幕程序 *
.frx	报表格式文件	.tbk	备注备份
.fxp	编辑后的程序	.txt	文本文件
.h	头文件	.vct	可视类库备注
.hlp	WinHelp	.vcx	可视类库
.htm	HTML 文件	.vue	FoxPro 2.x 视图
.lbt	标签备注	.win	窗口文件

注:带"*"的只适用于 FoxPro 以前的版本。

附录 2

全国计算机等级考试二级 Visual FoxPro 考试大纲
二级公共基础知识部分

◆基本要求

(1) 掌握算法的基本概念。

(2) 掌握基本数据结构及其操作。

(3) 掌握基本排序和查找算法。

(4) 掌握逐步求精的结构化程序设计方法。

(5) 掌握软件工程的基本方法,具有初步应用相关技术进行软件开发的能力。

(6) 掌握数据库的基本知识,了解关系数据库的设计。

◆考试内容

1. 基本数据结构与算法

(1) 算法的基本概念：算法复杂度的概念和意义(时间复杂度与空间复杂度)。

(2) 数据结构的定义：数据的逻辑结构与存储结构；数据结构的图形表示；线性结构与非线性结构的概念。

(3) 线性表的定义：线性表的顺序存储结构及其插入与删除运算。

(4) 栈和队列的定义：栈和队列的顺序存储结构及其基本运算。

(5) 线性单链表、双向链表与循环链表的结构及其基本运算。

(6) 树的基本概念：二叉树的定义及其存储结构；二叉树的前序、中序和后序遍历。

(7) 顺序查找与二分法查找算法：基本排序算法(交换类排序,选择类排序,插入类排序)。

2. 程序设计基础

(1) 程序设计方法与风格。

(2) 结构化程序设计。

(3) 面向对象的程序设计方法、对象、方法、属性及继承与多态性。

3. 软件工程基础

(1) 软件工程基本概念,软件生命周期概念,软件工具与软件开发环境。

(2) 结构化分析方法,数据流图,数据字典,软件需求规格说明书。

(3) 结构化设计方法,总体设计与详细设计。

(4) 软件测试的方法,白盒测试与黑盒测试,测试用例设计,软件测试的实施,单元测试、集成测试和系统测试。

(5) 程序的调试,静态调试与动态调试。

4. 数据库设计基础

(1) 数据库的基本概念：数据库,数据库管理系统,数据库系统。

(2) 数据模型：实体联系模型及 E－R 图，从 E－R 图导出关系数据模型。

(3) 关系代数运算：包括集合运算及选择、投影、连接运算，数据库规范化理论。

(4) 数据库设计方法和步骤：需求分析、概念设计、逻辑设计和物理设计的相关策略。

◆考试方式

(1) 公共基础知识的考试方式为笔试，与 C 语言程序设计(C ++ 语言程序设计、Java 语言程序设计、Visual Basic 语言程序设计、Visual FoxPro 数据库程序设计、Access 数据库程序设计或 Delphi 语言程序设计)的笔试部分合为一张试卷。公共基础知识部分占全卷的 30 分。

(2) 公共基础知识有 10 道选择题和 5 道填空题。

二级 Visual FoxPro 数据库程序设计部分

◆基本要求

(1) 具有数据库系统的基本知识。

(2) 基本了解面向对象的概念。

(3) 掌握关系数据库的基本原理。

(4) 掌握数据库程序设计方法。

(5) 能够使用 Visual FoxPro 建立一个小型数据库应用系统。

◆考试内容

1. Visual FoxPro 基础知识

(1) 基本概念：数据库，数据模型，数据库管理系统，类和对象，事件，方法。

(2) 关系数据库：

① 关系数据库：关系模型，关系模式，关系，元组，属性，域，主关键字和外部关键字。

② 关系运算：选择，投影，连接。

③ 数据的一致性和完整性：实体完整性，域完整性，参照完整性。

(3) Visual FoxPro 系统特点与工作方式：

① Windows 版本数据库的特点。

② 数据类型和主要文件类型。

③ 各种设计器和向导。

④ 工作方式：交互方式(命令方式，可视化操作)和程序运行方式。

(4) Visual FoxPro 的基本数据元素：

① 常量，变量，表达式。

② 常用函数：字符处理函数，数值计算函数，日期时间函数，数据类型转换函数，测试函数。

2. Visual FoxPro 数据库的基本操作

(1) 数据库和表的建立、修改与有效性检验：

① 表结构的建立与修改。

② 表记录的浏览、增加、删除与修改。

③ 创建数据库，向数据库添加或移出表。

④ 设定字段级规则和记录级规则。

⑤ 表的索引：主索引，候选索引，普通索引，唯一索引。

(2)多表操作：

① 选择工作区。

② 建立表之间的关联，一对一的关联，一对多的关联。

③ 设置参照完整性。

④ 建立表间临时关联。

(3) 建立视图与数据查询：

① 查询文件的建立、执行与修改。

② 视图文件的建立、查看与修改。

③ 建立多表查询。

④ 建立多表视图。

3. 关系数据库标准语言 SQL

(1) SQL 的数据定义功能：

① CREATE TABLE-SQL。

② ALTER TABLE-SQL。

(2) SQL 的数据修改功能：

① DELETE-SQL。

② INSERT-SQL。

③ UPDATE-SQL。

(3) SQL 的数据查询功能：

① 简单查询。

② 嵌套查询。

③ 连接查询。

内连接

外连接：左连接，右连接，完全连接

(4) 分组与计算查询。

(5) 集合的并运算。

4. 项目管理器、设计器和向导的使用

(1) 使用项目管理器：

① 使用“数据”选项卡。

② 使用“文档”选项卡。

(2) 使用表单设计器：

① 在表单中加入和修改控件对象。

② 设定数据环境。

(3) 使用菜单设计器：

① 建立主选项。

② 设计子菜单。

③ 设定菜单选项程序代码。
(4) 使用报表设计器:
① 生成快速报表。
② 修改报表布局。
③ 设计分组报表。
④ 设计多栏报表。
(5) 使用应用程序向导。
(6) 应用程序生成器与连编应用程序。
5. Visual FoxPro 程序设计
(1) 命令文件的建立与运行:
① 程序文件的建立。
② 简单的交互式输入、输出命令。
③ 应用程序的调试与执行。
(2) 结构化程序设计:
① 顺序结构程序设计。
② 选择结构程序设计。
③ 循环结构程序设计。
(3) 过程与过程调用:
① 子程序设计与调用。
② 过程与过程文件。
③ 局部变量和全局变量,过程调用中的参数传递。
(4) 用户定义对话框(MESSAGEBOX)的使用。

◆**考试方式**

(1) 选择题:90 分钟,满分 100 分,其中含公共基础知识部分的 30 分。
(2) 上机操作:90 分钟,满分 100 分。
① 基本操作。
② 简单应用。
③ 综合应用。

附录3

巩固练习参考答案

第1章　Visual FoxPro数据库基础

(1)D　(2)B　(3)B　(4)C　(5)A　(6)A　(7)A

第2章　Visual FoxPro程序设计基础

(1)C　(2)D　(3)C　(4)B　(5)B　(6)D　(7)B　(8)A　(9)A　(10)A　(11)B　(12)C　(13)A

第3章　Visual FoxPro数据库及其操作

(1)C　(2)C　(3)B　(4)D　(5)B　(6)C　(7)B　(8)A　(9)A　(10)B　(11)D　(12)C　(13)B　(14)A　(15)A　(16)A　(17)B　(18)C　(19)D

第4章　关系数据库标准语言SQL

(1)B　(2)D　(3)D　(4)A　(5)D　(6)D　(7)C　(8)C　(9)A　(10)A　(11)A　(12)A　(13)A　(14)C　(15)C　(16)B　(17)A　(18)C　(19)D

第5章　查询与视图

(1)A　(2)D　(3)A　(4)A　(5)D　(6)D

第6章　表单的设计和应用

(1)C　(2)D　(3)A　(4)D　(5)A　(6)D　(7)B　(8)A　(9)D　(10)A

第7章　菜单的设计和应用

(1)B　(2)D　(3)B

第8章　报表的设计和应用

(1)A　(2)B　(3)D

第9章　应用程序的开发和生成

(1)B　(2)D　(3)C